普通高等教育人工智能与大数据系列教材

信息科学技术伦理与道德

主　编　杨丽凤　虞晶怡

参　编　赵登吉　范　睿　师泽仁　邵子瑜

甘　恬　陈　祎　陆宇昊　吴　迪

刘浩宇　王有佳　王　祎

主　审　吴　强

本书在介绍基本的社会科学研究方法及理论之后，择选当下最前沿的多项信息科学技术，系统论述每一项技术发展的动机、现状及发展趋势，引导人们对科技伦理问题展开多角度、多层次思考。

本书深入浅出地介绍了各项前沿的信息科学技术，注重读者对相关技术应用层面的理解，在内容的编写上规避了各项技术原理中烦琐的理论推导过程，着重介绍技术的历史、应用方式与技术的优缺点等，适合多元化背景的读者阅读。

本书可用于普通高等院校信息科学技术类专业的本科生、研究生信息科技伦理课程教学，也可作为信息科技领域科研从业人员的参考书。

与本书配套的所有图例（彩色）、教学 PPT 课件、教学大纲等资料，都可从机械工业出版社教育服务网（www.cmpedu.com）下载，欢迎联系作者索取与本书教学配套的相关资料并进行教学交流。电子邮箱：sem.arlab@shanghaitech.edu.cn。

图书在版编目（CIP）数据

信息科学技术伦理与道德 / 杨丽凤，虞晶怡主编. —北京：机械工业出版社，2023.5（2023.11重印）
普通高等教育人工智能与大数据系列教材
ISBN 978-7-111-72706-4

Ⅰ. ①信… Ⅱ. ①杨…②虞… Ⅲ. ①信息技术 – 伦理学 – 高等学校 – 教材 Ⅳ. ①B82–057

中国国家版本馆CIP数据核字（2023）第036025号

机械工业出版社（北京市百万庄大街22号 邮政编码100037）
策划编辑：刘琴琴 责任编辑：刘琴琴 单元花
责任校对：史静怡 梁 静 封面设计：王 旭
责任印制：任维东
北京中科印刷有限公司印刷
2023 年 11 月第 1 版第 2 次印刷
184mm × 260mm · 15.75印张 · 356千字
标准书号：ISBN 978-7-111-72706-4
定价：55.00 元

电话服务 网络服务
客服电话：010-88361066 机 工 官 网：www.cmpbook.com
010-88379833 机 工 官 博：weibo.com/cmp1952
010-68326294 金 书 网：www.golden-book.com
 机工教育服务网：www.cmpedu.com

序

有幸提前阅读了杨丽凤教授和虞晶怡教授共同主编的《信息科学技术伦理与道德》，有先睹为快之感。其鲜活实用而又具前沿性的案例分析、深入浅出而又跨学科的学理和方法阐述，非常引人入胜。之前也有机会与主编讨论相关议题，并观摩了两位教授主持的该门课程结课时学生在校园公共大厅中的“路演”，现场感受到学生在课程学习后的“脑洞”大开。根据课程设计，学生分为若干小组，各自运用课程知识去分析信息技术应用中的伦理冲突案例，选题涉及西方 AI 智能法官辅助判案中的种族歧视问题、大数据和人脸识别技术应用中的隐私保护问题等，研究视野开阔且生动有趣。学生们在自己制作的展板前时而慷慨激昂地演说，时而娓娓道来进行专业讲解。由此我不禁在想，我们一直在倡导高等学校人才培养必须贯彻党的二十大精神，全面提高人才自主培养质量，着力造就拔尖创新人才，聚天下英才而用之。要回答好“培养什么人、怎样培养人、为谁培养人是教育的根本问题”，而“育人的根本在于立德”。因此学校教育教学应育人和育才相统一，价值塑造、知识传授和能力培养应融为一体，这门课程应该就是实践例证。本书的出版也是上海科技大学“信息科技发展中的伦理与道德”教研团队近年来深耕这片园地所结出的硕果，值得庆贺，更值得期待。

信息科技伦理在当今世界正在成为一门显学。环顾今天的世界，以信息技术为代表的当代科学技术发展一日千里，迭代更新不断加速，深刻改变了人们的思维方式、生活方式、生产方式，进而深刻影响到社会结构、社会治理和社会形态。人们传统生活的物质世界开始分化出基于数字化的虚拟世界，出现了与海洋、陆地、天空、太空并存的第五空间——网络空间，物联网、云计算、人工智能、区块链、大数据、元宇宙等技术的发展，已经把我们带入数字地球的新时代。由此，人们的生活正变得更加多姿而便捷，人们的视野正在突破时空屏障变得更加开阔，民主、公平、透明等现代价值理念更加深入人心。但同时人们又必须面对一系列新的难题，以及由此带来的伦理规范失序、失范、失控风险。游走于现实世界和数字化虚拟世界之间，人们非常容易迷失自己的主体性。譬如，由于网络世界呈现“去中心化”的特征，人人都是“麦克风”，若不加以监管，人人都可以以匿名方式恣意生产和传播各种负面信息，网络暴力横行，网络谣言绑架民意，“后真相主义”现象泛滥导致真理还在穿鞋、谣言已经跑遍天下。如果网络公共空间生态恶化，人们在社会生活中对于是与非、善与恶、真与假、好与坏、美与丑的价值判断必然出现迷茫和混乱。

信息技术领域的迅速扩展远远超出了人们的预设，也引发了人们的无限遐想。如果说之前的科技创新是在模拟、替代和扩展人的体能与智能，其过程是牢牢掌握在人类的预设和操作控制之中的，而现在的信息技术发展，特别是基于神经网络和深度学习的人工智能已经开始具有一定的独立思考和决策的能力，其发展正接近于人类可控的极限。如今无人工厂、无人驾驶、无人超市、无人银行等正在大量取代人类的工作岗位；商业活动中运用大数据对顾客实施精准“杀熟”；外国有些企业借助人工智能进行应聘简历筛选，由于算法歧视导致结果呈现严重的种族和性别歧视；无人驾驶汽车在事故应急处置时陷入优先保护路人还是乘客的两难选择。更进一步，机器人是否应该像人类一样获得基本的权利保障，包括生命权。社会生活泛数字化表征下人类如何保持特有的情感、尊严和生命意义，等等。总之，信息技术的发展正在不断挑战和解构公认的伦理规则，常常让人类陷入两难境地。从某种意义上说，人类的未来可能不再仅仅是和自己的同类对话，还要学会与自己创制的“类人”产品进行对话和博弈，甚至还会出现“类人”之间的伦理冲突。如果说传统伦理学是教人做人的学问，未来的科技伦理相信会赋予其诸多新的内涵。人们将不得不认真思考是否应该将信息科技伦理转化为技术手段对其进行必要的规制。

因此，创新时代必须尽快化解科技创新带来的伦理冲突、伦理模糊和伦理“真空”，强化底线思维和风险意识，促进创新与防范风险相统一、制度规范与自我约束相结合。我们既要为科技创新设置提速的“油门”，也要为其安装基于伦理和法律约束的“刹车”装置。必须在求真求效能的科技创新与求善求公平正义的伦理之间找到最大公约数，实现两者同向同行，既相互约束又相互促进，减少彼此的隔离与冲突，并在价值冲突中找回价值共识。

其实这也就是学校教育的天职。据专家测算，一百多年前，世界的知识总量大约 50 年更新一次，而现在已缩减到短短几年。因此大学教育不能仅仅满足于教会学生具体的知识和技能，而更应该关注赋予学生终身成长所必需的志趣、智慧和价值观。“信息科学技术伦理与道德”教材编写和课程设置无疑顺应了这一要求，先行一步抢占了该领域的一个重要制高点，并呈现出两个鲜明特点：第一，注重跨学科协同。信息科技伦理属于学科交叉领域，不是单一信息学科或伦理学科就可以架构起来的。该课程的教师团队具有信息技术、经济学、法学、管理学、伦理学等不同学科背景。他们跨界协同攻关，对信息技术发展中的伦理冲突、伦理教育和伦理治理议题进行了多视角的学理和实证分析，所以本书完全不同于一般的信息技术或伦理学著作，给人耳目一新之感。当然，既然是一种新视角的探索，必然还存在诸多有待继续深度化、精细化的地方。第二，注重实践应用。伦理道德本身就属于实践理性，是一种实践智慧。本书采用的大量案例均源于日常生活、商业经营、医疗诊治、司法判例等现实场景，并引导学生阅读文献，回归现实去发现新的案例，开展探究性学习，最后通过“路演”方式进行展示。

本书的编写及教学实践探索，很好地体现了信息化时代教育教学和学习方式变革的大势。具体而言，现代教育的变革正在从以教师为中心、以教为着力点的教育方式，转向以学生为中心、以学为支点的教育新形态。从学习方式变革而言，又体现为：一是泛在性学习，人们在任何时间、任何地点、任何年龄都可以借助信息化手段开展有选择的学习；二是批判性学习，面对海量的信息能够进行理性思考、独立判断和探究性学习，以架构自己的知识体系，生成自己的价值理念；三是跨学科学习，学会知识的融合、进阶、迁移和应用，以面对未来的变革和不确定性；四是具身性学习，更加注重情境化学习，身心全面参与认知的过程，实现在实践体验中学习。此门课程的设计，较全面地体现了这一现代学习方式的变革，有助于学习者转知识为智慧，化德性为行动。

期待每一位阅读此书的读者和参加本课程研习的学习者，不论未来是从事信息技术，还是从事生命科学、临床医学、物质科学、社会科学和人文艺术领域的工作，都能从中获得启示，在各自专业领域不再仅仅关注创新技术路线及其带来的效益，而要更注重思考和把握科技创新带来的规则冲突、伦理挑战和社会风险，增强自律意识，保证创新活动符合基本伦理准则和法律规范，主动参与科技伦理治理，促进人类福祉和社会崇德向善、公平正义。这也是我要在此推荐本书的原因所在。

上海科技大学党委副书记 吴涛

前言

在“第四次工业革命”的时代背景下，高速发展的信息技术正以前所未有的速度融入人类社会，在大幅提升生产效率的同时便捷了人们的生活。然而，由于伦理道德层面思考的缺位，信息技术的野蛮发展也带来了“信息茧房”“算法困境”等问题，造成个体认知的局限性与幸福感的缺失，甚至还将引起社会分配、就业等多方面的问题。如何从伦理和道德层面加以规范，促使信息科学技术的合理使用，防止技术的误用、滥用，保障社会各群体的切身利益，推动技术可持续发展，已成为全社会日益关注的话题，促使研究者寻找问题的解决方法。

为积极面对信息技术变革带来的潜在伦理道德问题，普及信息科技方面的伦理道德知识，在大学期间培养学生在未来的科研或工作中信息技术发展走向的判断力，形成合理、正确的世界观、方法论，上海科技大学于2020年开设了“信息科学技术发展中的伦理与道德”课程。该课程在深入浅出讲解技术原理的同时，也通过社会科学的研究方法，在讨论中带领学生进行辩证思考，辅以课堂展示、路演等形式引导学生展示自己的观点与看法。课程在经历三年的实施、总结、迭代后，已形成一套立足先进技术、立足社会需求、立足学生发展并经过实践检验的课程体系。本书在课程讲义的基础上撰写而成。

全书共分为10章。第1章为绪论，介绍了信息科技发展的背景，以及信息科技伦理研究的目的。第2章阐述了信息科技伦理思考的方法与原则，以及多种社会科学的研究方法，如问卷调查、访谈、实验等。第3~8章分别以各项当下信息领域热门的技术为切入点，如人工智能与大数据、隐私保护、区块链、虚拟现实与增强现实、深伪科技、机器人与脑机接口等技术，探讨了不同场景下信息科技伦理的研究方式以及可能存在的伦理问题。第9章带领读者从历史、企业家、员工等多个角度入手，启发读者对未来工作变革的思考，启示学生为处于科技发展浪潮中的社会做好充分的准备。第10章从个体角度入手，引导学生树立正确的信息科技价值观，引领“科技向善”，鼓励在信息科技发展中提供对社会各个群体的人文关怀。

本书由杨丽凤、虞晶怡主编。第1章由杨丽凤、虞晶怡共同编写。第2章由陆宇昊、刘浩宇、王祎、杨丽凤共同编写。第 3 章、第 4 章由赵登吉编写。第 5 章由甘恬编写。第 6 章由范睿编写。第 7 章由吴迪、王有佳共同编写。第 8 章由师泽仁、陆宇昊共同编写。第 9 章由陈祎编写。第 10 章由邵子瑜编写。

本书具有如下特色：

1）作为信息类专业的基础课程，遵循通俗易懂的原则，内容的编写规避了各项技术原理中烦琐的理论推导过程，着重于介绍技术的历史、应用方式与技术的优缺点等，适合多元化背景的读者。

2）配有案例分析与思考题，帮助读者加深对信息科技伦理与道德的思考原则与研究方法的理解。

3）研究方法论贯穿全书，帮助读者应对快速迭代创造更新的各项信息科技。

本书的出版得到上海科技大学的资助，并得到了机械工业出版社的支持和帮助。在此，特别感谢方汉明教授、何旭明教授、高盛华教授、罗喜良教授、Laurent Kneip 教授在本书编写之初为本书内容的确立提供了相关专业的素材及思考方向。此外，党浩然、李一丹、肖迪笙、刘汉恺、徐博文等同学积极参与课题讨论与排版校对，在此表示衷心感谢！

信息科技日新月异，其影响也日益深远。美国开放人工智能研究中心（OpenAI）近期向全世界推出了基于“生成型已训练变换模型”的人工智能对话机器人——ChatGPT。ChatGPT 以其优异的信息搜索及文本生成能力在翻译、写作、总结汇报、信息生成等工作上显示出举世瞩目的能力。然而，此项人工智能技术是否将对人类社会的发展和文明带来绝对正面的影响却依然未知。而在近日，美国科技公司领袖 Elon Musk、一些人工智能领域专家甚至一些计算机图灵奖得主等千名从业者联名呼吁所有人工智能实验室暂停比 GPT-4 更强大的人工智能系统的训练至少 6 个月，以保证有充足的时间对此项技术进行全面评估。显然，要全面评估一项如此有影响力的技术的价值，人们在对其的认知以及经验上需要有充分的积累。如何确保此类技术的发展应用符合人类的利益和发展需要？本书的内容对帮助学生掌握多维度多层次的思考方式提供了重要参考。

本书作为对数字化时代这一极其重要的领域的一次有价值的尝试和探索，旨在为这一领域的研究奠定基础，为人们对新技术的评价与思考提供指引，为技术开发与应用树立正确的价值观。由于本书作者均非伦理学专家，从技术和行为学视角审视相关伦理问题，书中有不恰当或疏漏之处，恳请相关专家和广大读者指正。

编　者

目 录

Chapter 1

第 1 章 绪论

随着信息科学与技术的快速发展，许多一度被认为是科幻小说中才会出现的前沿场景，正在成为人们日常生活中的一部分。例如，由于移动互联网、推荐算法等技术不断普及，基于用户画像的信息推送、根据用户个性特点及生活方式定制的定向广告等，已经在不知不觉中渗入人们的日常生活。然而这些更智能、更精细化、定制化的信息供给，也潜在地定义了每个人日常所能接触到的信息内容及信息范围，由此信息过度“个性化”及“信息茧房”等问题也随之产生。以个人浏览历史及兴趣为基础的信息“精准”推送导致了个人接收信息的“窄化”，以至于个体知识结构趋向单一化，甚至可能阻碍群体知识交互的意愿以及普适性，对社会发展形成阻碍。不难发现，只有对可能出现的科技伦理问题进行充分讨论，未雨绸缪，为开展科学研究、技术开发等科技活动制定需要遵循的价值理念和行为规范；同时，将科技伦理要求贯穿科学研究、技术开发等科技活动的全过程，促进科技活动与科技伦理协调发展、良性互动，才能真正实现负责任的创新。因此，在当今信息技术日新月异的时代，如何在利用科技发展造福民生的同时，准确预判、防范、处理可能出现的伦理道德难题，合理界定科技发展的道德边界，成为国内外共同关切、深度思考与探索的问题。

中国在 2019 年之前，只有生物医学、转基因和实验动物等领域有明确的伦理监管制度。随着信息科技发展过程中暴露出的伦理问题越来越多，技术所带来的不确定伦理风险增加，2019

年，中国将科技伦理制度建设提上日程，并提出健全科技伦理体系与治理体制。2020 年，中国在数据和个人信息保护及相关应用等方面做出了相应规定，明确了人工智能技术在使用过程中不得侵犯他人肖像权与声音权，在产品开发时应注重隐私与个人信息保护。随着中国对科技伦理治理的日益重视，未来对于科技伦理的各个领域，如人工智能、大数据等都将有相应的管理措施出台。此外，不仅在国内，国外对于规范科技伦理的呼声也日益高涨。欧盟早在 2018 年就已出台相关条例，对数据使用引起的隐私保护问题、数据收集造成的安全问题等多个与数据相关的问题做出了多条法规性规定，旨在约束企业或研究者在收集与使用数据方面的行为，保障个人隐私，避免引起相关的伦理道德问题。2022 年，第三届世界工程日以“更智慧地重建：工程建设未来”（Build Back Wiser：Engineering the Future）为主题开展网络研讨会，呼吁更加开放、创新、负责任地利用科学、技术及工程。该活动召集了工程师、政策制定者、研究人员和教育工作者，共同探讨的问题包括工程师在进行人工智能创新和应用时应当担任何种角色和承担何种责任，工程师在技术开发过程中应对潜在的问题和挑战的方式，如何提高工程师的道德意识和责任感。

就科技伦理问题的研究，本书提出了伦理问题研究的四步方法论：感知、思考、进化与温度。感知阶段为发现问题的阶段，旨在从理论、实证、现象中发现科技发展过程中潜藏的科技伦理风险与问题。在日常生活中的部分情景里，人们对问题的感知度与习惯程度（habituation）相克。例如，消费者对于商家强制性收集个人信息才允许消费者使用相关 App 服务的敏感度，常常随着消费者习惯性（即使被迫）接受此类服务成反比。然而，这种个体对隐私的敏感度降低是否有利于社会的健康发展？商家收集客户隐私之后的信息处理是否需要被规范？科技工作者在协助商家开发相应技术的同时是否应该考虑科技伦理？科技的开发和应用，是否能不损害弱势群体的利益？科技发展是否加剧了各人群信息接收的不公平？科技研发是否应该遵循善良的原则？本书第 2 章将就此类问题的研究进行探讨。

通过感知，人们可以开启对现象背后的核心问题的思考。对核心问题进行全面的思考，需要人们在思考的角度上遵循多角度、多层次的原则。社会问题的复杂性，最常体现在“脏手问题”（dirty hand problems）的存在。“脏手问题”常常涉及因为不同群体或不同问题解决目标同时竞争性存在而变得非常棘手。以美国凯迪拉克公司于2014年希望通过采用自动驾驶技术重塑品牌形象的决策为例，在决策层深知当时的自动驾驶技术尚未成熟，但为了提升品牌科技形象——“smart，efficiency，technology”（智能、高效、高科技），为产品注入科技元素以吸引年轻人并扩大目标用户群体，而向媒体宣布Super Cruise技术（全球首款超级驾驶辅助系统）将被应用到2016年凯迪拉克的CT6模型上。这是否是一个简单的符合科技伦理道德的决策？显然，当此决策涉及的人群包括未来用户、工程师、企业家、法律行业、税收机构、股东等不同人群时，也就意味着这是一个典型的“脏手问题”。自动驾驶技术的最终目标是可以帮助人们规避疲劳驾驶或醉酒驾驶可能带来的风险，然而未成熟的技术是否能降低事故发生率仍有待商榷。此外，在法律层面上，倘若自动驾驶汽车发生事故，如何定义责任承担者？责任方是算法工程师？是用户？还是汽车公司？技术的发展常常无法做到一步到位。当技术未成熟时，是否应该等待技术完全成熟再应用到解决现实问题中？对于此类“脏手问题”的决策应该如何思考也将是本书内容设置重点探讨的方向之一。

信息科技发展日新月异，当下前沿的科技在未来也将不断更新换代，伦理问题的解决方案也需要随着技术进步而迭代进化。对于科技伦理的规范手段与管理方式，需要与时俱进，跟上科技发展的速度，契合时代需要，并根据技术的迭代进行相应的调整，从而更好地为促进科技事业健康发展提供保障。如今发达而自由的网络环境让部分人群在网络上肆意指责评判他人，甚至发表不当言论。网络监管如何做到不断更新进化，在监管、惩处网络上的各种不道德或违法行为方面如何做到防患于未然？当元宇宙时代到来，网络的监管制度如何做到进一步的优化与修改，以适应技术的发展，保障人们的权益？因此，如何与时俱进地思考伦理问题，如何找到核心问题，如何在复杂的情境中形成最优解决方案，如何检验、实践、迭代解决方案，最终保障科技发展切实造福人类，是科技伦理道德的重心。

普惠原则是指在科技进步的同时，使未被惠及的人群也能感受到技术的温度，不忽视社会不同群体所需要的“以人为本”的差异化服务。纵观各国的相应政策，其中共通的一点就是普惠原则。根据国家统计局的数据，2021年年底，中国65周岁以上的老年人数量约2.0亿；而同期中国网民数量约10.3亿，也就是说在中国14.1亿总人口中，还有约3.8亿人是不使用互联网的。不难想象，那2亿的老年人中的大部分，首当其冲成为被互联网遗忘的群体。在数据之下，隐藏着老年人越来越多的疑惑与困扰：为什么人们买东西不用纸币了？为什么很多医院都要网上挂号？为什么路边的自行车一扫就能骑走？科技在飞速发展的同时，似乎把这部分人悄然遗忘，而快节奏的社会生活也没有给他们喘息的机会：没有移动支付而无法网络购物，手机落伍而不能扫码乘车……如何让那些不能适应社会变化的人不被时代抛下，而是作为社会共同体一起享受科技带来的“加速度”，便是科技伦理中的普惠原则。普惠，并不意味着停下或放慢科技发展的脚步。以普及电子健康码为例，相关服务单位应为不熟悉电子设备的老年群体提供“家人代查”服务；又如，在推行线上支付等信息化交易方式的同时，也要保留现金支付等传统交易方式，以避免对科技不熟悉的人们无法得到相应的服务。

信息技术开发者在技术开发中践行普惠原则时，应当更侧重于满足个体的需求还是促进社会整体的获益？是更专注于满足人们当下的需求，还是关注人类更长远的发展？事实上，从科技伦理这个角度并不能对此进行完全准确的研判。以算法推送为例，腾讯QQ新闻、新浪微博、今日头条等软件都会使用算法推送给用户定制化的新闻或视频。作为设计者，势必要以用户为中心，设计符合用户需求的推送算法，通过用户的注册信息、朋友圈、点击习惯逐步形成精准推送。这种精准推送的设计，一方面来看，可以迅速满足用户对某一特定信息的渴求，帮助用户更快速地了解其所感兴趣的内容，在为用户提供个性化服务的同时，也为平台带来赖以生存的流量。然而，这样的设计也无疑进一步强化了用户原本固有的喜好，长此以往会使用户的认知固化，限制了用户思考的广度与深度，从而建立起交流壁垒，使人际与社群之间变得更加极化，人与人之间的交往变得困难。这正是人们所担忧的“信息茧房”现象：个性化推送算法的应用让用户如同饮鸩止渴般沉迷平台推送的信息，而疏远了与其他思想的交流。诚然，这种做法可以满足用户使用平台最原始的目的，但这真的是用户想要的吗？美国心理学家马斯洛将人的需求以金字塔的形式分为五大层次。精准推送的确可以满足人们较低层次的娱乐需求，那么诸如社会、自我实现这些更高层次的需求呢？作为算法工程师，应该顺应当下还是引领需求？是应坚持精准推送，提高个体用户体验，还是加入大众推送，增加共识及人群共同话题的可能性？考虑到个体的差异性，如人们可能对不确定性与独特性有不同的偏好和厌恶，在很多科技伦理问题的探讨中并不存在一个“绝对”的答案。我们是否应该根据不同人群、不同时代、不同场景、不同目标进行多维度多层次考量而形成最得体的方案？倘若是，那么这样一个动态的、有条件的伦理价值体系是什么？科技发展中形成被广泛接受的伦理参考，将对“以人为本”的科技理念落地提供方向性的指导。

此外，从研究切入点来看，为了更好地研究科技伦理，我们既需要从科技的角度，也需要从社会科学的角度来研究问题。从技术角度来说，信息科学技术中算法的精髓在于递归（recursion）——将复杂的问题进行降解。典型的算法如动态规划、树、排序算法等，都是递归思想的具体应用。这些算法的内在运行原理反映了唯物主义的哲学思想：所有东西都可以拆分为简单问题的集合。更为重要的是，递归的一大优点便是它具有可解释性：人们能知道它是如何被拆分为简单问题，简单问题又是如何被解决的；人们可以清楚地知道在计算机内部发生了什么才得到了这样的结果。然而随着信息技术的发展，深度学习的广泛应用使可解释性问题变得十分复杂：因为一个深度学习的神经网络高度依赖它的训练数据，即使是算法工程师也无法证明这个网络收敛的速度。因此除了递归，信息科学还有另一个重要原则——在取舍中辩证。信息科学中时间与空间的分配问题里，两者的取舍代表了哲学中的辩证主义，即从多个方面、不同角度考虑问题。对信息技术开发者与决策者而言，在思考信息科学技术的伦理问题时，或许也可以像设计算法一样尝试运用递归与辩证的思考方式，在化繁为简的同时，满足不同角度、不同群体的需求。从社会科学的研究角度来看，首先，可以通过问卷的方式对整体的民意进行收集分析，并结合对专业人士、用户等不同群体的访谈来证明研究结论；其次，可以通过行为学实验，验证科技对于个体与社会整体的影响；最后，可以将研究数据与结论通过图表等形式进行可视化，展示研究结果。从技术与社会科学两个方面分别切入，结合不同的研究手段，才能对信息技术有完整的研究。

从治理方法来看，科技伦理的探讨直接涉及技术、法律和公共政策三大领域。仅仅通过法律来规范技术是不可行的。首先，法律只能作为科技伦理需要满足的最低标准；其次，鉴于法律的严谨性，法律的制定需要漫长的起草、论证和审议过程，各类条款并不能及时覆盖市面上不断迸发的新兴技术领域，这也意味着仅依赖法律不足以约束技术。这一现状使制定更加及时、灵活、敏捷的公共政策来规范信息科技的运用显得迫在眉睫；同时，公共政策与法律的协同治理也更符合治理科技伦理问题的实际做法。中国明确提出，科技伦理治理要遵循“依法依规”与“敏捷治理”的原则，既要加快科技伦理治理法律制度建设，也要加强科技伦理风险预警与跟踪研判，及时动态调整治理方式和伦理规范，从而快速、灵活地应对科技创新带来的伦理挑战。

大学阶段是大部分信息技术开发者深入了解信息技术的起点，在这一阶段形成的看待技术发展、思考技术影响的世界观、方法论，会极大地影响其在日后的科研和工作中对信息技术发展走向的判断，以及对技术所涉及的伦理问题、社会问题的看法和思考。正如前文所述，将科技伦理教育作为相关专业本专科生、研究生教育的重要内容，对科技伦理的普及和发展具有十分重要的意义。本书将在后续章节中，从人的行为与心理的角度出发，首先从整体介绍科技伦理的思考原则与社会科学研究方法；再以技术内容为基点，聚焦探讨前沿信息科技中的伦理问题，对于前文所设计的内容展开研究探讨。

发展人工智能辅助或取代自主决策的科技是否应该遵循规范性原则？如何借助信息科技赋能城市管理与社会治理？如何在信息科技高速发展的社会中保持人类的自主与创新能力？如何构建健康、文明、开放、协调的信息科技生态，促进各项信息科技良性有序发展？如何实现“科技为民、科技向善”？这些问题本书将会一一探讨。本书重点覆盖人工智能决策、大数据、隐私保护、数字身份、虚拟现实、智能机器、工作的未来和算法中的人文关怀等技术发展对个体、群体及社会的长期、短期影响。本书旨在使读者在了解当前信息科技中伦理规范的同时，提高在开发新科技中充分融合伦理考量的重要性的认识，掌握必要的科技伦理理念和方法。通过课程学习，希望读者在信息科学技术开发及应用中秉承“科技为民”的理念，以发展信息技术为人类造福为使命，进而在伦理的框架下，利用自己所学的专业知识，塑造“科技向善”的文化理念和保障机制，努力实现科技创新高质量、高水平的安全健康发展，为增进人类福祉、推动构建人类命运共同体提供有力支撑。

思　考

手机加密数据

2015 年 12 月，美国加州发生了一起枪击事件：一名暴徒持枪进入公共场所射击，导致 16 名无辜平民死亡。在 FBI（美国联邦调查局）的调查过程中，需要解锁罪犯的手机获取相关的信息，以进一步获得重要情报。但由于该品牌手机的加密技术保护，没有人可以在不输入密码解锁手机的情况下获得手机里的任何数据。因此 FBI 联系该品牌生产厂商，要求其协助解锁这部手机。

作为这一手机品牌的 CEO，很容易找到许多支持不解锁的原因。首先，需要保证公司的原则，即注重用户隐私。如果打破这个原则，对于公司的声誉和形象是否会有影响，是否会影响用户对公司的评价与看法？其次，需要维护股东的利益。股东投资看重的是公司的价值，如果选择解锁，是否会影响股东对公司价值的评价？并且还要维护自己雇员的价值观，建立起公司注重隐私的信条。如果违反这一信条，是否会降低员工对公司的信心？最后，该品牌作为行业的领头者，还要考虑公司的一举一动对整个行业的影响。如果解锁手机，是否意味着之后其他企业收到类似的要求，都会同意解锁？而从另一方面来看，如果选择解锁，可以使 FBI 获得案情的重要线索，将极大降低案件侦破的难度，进而能够帮助预防类似的恐怖袭击再次发生，保证国家和公众的人身财产安全。

在你看来，该手机品牌的 CEO 应该做的决策是什么？为什么？

参考文献

[1] COADY C. A. J. The Problem of Dirty Hands [DB/OL].(2018-06-02)[2022-03-15]. https://plato. stanford. edu/entries/dirty-hands/.

[2] WALD H. Introduction to dialectical logic [M]. Amsterdam: B. R. Grüner Publishing Company, 1975.

[3] UNESCO. World Engineering Day [EB/OL].(2022-03-04).[2022-03-15]. https://worldengineeringday. net.

[4] 中国互联网络信息中心 . 第 47 次中国互联网发展状况统计报告 [A/OL].(2021-02-03)[2022-03-04]. http://www. cac. gov. cn/2021-02/03/c/613923423079314. htm.

Chapter 2

第 2 章 信息科技伦理思考的原则及研究方法

2.1 什么是信息科技伦理

人们在生活中，经常会遇到或大或小的道德抉择。每个人内心的道德准则，主导了人们的选择，使人们在考虑自身的利益前，思考自身的义务与责任。人们凭借道德准则，将某些行为以“善”与“恶”定性。道德，是社会共同制定或认可的，对于人们行为准则的规范。通常来说，道德的标准高于法律，指导人们哪些事情应当做，哪些事情可以做，以及哪些事情不能做。

当判断一个行为是否符合道德时，通常会从这几个角度展开思考：这一行为是帮助了他人，还是侵害了他人？这一行为是否符合公序良俗？这一行为是否遵守法律法规？这一行为是否只单纯影响别人如何看待你？但仅仅从这些角度进行思考是不周密、不完善的，需要更系统化的理论对道德进行研究。

伦理学正是这样一门学科，为我们研究道德准则指明了方向，帮助我们评价道德准则的优劣，并制定优良的道德准则。在信息科技日益发展的今天，技术的错误使用与滥用可能会造成恶劣的后果。我们亟须相应的信息科技道德准则，为各项信息科学技术划定研究与应用的边界，明确可以使用以及不应当使用的场景、范围。信息科技伦理是研究信息科技道德准则的一门学科。信息科技伦理的研究，使人们得以在享受信息科技发展的成果时，避免人身与个人权益受到伤害，从而保障人们的切身利益。

社会规范

社会规范（Social Norm）是指特定情境下某一群体成员都广泛认可的行为标准。通常来说，人的行为常常受到自身的想法与群体的愿望驱策，尤其是在对群体有认同感时。

社会规范分为约定俗成的社会规范与人为制定的社会规范两部分：约定俗成的社会规范包括宗教、风俗、礼仪等；人为制定的社会规范包括法律与制度。

2.2 信息科技伦理的研究方法

传统伦理学对于道德的研究，可以分为科学方法与哲学方法两大类。科学方法通常也被使用在包括心理学等学科的社会科学研究中。心理学家常常通过观察社会现象与人们的行为并进行总结，从而得到结论，例如，人们倾向于选择与他们的偏好相一致的新闻和信息。心理学家通常只是对这一现象进行描述，而不会对这一行为具体是正当还是不正当下定论。哲学方法又可以分为规范伦理学与元伦理学两大类。规范伦理学不仅给出调查得到的结论，而且对其好坏进行判断，规定了哪些行为人能够做，哪些行为人不能做。元伦理学则通过语言学与逻辑的方法开展研究。元伦理学家主要分析道德语言（如“善”或“恶”这两个词的含义），以及各个学派伦理学家的论证与逻辑。

随着信息科技在越来越多的场景下得到应用，仅仅使用科学或哲学研究方法中的一种，不足以对某一技术有透彻的研究，因此本书将综合这两种方法。要做到这一点，首先需要通过深入思考，对技术在各个不同场景下的优劣展开全方位剖析，并得到初步的分析结论。随后，从通过思考得到的结论出发，借助社会科学的研究手段如问卷调查、研究走访、实验等，验证这些结论的真实性、有效性。下面将对思考与研究的方式分别展开叙述。

2.3 思考的方法与原则

2.3.1 多维度思考

通常，“多角度思考”是指在同一维度下，从不同的角度展开思考。“换位思考”是多角度思考中的一种，是指站在对方或他人的立场上进行思考，但无论从自身、对方还是他人的角度，均是在“立场”这一“维度”上的思考。

多维度思考，顾名思义，是指思考时需要从多个不同的维度切入，对于某一事物、事件或行为进行分析评判。如图 2-1 所示，多维度思考在“多角度思考”之上，更注重思考维度的不同，而不仅仅是同一维度上的不同角度。例如，当跳出立场的维度，从自身这一维度，以及自身、对方和所有相关方组成的总体这一维度分别展开思考，这就形成了个体与全局两个不同的维度，也就是所谓的多维度思考。类似这种“个体与全局”的不同思考维度，就是进行多维度思考的一个思考框架。

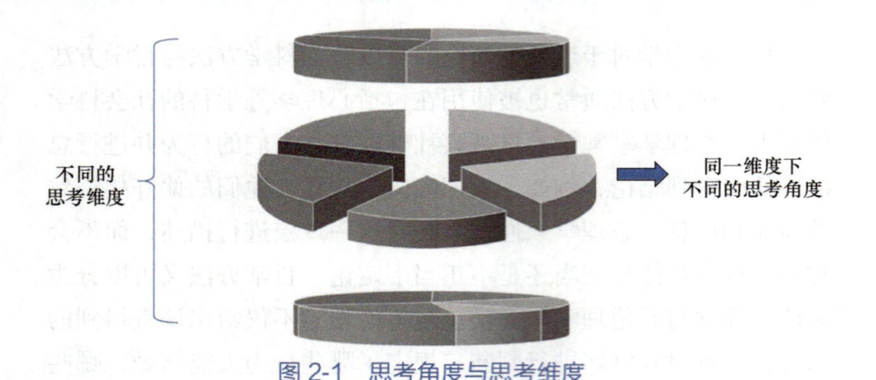

图 2-1　思考角度与思考维度

要形成自己的信息科技伦理的思考框架，首先需要详细收集现有技术应用所造成的各类现象，并探究这些现象之间存在的联系，经过分析归纳，总结出一个可用的思维框架。这样，在接触到新的信息科技时，将其置于已有的思考框架中，就能逐步进行思考，而不会感到手足无措。下面将介绍几个常见的思考框架，在形成自己的思考框架前，可以先尝试使用以下几种不同的思考维度，对熟知的几项信息科技进行思考研究。

1. 个体最优与全局最优

随着各大品牌的汽车越来越多地开始搭载自动驾驶技术，这一新技术变得日益普遍。然而在遇到紧急情况时如何进行决策，仍是一个需要深思的问题。美国麻省理工学院的 The Moral Machine（道德机器）项目为人们提供了许多值得思考的案例。以图 2-2 的自动驾驶难题为例，一辆自动驾驶的汽车前方突然出现一个障碍物，如果不转弯避开则会造成乘员伤亡；但此时前方有两名闯红灯的行人，转弯则会造成他们伤亡。在这样的情况下，自动驾驶汽车应当如何进行决策呢？

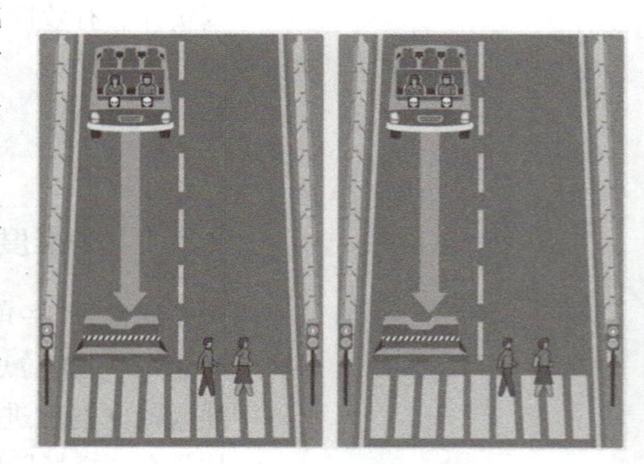
图 2-2　自动驾驶难题

在这一场景中，站在不同个体的角度会得到不同的结果。作为一个理性人，对于车上的乘员来说，他们的最优解是汽车应当保护自己进行转弯，而行人应为闯红灯的行为负责；而对于行人来说，他们则会认为由于汽车没有注意安全行驶，最优解应当是汽车不转弯。但对于政策制定者以及自动驾驶的开发者来说，由于汽车的高度普及，这样的两难抉择将会不断出现。从社会整体的角度进行考虑，只有更好地引领汽车驾驶者以及行人的行为，平衡各方利益，从而降低社会整体运行风险，才是一个全局的最优解。

又如，近年来移动设备的普及，大大方便了信息交流。人们通过手机，就可以快速地联系他人与购物消费，例如，二维码在中国已经得到普遍应用。顾客在餐厅内就餐时，通过扫描二维码就能完成点餐、结账等一系列操作。在商店消费付款时，只需要展示手机上的二维码，甚至仅仅对着摄像头识别人脸，就能快速完成付款，且无须找零。二维码的应用使餐厅和商店都得以减少员工数量，从而降低人力成本，提升了运营效率。然而，这也使许多中老年人因为不会使用智能手机，只能在人工收费口排起长队。原本为了提高社会生活效率与便捷程度而采取的举措，却在无意中损害了少数人群的权利。

个体最优与全局最优，不应当是相互对立的关系，通过一味地牺牲个体利益来追求整体利益最大化也是不符合伦理的。信息技术的发展日新月异，不断有新的技术发明出来，而科技的发展往往会对整个社会的运行方式产生影响，类似的案例只会越来越多。我们应尽可能协调个体与全局的关系，使每个人从信息科技发展中受益。如何平衡个体与全局的利益冲突，便是信息科技伦理需要研究的内容之一，也是在新技术开发运用过程中需要时刻考虑的问题。

2. 义务论与目的论

2015 年 12 月 2 日，美国加利福尼亚州南部城市圣贝纳迪诺发生枪击事件，造成 14 人遇难，至少 25 人受伤。事件发生后，两名枪手被警方击毙，而在随后的搜查工作中，警方找到了一部枪手使用的手机，可能包含着揭开这一案件的重要线索。警方也表示，他们需要查看枪手的手机数据来进一步确认枪手在行凶前与什么人进行了联系，有哪些人协助枪手进行计划并酿成这一惨案，以及枪手夫妇两人在案发前都去了哪些地方。但由于加密技术保护，任何人都无法在没有输入密码解锁手机的情况下，获取手机里的任何数据。同时，连续输错十次密码，所有的数据都会被销毁，无法还原。因此，警方联系了该手机品牌的生产商，要求其协助解锁手机。然而，这一品牌的产品以严格的隐私保护措施著称，这也是其产品宣传的重点。假如你作为该公司的决策者，你会同意协助解锁这部手机吗？

思考：Sci-hub 侵权案件

科研工作者在进行研究时，通常需要查阅大量的期刊、论文。然而，高昂的期刊订阅与文献购买费用使许多研究机构无力承担。这在一定程度上阻碍了学术交流与科研进展。如图 2-3 所示，Sci-hub 网站出于促进学术交流，避免学术垄断的目的，通过互联网爬虫技术，爬取了各大出版社上千万篇期刊、会议文献，并向所有人提供免费下载服务。然而，由于该网站的行为导致出版社的期刊订阅、销售收入减少，损害了出版社的利益，并可能违反了版权保护法，这一网站在各国遭到封禁与起诉。假如你是政策制定者，你认为 Sci-hub 网站的行为符合伦理吗？为什么？

图 2-3 Sci-hub 网站

对于解锁还是不解锁，最终还是要回到“什么样的行为是符合伦理的”这一问题。义务论与目的论，是回答这一问题的两个不同理论。义务论，也称为“非结果论”，认为最高的道德伦理是建基于行为本身，并不会受外来因素影响，过程往往比结果更加重要，行为的后果不是对与错的考虑因素，行为的目的才决定对错。这一理论的代表人物康德也写到，假如这一行为是对的，则对于每一个人，这行为都是对的，没有任何例外；否则，对于每一个人，这一行为都是错的。与之相对的目的论，也称为“结果论”，则认为只要结果是好的，那么这一行为就是好的。在本案中，站在公司的角度，拒绝解锁手机，更符合公司认同的隐私保护价值观，是“义务论”下正确的选择；而解锁手机，能够协助警方侦破案件，避免未来更多的恐怖袭击，是“目的论”下正确的选择。

分别思考这两种选择，可能会产生不同的问题。如果该手机品牌所属公司不同意解锁手机，那么警方就很难获取手机里的数据，也无法追踪到嫌犯的同谋。尽管这一嫌犯已经被击毙，他的同谋仍然逍遥法外。对本次事件的受害者及其家属来说，案件无法侦破，则这一事件对他们造成的创伤也无法得到抚慰。此外，他的同伙仍有可能再次策划恐怖袭击，并再次造成无辜人员伤亡，每个人都将处于危险之中。然而，如果同意解锁这一手机，则该公司违反了自己的隐私保护宣传，可能引发其他消费者对其不再信任。更严重的问题则是未来是否协助解锁电子设备的边界如何界定：是否所有警方侦破的案件，都可以要求直接解锁电子设备获取数据？是否警方可以为了调查案件，直接要求解锁任何人的电子设备？一旦允许了一次例外，则越来越多的例外就会出现，这也是同意解锁手机这一选择可能面临的道德滑坡风险。

在信息科技日益发达的时代，类似的选择困境也将越来越多。行为正确与结果正确两个不同的维度，为我们指明了不同的思考方向。

3. 最优情况、平均情况与最坏情况

在数学与计算机领域中，算法是一个重要的概念。算法是关于计算步骤的一个序列，能够用给定的输入，求得一个输出。即便是解决同一个问题，也可以通过不同的算法，达到同样的目的，而要评判哪一个算法更好，则需要根据具体的使用场景，分别研究它们在最好情况下、平均情况下以及最坏情况下，消耗的时间与空间资源。例如，用于照片处理、影视后期的算法，只需要了解它们平均的数据处理时间，只要它们能在可以接受的时间内，为人们提供所需要的结果即可。因此，我们需要根据平均情况，选取效率最高的算法。然而，对于一台具备智能驾驶系统的车辆来说，一旦在高速行驶过程中遇到了一时无法解决的问题，导致系统长时间卡顿，则可能使汽车行驶异常，造成灾难性的后果。在这种情况下，需要参考最坏情况，保证系统即使在最坏情况下的处理时间也不至于产生危险，即使以降低平均情况下的运行效率作为代价。

在信息科技伦理研究中也是同样的道理。信息科技本身并不存在好与坏，是否是一项“好”的技术，在一定程度上也取决于人们在什么样的使用场景下使用该项技术。以人工智能为基础的图像识别技术现在已经可以判断照片拍摄的内容，分辨出是人、动物、食物或是其他事物。这项已经成熟的技术能够方便人们快速处理照片，大大降低了图像处理的成本。同样，使用人工智能为基础的自然语言处理技术可以自动化分析文章的内容是积极的、消极的还是中性的，也有利于人们快速分析大量文字信息。那么，你是否设想过，使用人工智能来判断一名嫌疑人是有罪还是无罪呢？美国威斯康星州就引入了 COMPAS 系统，用于判刑、假释与监狱管理中需要决策的环节。2013 年年初，卢米斯（Loomis）遭到“企图逃离交通管控”与“未经所有权人允许驾驶其交通工具”两项轻微的指控。由于 COMPAS 系统评估后，认为其属于高风险群体，他被判处了长达 6 年的监禁。系统做出判断的依据包括种族、阶层、年龄、性别等。来自 ProPublica 公司的 COMPAS 报告也明确指出，佛罗里达州的黑人被告人比白人被告人被错误地判断为“有罪”的概率更高。

人工智能在处理图像、文字等信息方面，通常为人们节省了人力物力，即使发生错误后，人们也可以将结果修正。然而，人工智能用于判案后，即使在平均情况下，也只是协助法官判案，或是做出与人类法官接近的判断结果；一旦系统产生偏见，造成冤假错案，则对当事人造成的后果难以挽回，这对法律的严肃性与权威性也提出了挑战。

因此，在对一项科技进行判断时，需要结合具体的使用场景，从最优情况、平均情况与最坏情况下分别展开思考。

2.3.2　基本思考原则

1. 善良原则

善良原则，许多伦理学家也称其为正当原则，是伦理思考中最基本的一条原则。伦理是关于道德的哲学研究，当人们说一个行为是道德的，意味着这个行为是好（善）的；而一个行为是不道德的，意味着这个行为是坏（恶）的。要做一个有道德的人，意味着要行善而避免作恶。由此，这一原则可以被拆分为两部分：①尽可能地行善；②尽可能地避免行恶。而什么是行善、什么是作恶的标准，存在于社会规范（Social Norm）中。不仅违反法律的行为显然是恶的，不符合公序良俗的行为通常也是恶的。一个行为的善恶，取决于社会对其善恶的普遍评价。

由于技术本身的两面性，一项技术既可以用来行善，也可以用来作恶。在研究科技伦理的过程中，需要更进一步，结合技术的具体使用场景来判断这一场景下的应用是否符合伦理。以机器人为例，开发护理机器人为老年人、残疾人以及病人提供护理服务，协助他们日常起居，甚至与他们进行交流沟通，这对人是有益的，我们便认为这样的应用是符合善良原则的。而如果开发机器人用于战争，对人类进行杀戮，这样的应用便是不符合善良原则的。

古格斯之戒

柏拉图在《理想国》中写到这样一则故事：牧羊人古格斯有一天在放羊时，遭遇了地震，瞬间地上裂开了一道巨大的裂缝。他走近这道裂缝，发现里面放着一枚金戒指。当他戴上这枚金戒指，向国王报告这一收获时，他意外地发现，只要他把戒指转向手心，就没有人能看见自己。他意识到，自己在拥有这枚戒指后，就获得了不受惩罚的能力。最终，他潜入皇宫，谋杀国王，并篡夺了王位。

你认同“人在没有道德与法律监督后，就会作恶”这一观点吗？

2. 公平原则

除了善良原则之外，还需要考虑的一大原则就是公平原则。一项有道德的信息技术能够维护社会公平，避免不平等现象的出现。即便是利己主义者认为每个人都应当追求自己最大化的利益，在这一角度上，他们也是认同公平原则的。然而，由于立场的不同，每个人对于公平的理解也不尽相同。例如，一部分人认为，通过努力拥有财富是公平的体现，多劳多得才能促使社会发展；另一部分人则认为，只有所有人拥有的财富完全相等，才是实现了平等。假设此时政府需要制定新的规定征收税款，那么显然可以想见，前者会倾向于所有人收取数额一致的税款，后者会支持向拥有更多财富的人征收更多的税款，而拥有财富较少的人则不必缴税。在他们的立场上，两种主张都体现了公平。那么，如何调和这两种不同的观点呢？

美国政治哲学家约翰·罗尔斯（John Rawls）在《正义论》中提出了“无知之幕”这一思想实验——设想你处于原始状态中，对于自己所拥有的财富、学识、社会地位一无所知，只有在“无知之幕”打开后，你才知道将要成为社会中的哪个人。此时需要设定一个原则来分配财富、权力等社会资源，你会做何选择？由于“无知之幕”打开后，你可能成为任何一个人，这就使得你能在选择分配方法时，抽离出现有的立场，从社会中包括强者与弱者在内各个不同人群的角度，分别评判你的分配方式是否平等。

在面对一项新的信息技术时，如果不确定它是否符合伦理，不如先把自己带入社会中的各个群体，包括这一技术的直接受众，以及其他可能受其间接影响的人群，并思考这一技术应用后，是否会对其中某个群体带来不公？以及如何改善这一技术，解决不公平的现象？同时，也需要避免无意的不公。仍然以前文中的 AI 判案为例，由于其使用了 AI 技术，以大量的数据作为学习的样本，如果样本本身就存在着偏差，那么最终的决策也会存在偏见。例如，以大量深肤色的男性嫌疑人案例作为样本，将导致 AI 在学习过程中无意地以肤色、性别等因素作为决策的参考。为了避免这一点，一方面，需要避免数据本身各个群体的占比差别过大；另一方面，应当尽可能地构建“透明”的 AI，即决策过程透明可追溯的 AI，而非一个“黑盒子”。

2.4 从社会科学研究的角度研究科技伦理

从社会科学研究的角度研究科技伦理，如图 2-4 所示，首先需要定义想要研究的技术，及其应用时面临的问题。通过明确的定义，能够为研究划定一个范围。以一个常见的社会现象为例，如图 2-5 所示，越来越多的餐厅开始引入自助扫码点餐技术：顾客扫描桌面上的二维码，便可以快速在手机上浏览菜单、点餐，并完成支付。然而，在实际使用时，人们却发现餐厅要求必须注册为会员，不仅需要订阅广告推送，还不得不提供生日、性别等个人信息。你觉得这一行为侵犯了个人隐私，是不符合信息科技伦理的。为了印证你的观点，你需要了解社会大众普遍对这一行为的态度：人们对于该技术与行为是赞成还是反对，人们是否乐于接受该技术；同时，你也应试图了解该技术将对人们产生怎样的影响。

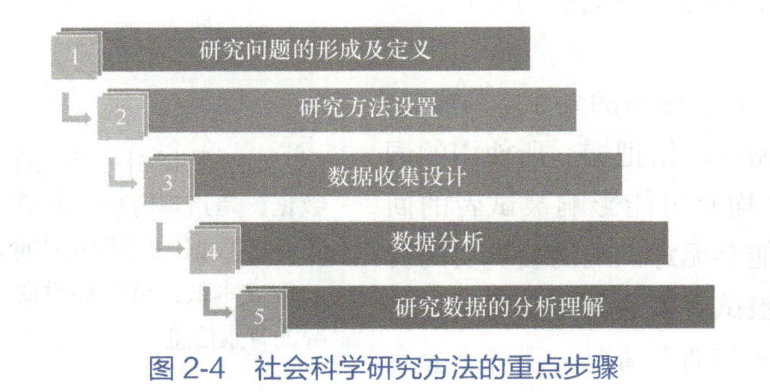

图 2-4 社会科学研究方法的重点步骤

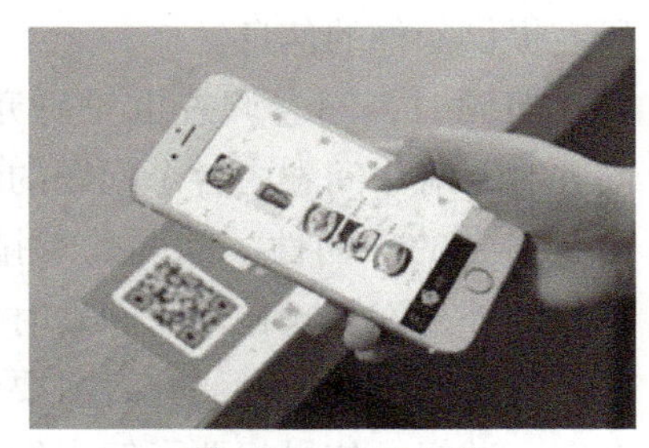

图 2-5 扫码点餐

为了得到这些问题的答案，你需要明确应当通过怎样的方式来获取数据；而在取得数据之后，你也需要进行一系列分析以获得结论。

首先，可以通过问卷的形式了解大家对扫码点餐这一技术的态度。其次，在得到问卷调查的结果后，可以问问身边人的观点，通过访谈的形式了解他们表现出这些态度的原因。当然，也可以把多名受访者聚在一起，形成焦点小组，他们之间的讨论也许会碰撞出新的火花。但有时人们在讨论或回答问卷时，也许并不总是会汇报自己最真实的想法，因此也可以通过观察法，比如直接到餐厅观察使用扫码支付的顾客比例，研究最自然的情景下，人们的真实反应。最后，如果想要改进这一技术，可以通过实验的形式，比较人们对于现有技术与改进后新技术的态度差别。

以上提到的这些研究方式，便是在科技伦理研究过程中常用的社会科学研究方法，也是通常使用的几种获取数据的方式。下面将分别介绍上述几种研究方式。

2.4.1 问卷调查

1. 问卷调查的定义与优缺点

在科技伦理研究的过程中，问卷调查是最常使用的一种研究方法。问卷调查，是通过向研究对象发放统一的、由许多问题组成的表格，测量其特征、行为与态度。

问卷调查的形式可以是电子的，通过邮件、网站、社交媒体等途径发放；也可以是纸质的，通过线下的形式邀请实验对象填写，在形式上也相对更加灵活。同时，与其他数据获取的方式相比，由于问卷是统一设计的，其标准化程度较高，且研究对象之间通常相互不影响，因此可以同时发放大量问卷，在较短时间内收集更多的数据。在电子版的问卷调查过程中，还可以通过问卷网站提供的工具，记录研究对象在每个问题中所花费的时间，为研究提供额外的信息。

但同时，问卷调查也对研究者提出了更高的要求。在编制问卷时，对于问卷中各个问题的叙述需要严格把握，所使用的词语、语气的导向性、问题的编排顺序均有可能影响被试者的回答。此外，许多人在填写问卷时，可能会无意识地伪装真实的自己，或是有意说谎，研究者需要引导被试者表达其真实的观点与态度。试想，如果想要了解人们的收入与消费情况，很可能会有

> **二手数据**
>
> 二手数据相对于原始数据，是指现有的已经收集好的数据。二手数据的获取成本低，可以提供研究的背景信息。

人为了虚荣心，或是无意识地对自身情况高估，给出与自身不符的答案。人们在面对大量问题时，产生的厌烦情绪可能会使其不认真作答，或是不读题胡乱作答，影响问卷的可信度。这些问题都需要研究者在设计问卷时认真考虑。

2. 设计问卷

在设计一项问卷调查前，首先需要明确以下几点：研究问题、调查对象以及调查内容。

（1）研究问题　研究问题是我们最终想要解决或解答的问题。研究问题应当简洁明了，易于理解。每个研究问题都可以看作一个函数，因变量作为研究的现象，而自变量是导致该现象发生变化的各个因素。以上面提到的例子来说，想要研究的问题是扫码点餐究竟好不好，最直接的方法就是询问人们“你觉得扫码点餐有多好？”在回答时，有人可能考虑扫码点餐降低了人力成本，有利于降低自己的就餐价格；有人可能担心个人隐私会遭到泄露，或是在未来面临大数据杀熟；有人可能会担心服务员们会失去工作。因每个人考虑的角度与立场都各不相同，导致收集的数据将毫无意义。而将这一问题拆解为多个具体的维度，如就餐价格、人力成本、隐私顾虑等几个方面分别进行提问，人们在回答时就会从相同的维度展开思考，测量的精准度就会得以提升。

人口信息

人口信息是指你能够描述一个群体，并将该群体分成不同组别的统计信息。在问卷调查的最后，通常会询问年龄、性别、国家或地区等人口信息，以确认该调查对象在目标群体内。

（2）调查对象　调查对象是开展研究所适用的人群。由于人口统计信息（Demographic Information）的不同，对于同一个问题，不同群体的态度、想法都可能存在着较大的差异。同样以扫码点餐为例，大城市的年轻人可能更多地使用过、了解过这一技术，而偏远地区的年长人士可能对这一技术接触较少，甚至完全没有听说过。将这两类人群放在一起进行研究，所得到的数据显然将是不明确、难以得出结论的。对于研究者来说，需要从年龄、性别、职业、教育程度、文化背景、地域等不同层面明确研究的群体。

（3）调查内容　调查内容应当紧密围绕着研究问题展开。问卷通常由两部分组成：第一部分为测量部分，根据研究问题中的各个自变量，需要选取合适的调查问题来测量这些变量；第二部分为人口信息，通常在这一部分中询问被试者的性别、年龄，以及其他区分调查对象的特征信息，这一部分的数据用于确认实际调查的群体与前一步中所预设的是否相符。

设计问卷的问题时，通常使用以下几种题型：

1）量表题：以分值表示程度高低，分值范围根据问题可相应调整，通常选取 1~7、1~5、-3~3，但整份问卷的量表题分值范围应尽量保持一致。

2）单选题：从多个选项中选取最合适的一个选项。

3）多选题：从多个选项中选取所有符合的选项。

4）排序题：将所有的选项按照符合的程度，由大到小排列。

5）填空题：开放式的回答，调查对象可以回答任何内容，调查者也可以在设计问卷时对于答案的范围进行限制，如仅接受数字 / 汉字 / 邮箱等。

在上面几种问题类型中，量表题、单选题、多选题与排序题收集到的内容均属于结构化的数据，所有调查对象的回答都是处于一定范围内的数字。对于这样的数据，可以用常见的 Excel、SPSS、R 等软件快速进行定量的处理与分析。而对于填空题来说，由于回答包含着文字等非结构化的内容，很难进行大规模快速的分析，通常需要逐条阅读理解回答的含义。因此，实验问题应该尽可能使用量表题、单选题、多选题与排序题。

设计问卷内容时，也需要为问卷增加一些随机性。曾经有一项有趣的心理学研究指出，在进行食物选择时，如果左侧是健康的食物，右侧是不健康的食物，消费者就会（相比于左侧是不健康食物，而右侧是健康食物）更倾向于选择健康的食物（Romero and Biswas, 2016）。如果在设计“消费者对于健康食物的偏好”问卷时，没有了解这一现象，所有发放的问卷中选项又都是完全一致的，那么获取的数据就存在偏差。这也是在设计问卷时，每份问卷的选项顺序应当随机打乱的原因。

同样，如果先要求调查对象写下“你认同扫码支付对顾客有益的原因”，

以扫码点餐为例，设计问题时可以使用量表的形式。这样，在分析收集到的数据时，通过假设检验、计算均值等方式，就能快速得到结论，并使用图表展示数据分布，显然好于填空题形式的“你觉得扫码点餐怎么样？”所得到的文本数据。

关于扫码点餐的问卷调查

1. 你是否认同扫码点餐会使你的就餐价格降低？

一点也不认同　1　2　3　4　5　6　7 非常认同

2. 你是否担心扫码点餐会泄露你的隐私？

一点也不担心　1　2　3　4　5　6　7 非常担心

3. 你是否担忧扫码点餐会使越来越多的服务员面临失业？

一点也不担忧　1　2　3　4　5　6　7 非常担忧

反向编码

对于量表类型的题目，为了防止调查对象随意、胡乱作答，影响问卷的数据质量，应在问卷中加入反向编码这一小技巧。问卷中的这两道题目成对出现，中间隔开数个其他问题。对于绝大多数认真的作答者来说，这两题的答案应当是对应的，即 1-7，2-6，3-5，4-4。如果这两题的答案并不对应，则可以判断该调查对象没有认真回答，他的问卷结果也是无效的，可以在分析阶段将他的数据排除在外。

以下是一对反向编码问题的例子：

相比于使用移动支付，我更偏向于使用现金进行消费。

一点也不认同　1　2　3　4　5　6　7 非常认同

相比于使用现金，我更偏向于使用移动支付进行消费

一点也不认同　1　2　3　4　5　6　7 非常认同

再询问“你有多认同扫码点餐这一技术”，由于调查对象在回答第一个问题时，在脑海中已经思考过认同的原因，他在回答第二个问题时的认同程度（相比于先询问认同的程度，再询问认同的原因）显然就会更高。在编排问题顺序时，不如多问问自己，题目的顺序更换后是否更合理？目前的题目顺序是否最能反映调查对象的真实想法？对于并列的问题（相互不影响的问题），也应当加入随机性，避免意料之外的差异。对电子版的问卷来说，问题与选项的随机性可以通过问卷网站设置，简单快速地完成。而如果需要通过纸质问卷的形式收集数据，则需要手动调整问题与选项的顺序，制作多个不同的版本并分别进行发放。

设计问卷问题时，也需要考虑调查的内容是否存在越界，可能引起调查对象的反感。例如，大多数人对种族、婚育情况、宗教信仰等信息，以及涉及个人隐私的问题都会感到被冒犯。如果不确定某个问题是否合适，可以尝试问问身边的人，并听听他们的想法。

3. 实施调查

实施调查时最重要的问题是需要多少人来完成调查问卷。从理论上来说，由于越大的样本量越能代表总体，因此样本的数量越大越好。然而在实际调查中，由于人员配置、预算等因素限制，往往需要在样本数量与调查成本间进行平衡。通常对于一个不分组（没有将调查对象按某些特征分为不同的组，分析各组之间差异）的问卷来说，超过 300 人的问卷已经拥有足够的置信率（>95%）。如果需要将调查对象进行分组，每组人数一般不少于 50 人。

然后需要考虑如何发放问卷，才能使样本从确定的调查对象中均匀抽取。对于一名大一学生来说，当他想要调查“大学生对于一项新技术的看法”时，最省力的办法是通过社交软件向同学发放问卷，但由于他所发放的对象大多与其年龄相近（同一年级），最终他获得的数据很可能只能说明“大一学生对于一项新技术的看法”，这便是一种抽样误差。正确认识发放问卷的渠道所对应的人群，通过多种不同渠道发放问卷，有利于降低抽样误差，提升问卷结果的准确性。

在回收问卷数据后，需要对数据展开分析。数据可视化能让调查者对数据有清晰的感知。根据不同的问题，可选择相应的可视化方式。以下是几种常见的图表类别：

（1）直方图

直方图适用于量表题、选择题，且选项属于不同类型，或属于同类型但离散分布。直方图使用高度不等的纵向矩形（或线段）表示数据的分布，数值为正则矩形或线段的下端与坐标轴齐平，反之则上端齐平，如图 2-6 所示。通常高度越高，数值的绝对值越大。直方图使调查者能够直观地感受各个选项数量的多少。

（2）折线图

折线图适用于采集的数值为连续变量的题目，如气温随时间的变化。在制作折线图时，只需要将采集的数据根据横纵坐标描绘在图表上，再用直线或圆滑的曲线将这些点连接在一起即可，如图 2-7 所示。折线图可以帮助调查者了解数据变化的趋势。

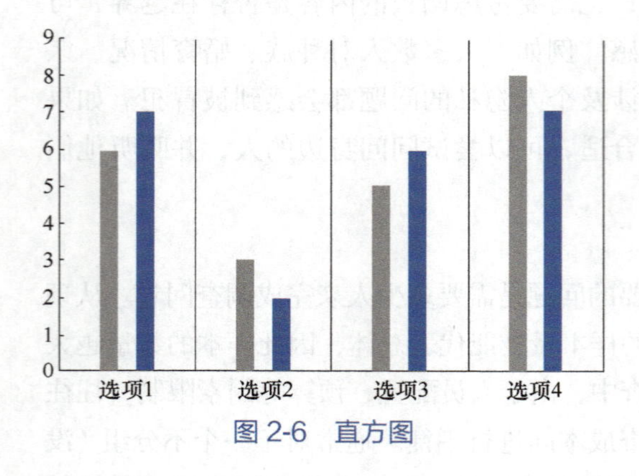

图 2-6　直方图

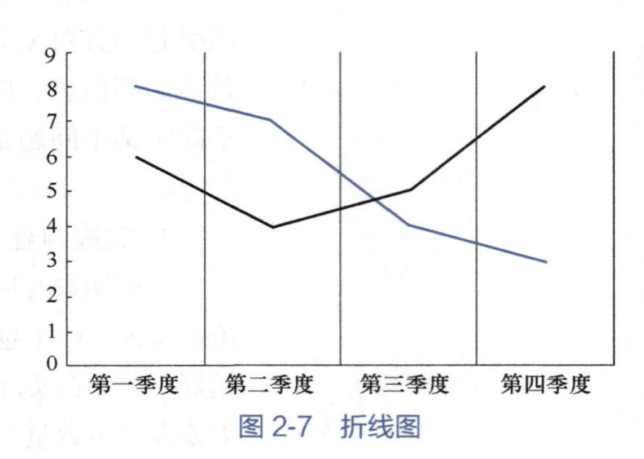

图 2-7　折线图

（3）饼图

饼图适用于选择题，且选项属于不同类型，或属于同类型但离散分布。饼图由多个扇形组成，每个扇形代表一个选项，这些扇形的圆心角之和为 360°，如图 2-8 所示。每个选项的圆心角大小为其占总体的比例乘以 360°，故扇形的圆心角越大，表明这一选项占总体的比例越大。根据情况，通常将占比非常小的多个选项合并成一个“其他”，并使用文字补充说明。饼图能帮助调查者清晰地了解每个选项占总体的比例大小。

（4）词云

词云适用于论述题。论述题的大段文字，无法简单地进行定量分析。但有了自然语言处理（NLP）技术的帮助后，可以将大段文字切分为一个个单词，并统计各个单词的出现频率。出现的频率越高，单词的形状越大，将不同大小的单词放置在一起组成圆形、云形或任意想要组成的形状，就得到了词云，如图 2-9 所示。词云让调查者得以快速洞察论述题的结果。

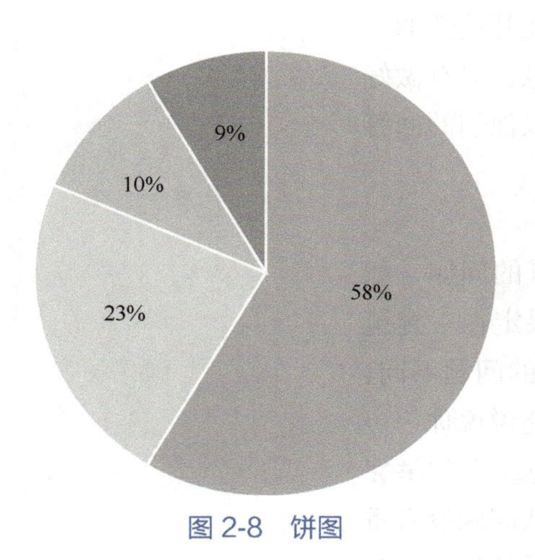

图 2-8　饼图

图 2-9　词云

（5）地图

地图适用于与地理位置相关的题目。在地图上（通常是单色地图）的不同区域使用不同大小的图形，越大的图形代表该地区的数值越大；或将地图上的不同区域描绘成不同颜色，不同的颜色代表不同的数值。地图作为图表，可以让调查者直观感受不同地理位置的数值大小差异。

（6）其他另类图表

发挥你的想象力，使用创造性的图表向其他人展示你的研究结果。在完成后，你可以先问问身边的人图表是否易于理解。

要进一步得出具有说服力的分析结论，需要学会使用假设检验、回归分析等统计学工具。具体的分析方法将在 2.4.5 和 2.4.6 两节中展开叙述。

2.4.2　访谈

尽管通过问卷调查，调查者可以快速了解人群中普遍的观点、态度或行为，但要了解数据背后的联系，往往需要更深入的洞察。访谈为调查者提供了一个渠道，以听取他人的观点，这不仅能提供许多有价值的信息，而且能使受访者感到自己为项目做出了贡献。

1. 访谈前的准备

访谈前，需要从以下几个方面进行准备：

（1）访谈背景

在准备访谈前，需要对访谈话题的背景进行充分调研，包括受访者的背景、相关新闻报道、研究论文以及专业书籍等，并理解这一领域相关的各类术语。相比封闭式的问卷，在开放性的访谈中，受访对象很可能提起该领域内的其他相关信息，只有做好充足的准备才能快速理解他们提到的内容，并随时以他们的回答为切入点，挖掘其中的信息。

（2）访谈问题

在问卷调查时调查者倾向于选择能用量表测量的问题，如“你在多大程度上……？”，这些问题的答案都被限定在一定范围内，以便于调查者进行分析。与问卷调查所选择的问题不同，在访谈中，可以先选用更具有启发性的问题，如“能说说你……的经历吗？”，启发受访者为调查者提供他们的观点。在列举完所有问题后，可以从头到尾阅读一遍所有问题，确认问题没有重复，思路清晰，然后将所有问题记录下来，整理成采访提纲。此外，在采访时也可以从受访者的回答中，选取感到困惑或有兴趣的点，不断提出新的问题。

（3）访谈对象

说起访谈，许多人脑海中会浮现出记者对知名成功人士展开调查的画面。但在实际研究过程中，访谈对象的范围则大得多。当我们想对一项信息科技展开伦理研究，既可以联系该项技术的深度用户，也可以联系对该项技术有一定研究的人员，同时可尝试通过邮件等方式联系相关领域的专家，甚至可以是身边的亲人或朋友。选取哪些访谈对象，取决于访谈的目标是了解核心用户、开发者还是普通民众的观点。

（4）时间与地点

访谈前需要与访谈对象提前联系，选择合适的访谈时间和不会受到干扰的地点。如果访谈需要进行录音与录像，也需要征得对方的同意。一切无误后，向对方发送确认信息。

2. 实施访谈与分析汇总

务必在访谈开始前准时到达约定地点，寒暄后，可以按照事先拟定的提纲向对方进行提问。一个好的访谈方式，始终是积极性的。积极性的访谈是指避免照本宣科式的提问，而要随机应变，将问题融入谈话的情境中；在受访者回答的过程中，保持积极响应，向对方讲述的内容表达肯定，记录回答的要点，并迅速加以理解。在访谈过程中，可以根据访谈中得到的信息进行适当的追问，提出新的问题，但在了解完后，一定要回到预先设定的提纲。

访谈结束后，首先，向受访者表达感谢；其次，可以回顾录音、录像，确认没有遗漏任何内容；最后，需要整理汇总访谈获取的所有信息，并分析得出结论。

2.4.3 焦点小组

与访谈一对一或是调查问卷相比，焦点小组将一组受访对象聚集在一起，在一名经过训练的调查者带领之下，焦点小组中的成员就某一特定的问题，表达他们的观点看法。通常来说，一个焦点小组会包含 8~12 名参与者。与调查问卷的结果整齐排列的数据不同，在焦点小组中，大家给出的观点可能包含各个不同的方面，后期需要研究人员进行分析整合。

焦点小组对于调查者的要求较高，调查者需要时刻把握讨论的范围。焦点小组讨论的话题可能会逐渐偏离研究范围，此时便需要调查者及时将话题引回研究问题；而有时，焦点小组讨论的话题可能对研究项目有所启发，这便需要调查者把握讨论的方向。

2.4.4 观察法

对于有些问题来说如扫码点餐，人们会很乐于表达他们的看法。但对于某些话题来说，人们可能并不愿表露自己真实的情况、想法与态度；或者相比问卷或访谈，仅仅通过观察就可以快速得到结论。

> **垃圾学家**
>
> 研究人员通过查看人们的垃圾桶，根据垃圾的类别、丢弃的顺序、使用的状态等信息，分析家庭消费模式。这一方式尤其适用于烟、酒等人们不愿谈论的消费品。

例如，某公司在一路口应用了以人工智能为基础的智能十字路口技术。其声称这一技术将根据行人与车辆的实时通行情况，自动调整红绿灯时间，从而提升路口通行效率。若要研究该技术是否真实有效并符合伦理，可以通过在路口观察以下情况：

1）每个时间段内，相比邻近的路口，该路口通过的车辆与行人数量是否更多？在每次红灯期间，路口等待的车辆数量与行人数量是否更少？如果单位时间内通过的车辆与行人更多，等待红灯的汽车与行人更少，便可以得到效率提升的结论。

2）车辆与行人的危险行为是否更少？例如，若智能调控的绿灯时间过短，行人可能来不及通过马路，滞留在路中央可能带给他们额外的危险，尤其是对于老人、残疾人等行动不便的人群。又如，车辆的通行速度过高，出现大量汽车加速通过路口的行为，将可能带来额外的风险。这些危险行为都可能导致事故的发生。

2.4.5 实验

1. 实验的含义

作为学生，在过去的学习生涯中可能较多接触到的是物理、化学、生物等领域的实验。其实在社会科学领域，同样也有严谨的实验方法。与上述的问卷调查、访谈或者观察法不同，在实验方法中我们会操纵一个或几个特定的实验自变量，以此来观察因变量的变化。在理想状况下，如果除了自变量以外的其他所有变量都保持恒定不变的话，那么就是自变量的改变导致了因变量的变化。由于无法对所有人群进行实验，只能在有限的人群中进行抽样，因此实验结果的适用人群都是有限的。在尽可能广泛的人群中多次重复同样的实验，并获得相似的结果，才可以说明实验结果具有更高的外部有效性（External Validity）。

> **内部有效性和外部有效性**
>
> 内部有效性是指实验是否可以正确地推断出因果关系。
>
> 外部有效性是指实验结果在实验以外的场景下是否也能起作用。

2. 研究问题和变量

在设计实验之前，首先需要确定研究问题和实验中所需的变量。在下面的研究方法介绍中，将以电子游戏是否会增加青少年的暴力倾向这个经典问题为例。过去人们经常讨论某些影视作品对于青少年暴力倾向的影响，可以预见，未来 VR 游戏等新型娱乐方式都会经受这种质疑的考验。

在社会科学领域中，对于研究的问题首先需要提出一个假设。假设是我们对于自变量和因变量之间关系的一种预测。假设一般要建立在已有的社会科学理论的基础上，根据过去的科学研究成果来提出对于现有研究问题的推断。我们可以根据之前的研究结果做出假设：电子游戏会 / 不会导致青少年的暴力倾向增加。在提出了假设之后，需要确定实验中的自变量、因变量以及控制变量。对于变量有效的操纵、控制以及测量是成功进行实验的关键所在。

自变量是需要操纵的变量，在上述例子中，青少年是否接触电子游戏就是自变量。基于过去的研究理论，我们相信通过改变这些自变量的属性，可以导致因变量的变化。在前文所述的其他研究方法中，自变量只拥有一个水平，而在实验中，自变量至少拥有两个水平。

因变量是实验对象对于自变量改变的反应，在上述例子中，青少年的暴力倾向就是因变量。一个良好的因变量应该可以准确、有效、客观地反映被试者的变化。在多次重复的实验中，因变量应该被一致地记录下来。我们可以通过被试者自我汇报的量表来收集因变量的数据。然而对于一些不好直接通过量表测量的因变量，也可以收集被试者的行为数据，比如在班杜拉的研究中，他观察儿童在观看不同的影像之后是否会击打一个不倒翁娃娃来测量他们的暴力倾向（攻击性）。

自变量和因变量的选择与研究问题紧密相关，选择合适的自变量和因变量作为研究对象是实验的基础。

被试变量是一些被试者固有的变量，比如性格、性别、国籍等。这些变量无法在实验中被严格操纵，所以它们并不是真正的自变量，也不是因变量。如果一个实验只有被试变量而没有自变量，那么它并不是一个严格的实验。但是在研究中经常会引入被试变量来检测自变量的效应是否会因被试变量而异。

无关变量与研究问题看似无关，但是有可能导致自变量、因变量的变化，所以应尽可能保持这些变量恒定。在理想的实验中，除了自变量之外的其他所有变量都应被严格控制，才能较为准确地得到自变量和因变量之间的关系。一些变量看似与实验内容无关，如天气、季节、时间等，但是这些变量也有可能会对实验造成影响，因此如何谨慎地控制无关变量是实验成功的重要因素。

在研究自变量和因变量之间的因果关系时，我们需要知道因果性是基于概率的。我们对自变量和因变量之间关系的预测是对总体趋势的概率性预测。即使自变量和因变量之间存在因果关系，自变量的变化也并不一定导致因变量变化，而只是有很大概率造成因变量变化。例如，即使通过实验发现电子游戏会导致青少年的暴力倾向增加，也不能证明所有青少年接触电子游戏之后都会更加暴力，只能说明电子游戏会让暴力倾向增加的可能性变大。

3. 设计实验

良好的实验设计是分离自变量、探究自变量与因变量之间因果关系的基础。实验设计一般分为以下三种：

（1）被试间设计（Between-subject Design）

被试间设计是将被试者分到不同组别的实验设计，每个被试者只会受到一种处理（Treatment），如图 2-10 所示。通过将被试者随机分到每个组别的随机化处理和增加样本数量等方法，我们可以将不同组别之间被试者的差异减小。在理想的情况下，可以认为不同的组别中的被试者即使彼此之间有所差异，但从整体上看是相似的样本，这样就可以通过对不同组别的被试者采取不同的处理（即需要操纵的自变量）来观察自变量的改变对于因变量的影响。如果一个小组中的被试者没有经过特殊的变量处理，则将这个小组称为控制组，而经过处理的小组称为实验组。通过比较控制组和实验组之间因变量的差异来探究自变量的作用。被试间设计也可以包含多个自变量，这些自变量的排列组合会将被试者分到更多的小组。比如两个自变量都拥有两个水平，那么被试者就会被随机分到 2×2=4 个组中的一个小组。

（2）被试内设计（Within-subject Design）

被试内设计是对同一个被试者进行多次测量的实验设计，每个被试者会受到多次不同的处理，如图 2-11 所示。由于是对同一个体进行测量，被试内设计不会出现个体差异的问题，也可以减少所需的样本量。然而被试内设计也存在一定的风险，比如处理的先后顺序可能会对实验结果产生影响（第二次处理会受第一次处理的影响等）。在一些被试内设计的实验中，可能会采取随机化处理顺序等方法来减小被试内设计的缺点。

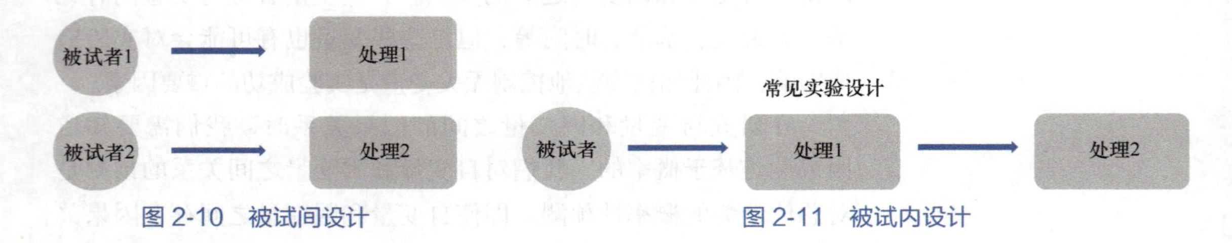

图 2-10 被试间设计　图 2-11 被试内设计

对于上述两种设计，需要根据具体情况来选择使用被试间设计或者被试内设计来平衡样本数量、个体差异等因素对实验结果的影响。

（3）混合设计（Mixed Design）

混合设计是一种既使用被试间设计，也使用被试内设计的实验方法。混合设计一般有两个及以上的自变量，可以帮助调查者在研究不同组别之间差异的同时，也检验自变量对同一个体的影响。有一些变量（如时间等）只能通过被试内设计的方法进行研究，我们可以通过混合设计来研究被试间变量在被试内变量上的效应。

在进行上述设计的同时可以根据研究问题的需要选择合适的实验设计，并画出实验流程图。在实验流程图中，可以将实验步骤分成不同的模块，并用箭头表示不同模块之间的逻辑关系，比如是否要将被试者随机安排到不同的实验组中，在实验的不同阶段分别需要测量哪些变量。一个好的实验流程图可以帮助调查者更好地梳理实验的结构，也能让其他人更好地了解实验设计和目的。

4. 实验的数据收集

如前文所述，在获取情感、态度、想法等抽象的变量时，或者被试者的行为无法在实验室中直接测量时，我们会通过被试者的自我汇报来得到相关的数据。除自我汇报外，行为测量也可以记录被试者在实验中的行为来获取实验数据。行为测量所获取的行为数据必须是可以被准确观察和记录的。在进行行为测量之前，我们必须能够定义被试者在实验中可能做出的不同行为的意义。通过观察这些行为的种类、次数等信息，我们可以一致地记录和分析被试者的行为变量。随着科技的进步，现在有了诸如眼动仪、近红外脑功能成像、功能性磁共振成像（FMRI）等设备来更准确地测量生物水平上的行为信息。

在通过这些方法进行变量的测量时，同时要考虑测量的信度和效度。信度是指测量方法的一致性和可靠性。信度高的测量方法应该在不同时间、不同地点、不同实验者和环境下都能测量出同样的结果。效度是指测量方法的有效性。效度高的测量方法应该可以准确地反映我们想要测量的变量。

基于以上准则，可以通过不同的方式来进行实验，比如上文提到的问卷调查就是一种常见的实验手段。可以通过在线问卷平台等方法来随机将被试者分配到不同的实验组和控制组中。通过问卷的文字描述和被试者填写问卷的过程，我们可以操纵实验中的自变量并且测量实验所需的因变量。问卷不仅能获得被试者填写的自我汇报数据，也可以通过测量作答花费的时间等来进行行为测量。

在进行实验之前首先需要确定具体的实验人数，并选择合适的实验群体。实验需要的人数可以通过以往类似的文献数据进行效力分析（Power Analysis）来计算。如前文所说，社会科学的实验是基于概率的，选择参与实验的群体就是一个抽样的过程。我们无法对世界上所有个体都进行实验，也无法得知这些个体在没有接受处理时的反事实结果（Counterfactual Outcome）。因此，我们只能通过样本来推断整体的概率分布。样本量越大，越有可能接近真实的分布，而样本量过小则可能产生极端情况。实验中的样本如果过于单一，也会导致实验结果不具备普适性。如果想增加实验结果的外部有效性，那么就必须保证实验在不同人群的抽样中都可以得到相似的结果。在确定了抽样的地点之后

(比如大学校园、在线招募网站等)，可以通过电子邮件、发布在线问卷、线下随机抽取等方式来招募被试者参加实验。在招募被试者的过程中必须保证样本是严格随机抽取的，不可以筛选参与的人员，否则会出现样本的选择性偏差，即样本的选择过程依赖于某一个变量，无法代表人群的集体特征。虽然选择性偏差在一定程度上是无法避免的（比如抽样的人群总是基于某些特征，如愿意参与实验、识字或者会使用计算机等），但是当选择性筛选的变量和实验的因变量非常相关时，得出的结论往往也会存在偏差。

选择好实验群体之后，实验数据可以通过实验室实验、田野调查和网上实验等方法收集。

（1）实验室实验

实验室实验是指在实验室内进行操作的实验，被试者一般会来到实验室内，根据实验设计的要求被分隔到互不影响的独立房间。被试者在房间内完成实验要求的问卷或者活动，以此测量其在不同条件下的反应。这些实验不需要完全仿照现实中可能出现的各种状况，反而需要简化实验场景，并且严格控制实验中的无关变量。实验室实验的优点是可以很好地控制实验中的变量，保证被试者在实验中的专注程度，并且可以进行一些特定的复杂活动。

（2）田野调查

田野调查是在社会真实场景下完成的实验，与严格控制变量的实验室实验不同，田野调查的对象一般不清楚自己正处于一项实验之中。通过田野调查的检验，我们才可以更好地理解研究的理论是如何在现实生活中呈现的。田野调查的缺点是在复杂的现实生活场景中，我们很难确定自变量是否被很好地操纵，因变量的测量是否准确，是否被其他因素干扰。因此很多时候田野调查是和实验室实验同时出现的，它可以佐证实验室实验的结果在现实场景下是否可以复现。

（3）网上实验

网上实验一般依托于在线被试者招募网站，被试者可以在计算机、手机等平台上完成问卷的填写。网上实验无法进行非常复杂的实验设计或要求被试者进行问卷之外的活动，也很难保证被试者在填写问卷时不被其他因素干扰。但是其优点是可以大量、迅速地收集数据，因此这种实验方法目前被广泛应用。

在具体的实验过程中，任何细节的变化都可能导致实验结果的偏差，因此必须严格保持每次实验的步骤一致，减少无关变量的变化。同时，在实验过程中需要避免被试者期望效应以及观察者期望效应对实验的影响。

（1）被试者期望效应

被试者期望效应是指参与实验的被试者由于对实验结果的预期和猜测，从而改变了实验的步骤或者做出修饰过的行为，得出报告不真实的实验结果。安慰剂效应是一种常见的被试者期望效应，它是指参与实验的病人即使拿到的是没有任何效果的安慰剂，也会汇报自己的病情得到好转。为了排除这种效应的影响，实验中常常会设计一个不会对实验结果造成任何改变的空白控制组来观测被试者期望效应的影响。

（2）观察者期望效应

观察者期望效应是指实验员等实验观测者可能因为自身对于实验结果的期望，从而在无意识中干涉了实验的步骤或者错误地解读实验的结果。最著名的观察者期望效应是“聪明的汉斯”的故事。汉斯作为一匹“能够进行数字计算”的神奇的马引起了巨大轰动，它能够用蹄子敲出算术题目正确的答案。然而人们最终发现，汉斯只是通过周围人细微的面部表情和肢体动作来判断它应该何时停止敲蹄子。这个案例说明即使是实验员微小的动作、表情都有可能导致被试者的行为发生改变，从而导致错误的实验结果。

解决以上两种期望效应的常见方法是进行双盲实验。在双盲实验中，直到实验结束分析完数据之前，被试者和实验员都不知道其被分配到实验组还是控制组中。因此在实验过程中，不会因为对实验结果的预期，从而做出干涉实验结果的行为。双盲实验可以从很大程度上避免被试者和观察者期望效应的影响。

随着科技的进步，现在越来越多地通过自动化实验的方法来进行社会科学实验。这样可以避免实验员对被试者的干扰，也可以节省进行实验说明所需的大量的人力和时间。

2.4.6 数据分析

无论通过何种方法收集数据，都需要对收集的数据进行分析和解释。在此不介绍具体的统计学方法，仅以实验中的问卷数据结果为例，从整体的数据分析思路上给读者提供一些启发。

对于研究的问题，我们最先想到的应该是描述性研究

（Descriptive Research）。描述性研究会探究人们对于一项技术持何种态度，对于一个问题的决策是怎样的或者选择哪个选项的百分比更高。但是描述性研究并不能够满足我们对于不同变量关系的好奇心，于是在对变量的描述性分析之后，会进行相关性研究（Correlation Research）。相关性研究的对象是那些没有被调查者操纵的变量之间的关系。通过计算变量之间的相关性，我们可以知道变量之间关系的方向性（正相关或者负相关）和强度。需要注意的是，相关性并不等于因果性。导致这种现象的原因主要有以下几种，如图 2-12 所示。

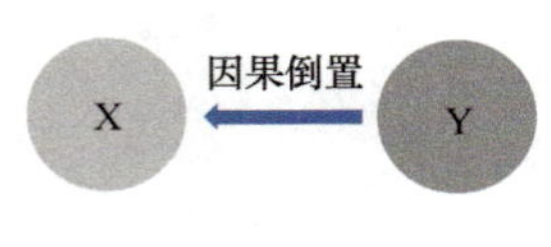

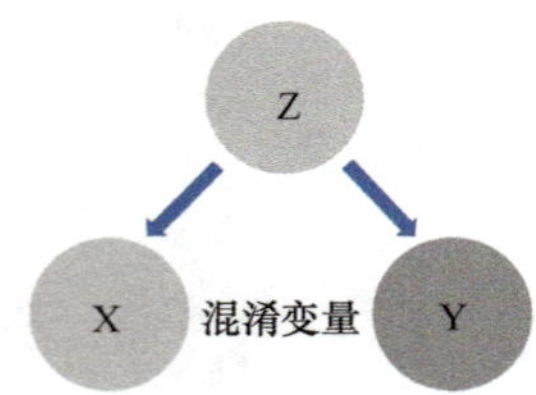

图 2-12　相关性与因果性

1. 巧合

自变量和因变量的相关性可能只是由于数据统计上的巧合，而并非因果关系。如果大家发现上体育课的那几天总是下雨，那么这只是运气不太好，而并非体育课的存在导致了天气变化。

2. 因果倒置

如果只用相关性分析来进行数据处理的话，我们无法得知变量双方谁是因、谁是果，从而有可能错误地判断因果关系的方向。例如，我们不能得出收入的增加会让一名运动员的成绩更好，而是成绩更好的运动员会获得更高的收入。

3. 混淆变量

混淆变量是和自变量与因变量都相关的变量，但是它并不能解释自变量和因变量之间的因果关系，甚至会让人们得出错误的结论。例如，在研究智能手机的普及是否会提升人们生活幸福感时，人们可能会忽略社会进步、薪资增加这些混淆变量对因变量的影响，错误地将幸福感的提升全部归因于智能手机的普及，从而得出片面的结论。因此需要通过合理的实验设计和变量选择来避免混淆变量对实验结论的干扰。

综上，相关性研究多用于问卷调查、直接观测等研究方法。为了探究变量之间的因果关系，还需通过实验的方法。实验研究的目的是探究自变量的变化对于因变量的影响，因此首先要分析的就是自变量对于因变量的主效应（Main Effect）。主效应是指一个自变量单独对于因变量的作用。一些实验中会包含多个自变量，此时除了分别检验每个自变量对于因变量的主效应之外，也可以将这些因变量组合起来，研究它们的交互效应（Interaction Effect）。交互效应是指自变量之间存在函数关系，一个自变量不同水平之间的差异受另一个自变量的不同水平影响。当自变量和因变量之间的关系受第三个变量（调节变量）的影响时，则将其称为调节效应（Moderation Effect）。调节效应的表现形式一般为交互效应，但是此时我们会更关心自变量和因变量之间的关系。因此，在这种模型中，自变量和调节变量的位置一般是不可以互换的。

主效应和交互效应可以说明变量之间的关系，但是我们还不知道这些现象发生的机制。如果有这样一个变量，它会随着自变量的改变而改变，并且会影响因变量的变化，那么就称该变量为中介变量，这个效应就叫作中介效应（Mediation Effect）。中介变量联系了自变量和因变量之间的关系，让我们知道自变量是通过何种方式来改变因变量的。中介变量的一个特点是无论通过何种方式对其造成改变（无论是否通过操纵自变量），它都会对因变量施加同样的影响。

通过实验的方法来操纵自变量，从而探究自变量和因变量之间的主效应、调节效应和中介效应，我们就可以更好地理解变量之间的因果关系。

上述的研究方法均基于对数据的分析，这些数据可以通过选择题、排序题或者拉动滑条等方式收集，并被简单地编码成数字的形式进行分析。然而在一些实验中，经常会设计一些通过文字来回答的开放性问题。对于这些问题我们无法直接从被试者的回答中获取他们的情感、态度、想法，以进行统计学上的分析。过去，往往通过人工标注的方式手动将文字的数据转化成数字化的数据，随着计算机科学的发展，自然语言处理（NLP）技术越来越多地被用来分析文字表达的含义。需要注意的是，无论是人工标注的数据还是通过自然语言处理分析得到的数据，都不一定能如实地反映被试者的态度。所以，对于这类开放性问题的分析结果要谨慎地看待。

思　考

请针对以下研究问题给出合适的研究方法，并阐述理由：

1. 过度使用智能手机是否会导致记忆力下降？
2. 社交媒体大博主在遭遇网络攻击后是否会出现心理问题？
3. 老年人辅助医疗机器人能否替代老年人对于护工的情感需求？
4. 游玩虚拟现实游戏之后，人们对于现实生活中相似刺激的反应是否会减弱？
5. App 频繁地推荐你喜爱的内容是否会导致“信息茧房”的出现？
6. 人们能否接受 AI 法官来进行案件的审判？
7. 大量面容、声音等生物信息的采集是否会导致个人隐私的泄露？

参考文献

[1] RAWLS J. A theory of justice [M]. Massachusetts: Belknap Press, 1971.
[2] 蒂洛，克拉斯曼．伦理学与社会 [M]. 程立显，译．成都：四川人民出版社，2008.
[3] RAHWAN L, BONNEFON J F, SHARIFF A, et al. Moral machine [EB/OL]. Massachussetts Institute of Technology (2021-04)[2022-04-29]. https://www. moralmachine. net.
[4] 坎特威茨，罗迪格，埃尔姆斯．实验心理学 [M]. 郭秀艳，杨治良，译．上海：华东师范大学出版社，2010.
[5] BANDURA D, ROSS A, ROSS S A. Transmission of aggression through imitation of aggressive models [J]. The Journal of Abnormal and Social Psychology, 1961, 63 (3): 575.

Chapter 3

第3章 智能决策

3.1 人工智能与智能决策概述

3.1.1 发展历史

人工智能的思想萌芽可以追溯到17世纪的巴斯卡和莱布尼茨，他们较早萌生了有智能的机器的想法。19世纪20年代，英国科学家查尔斯·巴贝奇（Charles Babbage）设计了第一架“计算机器”，它被认为是计算机硬件，也是人工智能硬件的前身。电子计算机的问世加速了人工智能的研究。1955年，约翰·麦卡锡（John McCarthy）计划召集一批数学家、信息学家、心理学家和计算机科学家来探讨人工智能的发展，他起草了一份关于此次会议的提案，里面提出：人工智能就是要让机器的行为看起来就像是人所表现出的智能行为一样。这次会议就是知名的达特茅斯会议。目前，大众对人工智能的理解是：人工智能指由人制造出来的机器所表现出来的智能。通常人工智能研究通过计算机程序来呈现人类智能的技术，也研究这样的智能系统是否能够实现。

人工智能的发展跌宕起伏，经历了几次发展的“寒冬”，并在21世纪初期迎来了由深度学习带动的新一轮大发展。具体来讲，20世纪50年代至20世纪80年代是人工智能的早期发展阶段。1950年，图灵发表了一篇划时代的论文，提出了著名的“图灵测试”。1956年，达特茅斯会议召开并在会议上首次提出了“人工智能”的概念。1956年至20世纪70年代，由于研究角度的不同，形成了不同的研究学派，包括符号主义学派、早期推理系统、早期神经网络和专家系统等。值得一提的是，在 20 世纪 60 年代初，国际象棋程序的棋力已经可以挑战具有相当水平的业余爱好者。游戏 AI 一直被认为是评价 AI 进展的一种标准，比如 IBM 的 Deep Blue 国际象棋软件在 1997 年打败当时的国际象棋世界冠军卡斯帕罗夫，DeepMind 的 AlphaGo 围棋软件在 2017 年战胜了当时世界第一棋手柯洁。

从 20 世纪 80 年代到 21 世纪初“AI 寒冬”之后，语音识别领域统计学派逐渐取代专家系统，它分为经典学派、贝叶斯学派和信念学派，主要思想是通过收集、整理统计数据，分析数据的内在数量规律性，以达到对客观事物的科学认识。20 世纪 90 年代初，提升方法（Boosting）、支持向量机（Support Vector Machine，SVM）等经典机器学习算法因为其较好的表现逐渐取代统计学派，成为当时流行的算法。1998 年，杨立昆（Yann LeCun）提出 LeNet-5，成为后续卷积神经网络（Convolutional Neural Networks，CNN）的雏形，如图 3-1 所示。

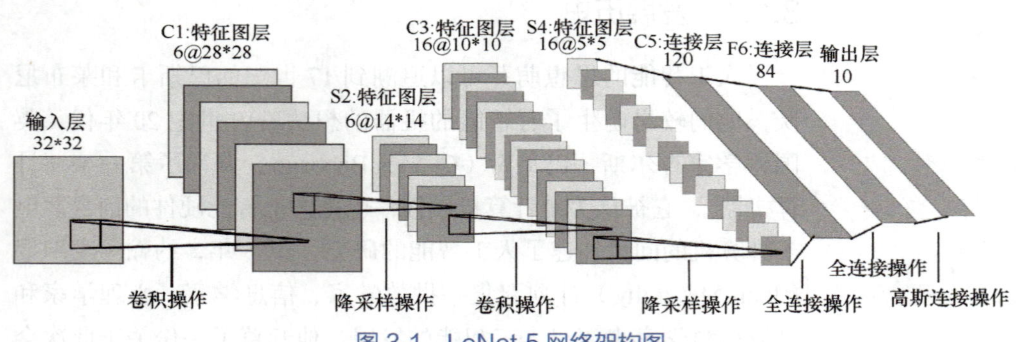

图 3-1 LeNet-5 网络架构图

21 世纪初到 2017 年是人工神经网络大放光彩的阶段。2006 年，辛顿（Hinton）提出神经网络深度学习算法，使神经网络的能力大大提高，掀起了深度学习在学术界和工业界的浪潮。此后，深度学习被普遍应用于计算机视觉、语音识别、机器翻译等领域。例如，2012 年，辛顿课题组为了证明深度学习的潜力，首次参加 ImageNet 图像识别比赛，通过构建的卷积神经网络 AlexNet 一举夺得冠军，并且碾压第二名（SVM）的分类性能。也正是由于该比赛，CNN 吸引到了众多研究者的注意。AlexNet 的创新点在于首次采用 ReLU 激活函数并且扩展了 LeNet 结构，极大地提高了收敛速度且从根本上解决了梯度消失问题，并且首次采用GPU对计算进行加速。CNN比传统的识别方法优越的地方有两点：一是传统方法均通过人工提取特征，需要领域专家通过多年的积累和经验才能手工设计出来，而CNN方法是通过大量的数据，自动学习到能够反映数据差别的特征，因此更具有代表性；二是对于视觉识别来说，CNN分层提取的特征与人的视觉机理（神经科学）类似，都是边缘到部分再到全体的过程。

2017年至今，"深度强化学习"逐渐崛起成为新的主导技术。2017年5月，AlphaGo以3∶0战胜当时排名世界第一的围棋冠军柯洁，轰动一时。围棋界公认AlphaGo的棋力已经超过了人类职业围棋顶尖水平，在GoRatings网站公布的世界职业围棋排名中，其等级分已经超过了人类棋手排名第一的柯洁，其背后的核心技术就是深度强化学习。此外，还有许多新技术被应用到AlphaGo上，比如神经网络、深度学习和蒙特卡罗树搜索法等，AlphaGo技术图如图3-2所示。2018年，DeepMind在AlphaGo的基础上又开发出了AlphaZero——AlphaGo的升级版，击败了国际象棋、将棋与围棋等多个领域的顶尖棋手。2021年7月，DeepMind发布了AlphaFold，这是一款可以预测蛋白质组结构的程序，它能准确地预测人类蛋白质组的结构，得到的数据集涵盖人类蛋白质组近60%氨基酸的结构位置预测，并且预测结构具有可信度。2022年2月，DeepMind和瑞士洛桑联邦理工学院成功地用强化学习控制核聚变反应堆内过热的等离子体，并将这一成果发表在了*Nature*杂志上。

总的来说，人工智能的发展经历了几次起伏，但新技术的兴起使其总体趋势平稳发展。20世纪50年代至20世纪80年代，专家系统和符号逻辑等技术占据主导地位。从20世纪80年代开始，机器学习逐渐取代传统的人工智能技术而成为新宠。到21世纪初，深度神经网络的推出使传统的机器学习技术逐渐被人们遗忘，特别是2012年的ImageNet图像识别挑战赛，由辛顿团队创造的AlexNet在图像识别任务上以绝对实力碾压第二名的支持向量机（SVM）。此后，各种不同的深度神经网络层出不穷，如GoogleNet（2014年提出）和ResNet（2015年提出）等。随着时间的推移，神经网络也变得更加复杂，训练也更加困难。2017年后，人们把目光逐渐转向深度强化学习领域，并取得了突破性的进展。典型的事件是2017年的AlphaGo战胜柯洁和2021年的AlphaFold准确地预测出了人类的蛋白质组的结构。技术不断地迭代更新，最终沉淀下来的是其背后可以传承的知识。如今神经网络的不可解释性越来越引起了人们的担忧，相信在不久的将来，一批卓越的数学家终将利用强有力的数学工具来完美地解决“黑盒子”问题。

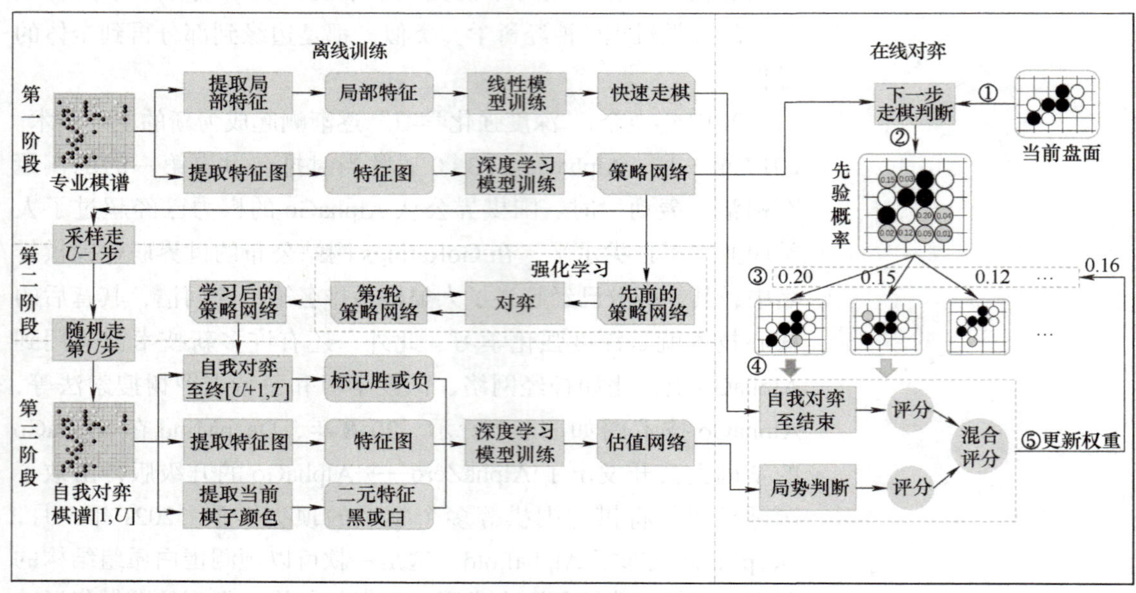

图 3-2　AlphaGo 技术图

3.1.2　主流方法介绍

传统的人工智能方法包括符号主义方法、基于知识的表征或推理以及专家系统等各类方法。符号主义的主要原理为符号物理系统假设和有限合理性原理；基于知识的方法包括但不限于知识表征和知识推理，以及知识之间形成的知识图谱；专家系统是一类智能计算机程序系统，其内部含有大量的某个领域专家的知识与经验，能够利用人类专家的知识和解决问题的方法来处理问题。

除了传统的人工智能方法，目前主流的人工智能方法当属以机器学习为代表的各类学习算法。机器学习是人工智能的一个重要组成部分，但并不是唯一的部分。神经网络是机器学习的一种类型，而深度学习是一种构建、训练和使用神经网络的现代方法，但目前基本不会把神经网络和深度学习分开来说。

如图 3-3 所示，机器学习一般可以分为传统机器学习和非传统机器学习两大类。

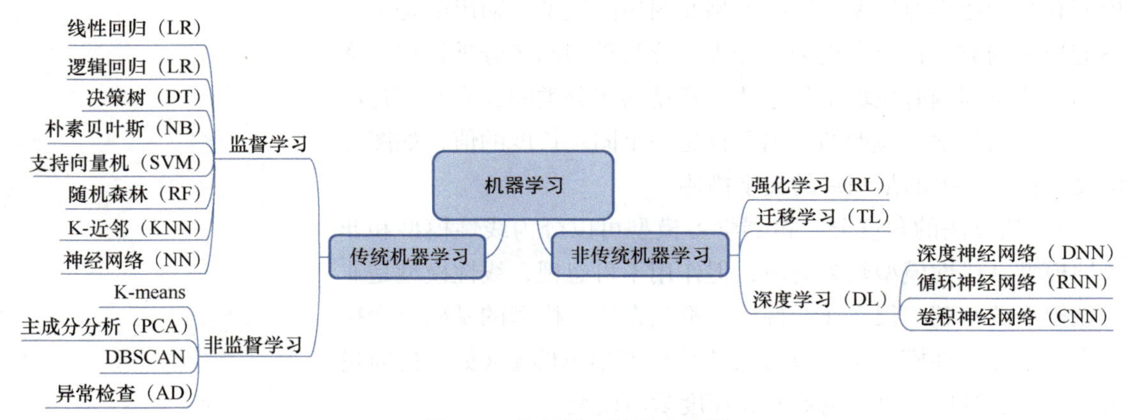

图 3-3 机器学习算法分类图

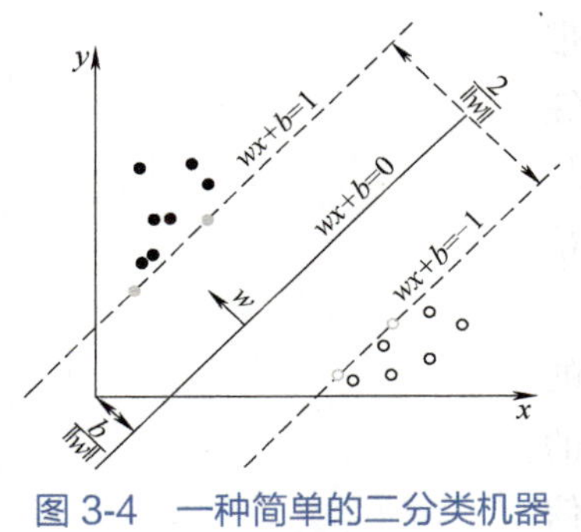

图 3-4 一种简单的二分类机器学习算法

机器学习是一类算法的总称，这些算法企图从大量历史数据中挖掘出其中隐含的规律，并用于预测或分类。图 3-4 展示了一种简单的二分类算法。更具体地说，机器学习可以看作寻找一个函数，输入是样本数据，输出是期望的结果。只是这个函数过于复杂，以至于不太方便用形式化表达。需要注意的是，机器学习的目标是使学到的函数很好地适用于新样本，而不仅仅是在训练样本上表现得很好。学到的函数适用于新样本的能力，称为泛化（Generalization）能力。通常学习一个好的函数，分为以下三步：

1）选择一个合适的模型。这需要依据实际问题而定，针对不同的问题和任务选取恰当的模型。模型就是一组函数的集合。

2）判断一个函数的好坏。这需要确定一个衡量标准，也就是通常说的损失函数（Loss Function）。损失函数的确定也需要依据具体问题而定，如回归问题一般采用欧式距离，分类问题一般采用交叉熵代价函数。

3）找出“最好”的函数。如何从众多函数中快速找出“最好”的那一个，这一步是最难的，做到又快又准往往不是一件容易的事情。常用的方法有梯度下降算法、最小二乘法和其他一些方法。学习得到“最好”的函数后，需要在新样本上进行测试，只有在新样本上表现得很好，才算是一个“好”的函数。

机器学习是一个庞大的家族体系，涉及众多算法、任务和学习理论，可以按照如下规则进行分类：

1）按任务类型分，机器学习模型可以分为回归模型、分类模型和结构化学习模型。回归模型又叫预测模型，输出的是一个不能枚举的数值；分类模型又分为二分类模型和多分类模型，常见的二分类问题有垃圾邮件过滤，常见的多分类问题有文档自动归类；结构化学习模型的输出不再是一个固定长度的值，如图片语义分析，输出的是图片的文字描述。

2）从方法的角度分，机器学习模型可以分为线性模型和非线性模型。线性模型较为简单，但作用不可忽视，线性模型是非线性模型的基础，很多非线性模型都是在线性模型的基础上变换而来的；非线性模型又可以分为传统机器学习模型（如支持向量机、最近邻算法、决策树等）和深度学习模型。

3）按照学习理论分，机器学习模型可以分为有监督学习、半监督学习、无监督学习、迁移学习和强化学习。当训练样本带有标签时，是有监督学习；当训练样本部分有标签、部分无标签时，是半监督学习；当训练样本全部无标签时，是无监督学习。迁移学习就是把已经训练好的模型参数迁移到新的模型上，以帮助新模型训练。强化学习将在下文中介绍。

深度学习（Deep Learning）是一类算法集合，是机器学习的一个分支。它尝试为数据的高层次摘要进行建模。举一个简单的例子，假设有两组神经元，一个接收输入信号，一个发送输出信号。当输入层接收到信号时，它将输入做简单的修改并传递给下一层。在一个深度网络中，输入层与输出层之间可以有很多层，并且可以对这些层的结果进行线性或非线性的转换，中间层的构建方式决定了该神经网络所能起到的算法作用。

神经网络是一种模仿生物神经网络（动物的中枢神经系统，特别是大脑）结构和功能的数学模型或计算模型。神经网络由大量的人工神经元组成，按不同的连接方式构建成不同的网络，主要可以分为卷积神经网络（CNN）、循环神经网络（RNN）、生成式对抗网络（GAN）等几大类。

卷积神经网络是一类包含卷积计算且具有深度结构的前馈神经网络，是深度学习的代表算法之一。卷积神经网络仿造生物的视知觉机制构建，可以进行监督学习和无监督学习。其隐含层内的卷积核参数共享和层间连接的稀疏性使卷积神经网络能够以较小的计算量得出区域特征。以杨立昆（Yann LeCun）提出的LeNet-5为例，这是一种用于手写体字符识别的卷积神经网络，一共有七层，包含卷积层、池化层、全连接层等。卷积神经网络能够很好地利用图像的结构信息，从而更准确地识别出图像。此外，卷积层的参数较少，这也是由卷积层的主要特性即局部连接和共享权重所决定的。

循环神经网络如图 3-5 所示，通过将最后的输出存储于自身内存中来记忆数据的先前状态，这些称为状态矩阵。循环神经网络的工作原理与多层感知器中的普通层类似，但它使用状态矩阵来计算新的输出。循环神经网络综合考虑了序列数据中历史状态的数据和输出来得出下一状态的输出，能够有效处理序列化数据，因此在自然语言处理和时间序列预测等领域发挥着至关重要的作用。

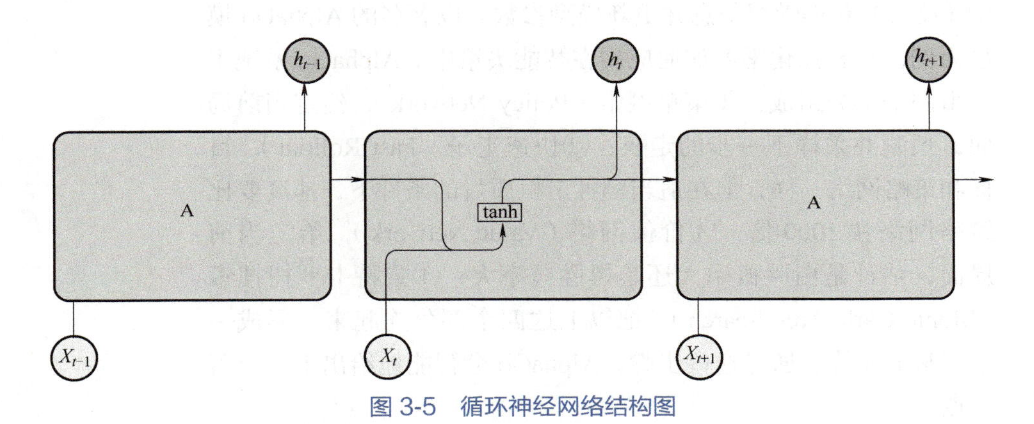

图 3-5 循环神经网络结构图

生成式对抗网络如图 3-6 所示，用无监督学习同时训练两个模型，一个生成网络和一个判别网络。生成网络用于生成图片使其与训练数据相似；判别网络用于判断生成网络中得到的图片是真的训练数据，还是伪装数据。

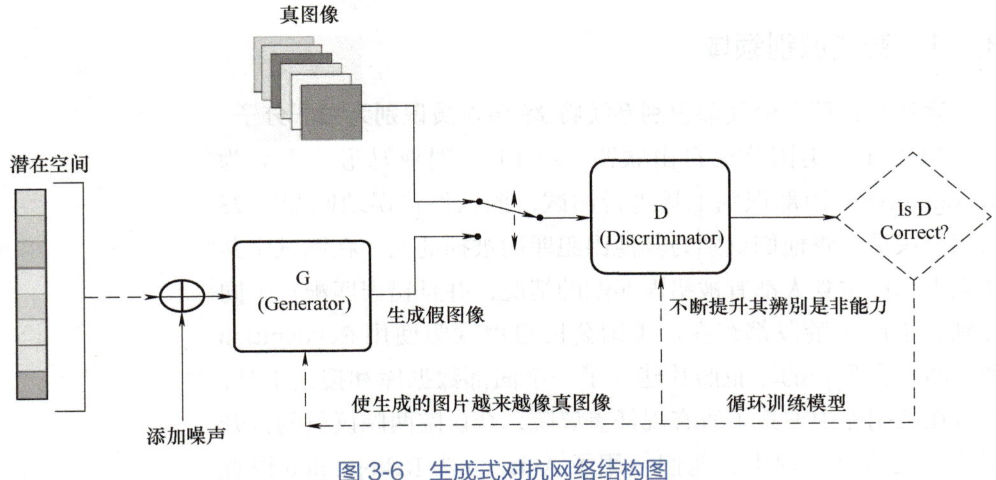

图 3-6 生成式对抗网络结构图

强化学习是机器学习的范式和方法论之一，用于描述和解决智能体（Agent）在与环境的交互过程中学习策略以达成回报最大或实现特定目标的问题。强化学习通过学习最优策略，可以让智能体在特定环境中，根据当前状态，做出行动，从而获得最大回报。强化学习的常见模型是标准的马尔可夫决策过程（Markov Decision Process，MDP）。按给定条件，强化学习可分为基于模型的强化学习和无模型的强化学习。强化学习理论受到行为主义心理学启发，侧重在线学习并试图在探索－利用（Exploration-Exploitation）之间保持平衡。不同于监督学习和非监督学习，强化学习不要求预先给定任何数据，而是通过接收环境对动作的奖励（反馈）获得学习信息并更新模型参数。以著名的 AlphaGo 模型为例，来看强化学习如何应用在智能决策中。AlphaGo 系统主要由四个部分组成：①策略网络（Policy Network），给定当前局面，预测并采样下一步的走棋；②快速走子（Fast Rollout），目标和策略网络一样，但在适当牺牲走棋质量的条件下，速度要比策略网络快 1000 倍；③价值网络（Value Network），给定当前局面，估计是白胜概率大还是黑胜概率大；④蒙特卡罗树搜索（Monte Carlo Tree Search）。把以上这四个部分连起来，形成一个完整的系统。通过这些步骤，AlphaGo 会智能地给出下一个落子点。

3.2 智能决策现存的问题

本小节将通过列举在智能识别、智能推荐、智能控制这三个领域出现的部分案例来思考智能决策现存的问题。

3.2.1 智能识别领域

案例一：亚马逊面部识别系统将 28 名议员识别为犯罪分子

2018 年，美国公民自由联盟（ACLU）对亚马逊一个名为 Rekognition 的面部识别工具进行测试，该软件错误地匹配了 28 名国会议员，将他们识别为其他因犯罪而被捕的人。在测试中共和党人和民主党人都有被错误匹配的情况，并且错误匹配在不同性别、不同年龄段都存在。美国公民自由联盟使用 Rekognition 和 25000 张公开的罪犯照片建立了一个面部数据库和搜索工具，然后在数据库中搜索了所有现任参议院、众议院两院议员的公开照片。在这个过程中，他们使用了 Amazon 为 Rekognition 设置的默认匹配设置。测试的结果还暴露出了种族歧视问题，在错误的照片匹配中，有40%为有色人种，但有色人种在国会议员中只占了20%。这说明亚马逊的面部识别系统将一个有色人错误识别成罪犯的概率更大，这也引起了美国民众的反对，超过15万民众和400位学术界人士要求亚马逊停止向政府提供这项服务。

案例二：使用3D打印面具破解iPhone的Face ID

2017年，越南安全公司Bkav发布了一篇博客文章和视频，显示他们用3D打印由塑料、硅胶、化妆品和简单剪纸制成的复合面具（见图3-7）破解了Face ID，这些面具结合在一起欺骗了iPhone X解锁。在YouTube上发布的视频中，该公司的一名员工将制作的面具对准支架上iPhone X时，手机立即解锁。尽管这款手机对其拥有者的面部进行了复杂的3D红外映射和人工智能驱动的建模，但研究人员表示，他们能够通过一个相对简单的面具来实现这种欺骗。他们只需要一个雕刻的硅胶鼻子、二维打印出的眼睛和嘴唇图片，并将其安装在一个由潜在受害者面部数据制作的3D打印塑料框架上。最令人惊讶的是，面具的眼睛是通过2D打印得来的，这说明Face ID的传感器只检查了面部特征的一部分。正如研究人员所说，“识别机制并不像你想象得那么严格，我们只需要半张脸来制作面具。它比我们自己想象得还要简单”。但他们也承认，他们的技术需要对目标iPhone X所有者的面部进行详细测量或数字扫描。

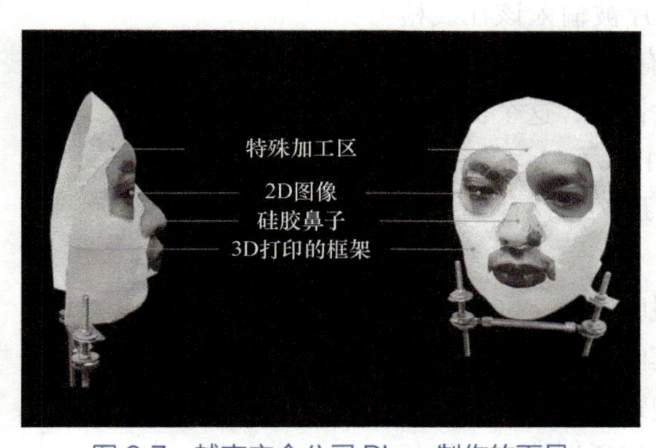

图3-7 越南安全公司Bkav制作的面具

案例三：犯罪分子利用AI技术模仿CEO的声音

2019年，据《华尔街日报》报道，犯罪分子利用AI实现的语音深度造假功能对英国一家能源公司的CEO实施了电话诈骗。犯罪分子利用AI合成了该家公司的德国母公司老板的声音，并要求该能源公司的CEO向匈牙利供应商的银行账户转账22万欧元。据当事人透露，这位首席执行官从他老板的声音中听出了德国口音，并且还带有他特有的语调。警方事后也对此案进行调查，发现黑客用了一种AI语音合成软件来模仿那位老板的声音，因此至今还未找到幕后诈骗的罪犯。另外，此次事件流出的原因是该企业投保的保险公司对外爆料，不过并没有透露客户的详细名称。但也不得不担心，这样的案例绝不会是个案，随着AI技术不断进步，使用门槛也逐渐降低。像Google成立的人工智慧实验室MILA，在2017年成立了一家名为Lyrebird公司，在这家公司的网站DEMO部分，可以听到官方用AI合成的以假乱真的声音。另外，Facebook旗下的AI系统，还能用比尔·盖茨的声音进行对话。据一家开发防语音诈骗软件的公司Pindrop报告，从2013年到2017年，语音诈骗的数量增长了350%，其中每638个诈骗电话中就有一个是AI合成的。而且很多人可能已经接过AI打来的电话，这些AI电话无论是对话或语调都跟真人非常相似。

案例四：英国护照照片AI核查系统对黑皮肤女性有偏见

英国护照申请网站使用AI自动检查功能来检测不符合其内政部规定的劣质照片。英国广播公司的研究发现，这种检测方法对不同肤色的人群，以及不同性别的人的识别准确度有明显差别。来自世界各地的1000多张政治人物的照片被输入该在线检查程序。结果表明：在深色皮肤的女性中，有22%的人被告知她们的照片质量达不到标准，但在浅肤色的女性中，这个比例只有14%。而对于深色皮肤的男性，其中只有15%的人不符合标准，而在浅肤色的男性中，这一比例为9%。那么，这种偏见从何而来呢？

在数字摄影中，图像被记录为表示像素强度的数字网格。计算机现在可以在这些图像中找到模式，并在其中搜索人脸，但它们需要被输入大量的人脸图像来“教”它们搜索什么。这意味着人脸检测系统的准确性在一定程度上取决于它们所训练的数据的多样性。因此，一个女性和有色人种代表较少的训练数据集，将产生一个不适用于这些群体的系统。

总的来说，在智能识别领域，主要存在以下几个方面的问题：一是识别技术的不法使用，被犯罪分子利用可能造成严重的后果。二是算法带来的歧视问题。这种歧视大多是“数据驱动的歧视”，是指由于原始训练数据存在偏见，导致算法执行时将歧视带入决策过程。鉴于算法本身不会质疑其所接收到的数据，只是单纯地寻找、挖掘数据背后隐含的结构和模式，如果输入给算法的数据一开始就存在某种偏见或喜好，这些偏见也会被算法学到。三是算法的可解释性问题。算法的可解释性可以理解为“解释人工智能算法输入的某些特性引起的某个特定输出结果的原因”。因为神经网络的复杂度越来越高，导致基于其的智能决策系统缺乏可解释性。因为不可解释，所以也不确定会不会在将来的决策场景中出现问题。这将给社会带来伦理难题。

3.2.2 智能推荐领域

案例一：亚马逊语音助手 Alexa 推荐十岁女孩用硬币触摸插座

2021 年 12 月英国广播公司报道，亚马逊 AI 语音助手 Alexa（见图 3-8）建议一位小女孩尝试危险的硬币挑战，让她拿硬币触碰插入插座但露出一半的插头。Alexa 从名为“Our Community Now”的在线新闻网站中获得了该挑战项目，这一项目大约在一年前开始出现在 TikTok 等社交媒体平台上，但 Alexa 似乎无法审查这项挑战的危险性。挑战十分危险，因为金属会导电，将金属硬币插入插座会导致剧烈的电击和火灾，一些报道称有人在挑战时失去了手指和手。人工智能专家加里·马库斯（Gary Marcus）表示，该事件表明人工智能系统仍然缺乏常识。“目前的人工智能还远远不能理解日常的物理或心理世界。”马库斯说，“我们现在拥有的是近似值的智能，而不是真实的，它永远不会真正值得被信赖。在我们获得可以信任的安全人工智能前，我们需要一些根本性的进步——不仅仅是更多的数据。”

图 3-8 亚马逊语音助手 Alexa

案例二：YouTube 推荐算法向儿童推荐不适宜视频

2017 年，《纽约时报》报道了 YouTube 上存在少儿不宜的恶意动画短片，而这些短片却归在了儿童区域。该报道在北美引起强烈反响，并被称为“艾莎门事件”，因为《冰雪奇缘》里的艾莎公主是这类视频中最常出现的主角。面对这次事件，YouTube 开始大规模下线这类视频、封禁账号。之后在其他大型视频服务平台也发现了类似的问题。推荐算法利用大数据技术，对用户的阅读习惯及兴趣进行数据抓取，经过分析后得出用户画像，针对用户特征进行个性化、智能化的新闻生产与分发。个性化的推荐顺应了新媒体时代受众的个性化需求，但与此同时，算法是否能够真正理解推荐的内容是一个很难的问题。在上述提到的“艾莎门事件”中，算法由于缺乏足够的监管，从而充当了这一恶性事件的帮凶。

此外，算法推荐在不知不觉中侵犯着受众的隐私。在网络迅速发展的时代，人们时常会感觉到自己处在一个极度不安全的环境中。这种不安全并非是人身安全得不到保护，而是人们时常感觉处于一个没有隐私的环境中。用户的个人信息和兴趣喜好，甚至浏览了具体的哪一条信息都会被算法计算在内。购物平台会根据人们购物习惯推荐产品，短视频 App 会根据人们日常浏览的视频推荐同类型的视频。

案例三：打车软件平台根据用户手机品牌及价位给予不同车型推荐

2020 年，上海复旦大学教授孙金云带领团队做了一项“手机打车软件”调研。他们在北京、上海、深圳、成都和重庆，专门打车 800 多次。报告显示苹果手机被杀熟概率更大。通过研究，孙金云团队验证了“苹果税”的存在。他们用“一键呼叫经济型 + 舒适型两档车型后，被舒适型车辆接走的订单比”来判断“被舒适”的程度。数据表明，与非苹果手机用户相比，苹果手机用户的确更容易“被舒适”车辆（比如专车、优享等）司机接单，这一比例是非苹果手机用户的 3 倍。除了通过手机品牌识别，平台也可能同时关注乘客手机价格所透露的信息。研究结果表明，如果乘客使用的是苹果手机，那么就更容易被推荐舒适型车辆；如果乘客使用的是非苹果手机，那么就要看他的手机价位，手机价位越高则越有可能被舒适型车辆接单。

算法本应该让社会更加公平，所以设计算法和使用算法的初衷应该避免这些问题的产生。如果算法的使用不考虑这些社会问题，就会导致类似“困在系统里的外卖小哥”和“大数据杀熟”等现象的产生。

推荐算法是智能推荐领域的核心技术，正如上文例子所提到的，我们可以将现存的问题大体分为三类。一是算法数据来源问题，在亚马逊语音助手的例子中，Alexa 对网络中的数据没有严格筛选。二是算法技术的不成熟，这使得技术漏洞被恶意利用，从而导致严重的后果。三是平台对推荐系统的不恰当使用。

3.2.3 智能控制领域

案例一：特斯拉自动驾驶汽车未能识别白色卡车导致车祸

2020 年 6 月，在中国台湾地区附近的高速公路上，一辆特斯拉 Model 3 未能识别到前方因事故翻车的白色厢式货车，撞进了货厢里，如图 3-9 所示。据当事司机黄某事后回忆，当时他的 Model 3 开启了 Autopilot 驾驶辅助，速度在 110km/h 左右，当他看见侧翻的货车时想要刹车已经来不及了。据了解，这并不是特斯拉第一起类似的事故。2016年，美国佛罗里达州的一辆特斯拉 Model 3 在 Autolipot 状态下与正在转弯的白色半挂卡车发生碰撞。2019年，依然是佛罗里达州，一辆特斯拉 Model 3 以 110km/h 的速度径直撞向了一辆正在缓慢横穿马路的白色拖挂卡车。据了解，当时这辆 Model 3 同样处在 Autolipot 开启的状态下，但驾驶员和 Autolipot 均未做出规避动作。这些事故都是由于特斯拉的自动驾驶系统错误地把卡车的白色货厢识别成了天空。因此，虽然自动驾驶技术逐步走进了人们的生活，但目前所有的自动驾驶都还是辅助系统，还做不到完全无人驾驶。

图 3-9　2020 年中国台湾地区特斯拉自动驾驶车祸现场

案例二：优步自动驾驶车辆在黑夜撞上行人

2018年，一辆优步（Uber）运营的自动驾驶汽车在亚利桑那州的街道上撞上一名妇女，并直接造成这位女性死亡，这被认为是与自动驾驶技术相关的第一起行人死亡事件。当时，自动驾驶的车辆以每小时40英里的速度行驶，并且车上配备一位处理应急状况的司机，但由于事故发生在黑夜且道路上光线较暗，当行人出现在司机视野时，其已来不及反应，并且自动驾驶车辆没有执行任何制动措施，径直撞向了这位推着自行车正常过马路的行人。美国国家交通安全委员会发布的一份文件称，这起致命事故的原因是，优步公司的自动驾驶车辆不具备“将物体归类为行人的能力，除非该物体靠近人行横道”。

案例三：自动驾驶飞机事故频发

2019年，埃塞俄比亚航空的波音 737 MAX 客机发生事故坠毁，如图 3-10 所示。埃塞俄比亚飞机事故调查局对事故的初步报告称，飞机的起飞看起来正常。然而，不久之后，两个测量飞机飞行角度的传感器开始记录不同的读数。这触发了一个自动安全系统，该系统不断地将机头往下推。埃塞俄比亚当局的报告显示，飞行员按照步骤脱离了系统，但即便是在手动试图稳定飞机后，系统仍将机头往下推，直到飞机坠毁。报告表示，飞行员当时在努力应对一个被称为机动性特征增强系统（MCAS）的自动安全系统。该系统旨在防止飞机在手动控制下陡转弯时失速。波音公司首席执行官丹尼斯·米伦伯格（Dennis Muilenburg）承认，在最近的两起坠机事故中，MCAS 都发生了“错误激活”。飞行员虽然遵循了飞机制造商建议的程序，但“未能控制飞机”。这起事故应该引起我们反思的是，当自动控制系统出现故障时，如何处理好它与人之间的协作。

图 3-10 波音 737 MAX 客机坠机前后

总的来说，在智能控制领域目前存在以下几个问题。一是智能控制技术不成熟的问题。以自动驾驶技术为例，近些年来各种智能辅助驾驶系统发生了多起事故，很多都是对周围环境的错误识别问题。美国汽车工程师学会将自动驾驶分为多个等级，如图 3-11 所示。在现阶段，大部分自动驾驶技术只能达到 L2 级，也就是部分自动化。这种等级只是对人工驾驶的辅助，本质上还是以人为主、自动驾驶为辅，驾驶员还是需要处于谨慎驾驶状态。二是事故责任划分问题。目前，国内几大城市均出台了关于自动驾驶测试车辆上路的指导意见或实施细则。但关于交通事故的责任划分，还需要相关法律和政策的跟进。三是智能控制系统决策与人的协同问题。在波音 737 MAX 客机事故中，由于系统内部出现故障，导致决策出现问题，而飞行员虽然遵循了飞机制造商建议的程序，但“未能控制飞机”。在研制智能决策系统时，无论系统是否出现故障，都应该设计好系统与人的友好协同框架。

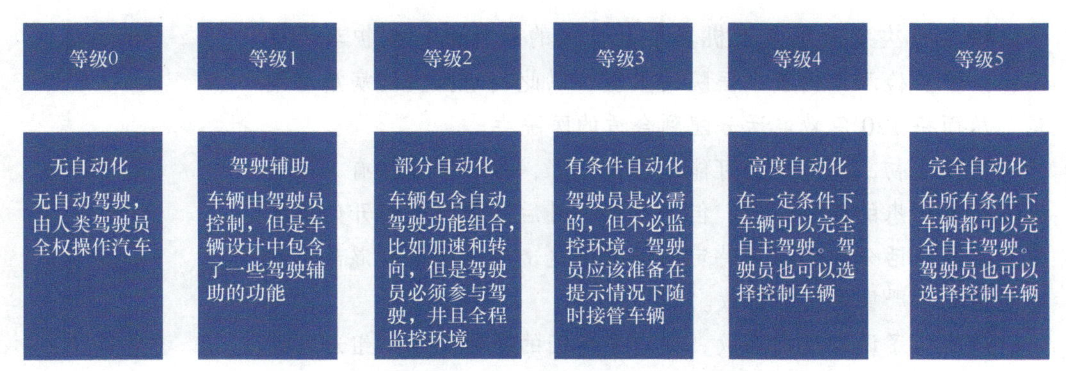

图 3-11　美国汽车工程师学会指定的自动驾驶分级

3.3 面临的挑战

本节将从人机协同结合、算法透明度、责任与法律这三个角度思考智能决策在未来发展时所面临的挑战，并展望未来可能采取的一些措施。以下三个问题有助于人们思考智能决策的未来发展：

1）如何处理好人与机器决策的深度融合关系，或者说该由谁来决策？

2）智能决策系统的不透明、不可解释性造成的问题该如何解决？

3）如果智能决策系统出现问题造成了事故，该由谁来承担事故的责任？

3.3.1 人机协同

人机协同是指人与机器通过有效的交互来共同完成任务的工作形式。随着信息技术的不断发展，不同产业、不同领域以及不同场景下的机器都在变得更加智能化，人机结合的程度也不断提高。在很多大型工厂中都使用自动化流水线进行大规模生产，人类则将精力放在监控、分析、调试和维护等任务上。在自动驾驶以及新兴的智能医疗领域当中，人工智能承担着整合、分析信息并得出一定结论的任务，而人类则需要参考人工智能提供的结果，与人工智能共同做出决策。未来，人与人工智能的结合将不会像现在这样简单。人与机器的结合方式也将是一项极具挑战性的研究。

我们设想这样一个场景：

“某市决定采用基于机器学习技术的平台进行救护车调度工作。平台检测市内各个医院的数据，以此判断医院的病患容纳量，从而将120急救电话分配到合适的医院去。

上线之初，这个平台可能运作得很好，每个医院都有条不紊地进行着病患的接收工作。但是，几个月后，平台突然开始将大量的急救电话分配到几家特定的医院，这造成了拥挤和混乱，并因此造成了严重的医疗事故。

政府为了调查这起事故，组织了专门的事故调查小组进行调查。当一名平台管理人员被问及相关问题时，他回答说：‘系统在此之前做出了奇怪的决定，结果总是被证明是很好的……我们不知道到底发生了什么，但我们只是认为人工智能知道它在做什么……’”

这个场景虽然是虚构的，但是它很有可能会在现实中发生。为了防止这样的场景出现，并建立起成熟的智能化救护车调度平台，我们需要认真地思考以下几个问题：

1）应该怎样使用调度系统？它的意见应该在多大程度上被采纳？

2）当不知道调度系统为何做出决策时，是否应该信任它？

3）出现事故之后，应该怎样认定事故责任方？

思考并处理好这些问题，才能将一项技术成熟、稳定地投入使用。否则，技术的使用者没有办法将智能决策技术进行正确的使用、应对可能出现的问题，并在出现问题时切实保障各方的利益。

商业技术专家西尔万·迪朗东（Sylvain Durandon）在TED演讲中提倡一种“人类＋人工智能”的思维，将人工智能系统与人类结合，而不是代替人类。他认为，要实现这种思维，需要运用10%+20%+70%的公式即10%的努力用于开发算法，20%的努力用于包括用户界面、收集数据、整合进遗留系统等技术的开发，70%的努力用于结合人类与人工智能的方法。他主张，如果一家公司想要促进人工智能与人类的结合，就应该更多地投资人类的智慧，包括聘募、培养、奖励人类专家。

事实如此，如果能够很好地使用人工智能对人类的决策进行辅助，那么完成任务的效率和质量将大大提升。来自清华大学社会科学学院经济所的汤珂教授在一个人工智能辅助人类决策的实验中发现，人工智能能够帮助医生做出更好的诊断：实验分两轮，第一轮为医生自主诊断20个病例，第二轮针对同样的病例，人工智能首先给出诊断结果，之后看医生是否修改其判断。实验收集了351位医生的样本，获得了7020条病例诊断数据。当人工智能和医生在第一轮判断不一致时，40%的医生在第二轮修改了答案，在人工智能的帮助下，医生的准确率平均提升了9%。

除此之外，这项实验还在人工智能辅助人类决策的问题上验证了“选择过载”理论。选择过载理论是指当人面对多个具有相同吸引力的选项时，会很难做出判断以至于推迟甚至完全放弃决策。本实验中，人工智能不仅向医生提供诊断结果，而且还给出0、3、10、30个特征解释，也就是“为什么进行这样的判断”。实验发现，在提供3个特征解释的实验组中，医生修改的比例最高，准确率提升到了15%，是各组中的最大值。由此可见，在人机交互中，知识的有效传递决定了交互的效率。因此，如何让人和机器高效地理解彼此的知识从而提升合作的价值是人机交互的核心问题之一。

3.3.2 透明与可解释

在目前基于深度学习的人工智能环境下，人们能够得到人工智能运算的结果，但是对人工智能为什么得出这样的结果知之甚少。这是因为基于深度学习的决策系统缺乏透明性和可解释性，即整个决策过程就是一个黑盒人工智能。

黑盒人工智能将给使用者带来相当多的困扰，包括决策是否可靠和可信？人们是否需要以及何时理解人工智能的决策过程？决策出现问题应该怎样纠正？出现问题后怎么划分责任？

由于深度学习模型的网络层数和参数越来越多，其背后的函数已经复杂到人们无法直觉地解释。即使人们有能力通过一些特殊的方法去理解和解释某一个网络，这也不代表能够解释其他类似的网络，因为同样的网络结构在不同的参数下的表现完全不同。因此，除非从根本上解决神经网络的不可解释性，否则不可能通过黑盒分析的方法去解释所有的网络结构。这也跟不上网络结构发展的速度。

针对不可解释的黑盒，目前主流的应对方法分为三种：①基于数据进行解释，这一类方法以数据可视化分析为代表，通过数据的分析和可视化处理对数据的信息进行挖掘，从而解释人工智能做出判断的原因；②基于模型进行解释，在建立人工智能时就构建具有可解释性的模型，人们理解在训练模型过程中变化的各个参数的意义，从而解释人工智能的行为；③基于结果进行解释，通过对给定的输入和输出进行分析，推断出产生相应结果的原因。

将不可解释的黑盒进行白盒化的过程，也是人们向机器学习的过程。很显然，机器有一些超越人类能力的地方，因此理解机器的另外一个主要目的是提升人类的智慧。

除了技术本身的不可解释之外，人们在使用智能决策系统时也存在故意不透明的黑盒问题。这一种黑盒往往是人为造成的，人工智能完成的逻辑、依据原本是开发者可以解释的，但是人工智能被封装成产品后，其用户并不了解背后的逻辑。例如，人们日常使用的各类推荐系统，用户并不清楚推荐算法的逻辑。平台可以根据用户的使用历史进行个性化的推荐，正是因为这种个性化的推荐给平台提供了制造不公平的服务的机会，比如大数据杀熟。

目前，美国、欧盟和中国都针对算法的不透明性出台了相应的政策。2017 年，美国计算机学会公众政策委员会公布了六项算法治理指导原则：知情原则、质询和申诉原则、算法责任认定原则、解释原则、数据来源披露原则和可审计原则。其中知情原则是指算法设计者、架构师、控制方以及其他利益相关者，应该披露算法设计、执行、使用过程中可能存在的偏见及可能对个人和社会造成的潜在危害；解释原则要求采用算法自动化决策的机构有义务解释算法运行原理以及算法具体决策结果。在欧盟,《通用数据保护条例》（GDPR）在第五条中规定：对涉及数据主体的个人数据，应当以合法的、合理的和透明的方式来进行处理（“合法性、合理性和透明性”）。中国《新一代人工智能发展规划》指出，建立健全公开透明的人工智能监管体系。

制定相关法律法规、建立监督监管体系也有很多的挑战要面对。一方面，需要更加透明的智能决策平台来保证用户的权益；另一方面，也需要保留一部分公司的技术隐私，使拥有更高效的算法和更优质的数据的公司可以在与其他公司的竞争中胜出。

3.3.3 责任与法律

智能算法本身是没有办法成为责任主体的，因此出现问题之后，谁要为算法的结果负责是一个非常重要的问题。解决责任问题，将有助于智能决策系统的应用维持在健康稳定的环境中，充分保障各方利益，为判定事件性质和制定解决方案提供有力的参考。

一般来说，我们可以将责任大致划为四个部分：

1）漏洞利用者的责任：通过恶意利用智能算法的缺陷为自己或他人谋取利益，因此造成事故和损失的人应当为此承担责任。

2）技术提供者的责任：技术提供者应当明确自己所提供的技术、商品和服务所适用的范围，如果在范围内出现故障而造成损失，应当为此负责。

3）服务使用者的责任：服务使用者因为使用不当造成事故和损失，应该承担的责任。

4）监管监督者的责任：监管监督者需要保证相关技术、商品和服务按照规范化的流程开发和投入使用，如果因监管疏漏而造成事故，监管监督者应当为此负责。

2021年11月1日，《中华人民共和国个人信息保护法》（简称《个人信息保护法》）正式实施，其中就包括了中国确定的平台算法问责框架，该框架主要包括三个部分：事前评估、事中审计和事后处理。事前评估是指平台须在算法自动化决策上线前评估合法性、必要性以及影响和风险；事中审计则将监管对象“穿透至算法层面”，并规定了第三方机构的作用以及定期审查的形式；事后处理则确立了平台对算法自动化决策结果事后的相关义务。

思 考

1. 为一项智能决策技术构想应用场景，描述其运作的方式，并思考可能出现的问题以及问题出现的原因。

2. 思考一下你在日常生活中遇到或者看到的与智能决策相关的伦理问题。

3. 如今身份识别的方式多种多样，包括人脸识别、声音识别、指纹识别等，并且相关的AI技术日趋成熟，但人脸照片、声音这些数据都很容易被获取到，造成了很大的安全隐患。你能否想出一些其他的安全性更高的身份识别方法？

4. 长期使用推荐系统容易使人陷入“信息茧房”，用户如何避免陷入这种“信息茧房”？你偏向于系统给你推荐最感兴趣的信息，还是偏向于给你推荐不同领域的信息？

参考文献

[1] YANN L C, et al. Gradient-based learning applied to document recognition [J]. Proceedings of the IEEE, 1998, 86 (11): 2278-2324.
[2] GHARAKHANIAN. Generative adversarial networks-hot topic in machine learning [EB/OL].(2017-01)[2022-04-02]. https://www. kdnuggets. com/2017/01/generative-adversarial-networks-hot-topic-machine-learning. html.
[3] SNOW J. Amazon's face recognition falsely matched 28 members of congress with mugshots [R/OL]. (2018-07-26) [2022-04-02]. https://www.aclu.org/blog/privacy-technology/surveillance-technologies/amazons-face-recognition-falsely-matched-28.
[4] BKAV. Hackers just broke the iPhone X's Face ID using a 3D-printed mask [N/OL].(2017-11-13)[2022-04-02]. https://www. wired. co. uk/article/hackers-trick-apple-iphone-x-face-id-3d-mask-security.
[5] DAMIANI J. A voice deepfake was used to scam a CEO out of $243,000[N/OL]. (2019-09-03) [2022-04-02]. https://www.forbes.com/sites/jessedamiani/2019/09/03/a-voice-deepfake-was-used-to-scam-a-ceo-out-of-243000/?sh=403c0b052241.
[6] AHMED M. UK passport photo checker shows bias against dark-skinned women [N/OL]. (2020-10-08)[2022-04-02]. https://www. bbc. com/news/technology-54349538.
[7] BBC News. Alexa tells 10-year-old girl to touch live plug with penny [N/OL]. (2021-12-28)[2022-04-02]. https://www.bbc.com/news/technology-59810383.
[8] MAHESHWARI S. On YouTube kids, startling videos slip past filters [N/OL]. (2017-11-04)[2022-04-02]. https://www.nytimes.com/2017/11/04/business/media/youtube-kids-paw-patrol.html.
[9] 孙金云 . 2020 打车报告（上）: 复旦教授团队打车 800 趟，平台延误是时间游戏？ [R/OL].(2021-02-20)[2022-04-02]. https://www. huxiu. com/article/410483. html.
[10] LIBERATORE S. Shocking moment Tesla Model 3 'on Autopilot mode' crashes into a truck on Taiwan highway [N/OL]. (2020-06-01)[2022-04-02]. https://www.dailymail.co.uk/sciencetech/article-8377461/Shocking-moment-Telsa-Model-3-Autopilot-mode-crashes-truck-Taiwan-highway.html.
[11] MCCAUSLAND P. Self-driving Uber car that hit and killed woman did not recognize that pedestrians jaywalk [N/OL]. (2019-11-10) [2022-04-02]. https://www.nbcnews.com/tech/tech-news/self-driving-uber-car-hit-killed-woman-did-not-recognize-n1079281.
[12] BBC News. Boeing 737 Max: What went wrong? [N/OL]. (2019-04-05) [2022-04-02].https://www.bbc.com/news/world-africa-47553174.
[13] SAE. SAE levels of driving automation™ refined for clarity and international audience [EB/OL].(2021-05-03)[2022-04-02]. https://www. sae. org/blog/sae-j3016-update.
[14] TED. How humans and AI can work together to create better businesses [Z/OL].(2017-11-04)[2022-04-02]. https://www. ted. com/talks/sylvain duranton how humans and ai can work together to create better businesses.
[15] 汤珂 . 人工智能辅助人类决策：一个实验 [EB/OL].(2021-05-08)[2022-04-02]. http://www. cs. ecnu. edu. cn/74/3e/c19870a357438/pagem. htm.

Chapter 4

第 4 章 大 数 据

4.1 大数据概述

在人工智能快速发展的今天，大数据成为人工智能的重要组成部分。大数据是一种规模大到在获取、存储、管理、分析方面大大超出了传统数据处理应用软件能力范围的数据集。大数据具有海量的数据规模、快速的数据流转、多样的数据类型和价值密度低四大特征。大数据的战略意义不在于掌握庞大的数据集，而在于对这些隐藏价值的数据进行专业化的处理。换言之，如果把大数据比作一种产业，那么这种产业实现盈利的关键在于提高对数据的加工能力，通过加工实现数据的增值。

4.1.1 发展历史

大数据的发展比人工智能要慢，其演变大致分为三个主要阶段，每个阶段都有自己的特点和能力。

1. 大数据 1.0 阶段：20 世纪 70 年代—2000 年左右

数据分析和大数据源于数据库管理这个传统领域，并且早期数据分析技术依赖于关系数据库管理系统（Relational Database Management System，RDBMS），以及其他常见的基于关系数据库管理系统的数据存储、提取和优化技术。最通用的结构化查询语言（Structured Query Language，SQL）（见图 4-1）在 20 世纪 70 年代末诞生，用于查询、更新和管理关系数据库系统，为大数据第一阶

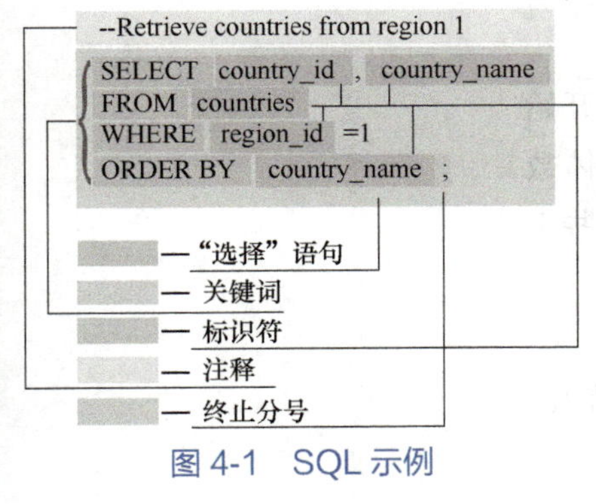

图 4-1　SQL 示例

段的发展奠定了基础。此外，数据库管理和数据仓库也被认为是大数据第一阶段的核心技术，它们使用一些广为人知的技术，如数据库查询、在线分析和标准报告工具等，为现代数据分析提供了基础。

2. 大数据 2.0 阶段：2000 年—2010 年左右

世界上第一个网站在 1991 年诞生后（见图 4-2），互联网迎来了蓬勃发展期。自 21 世纪初以来，互联网和 Web 开始提供独特的数据收集和数据分析机会。随着网络流量和在线购物平台的快速发展，雅虎（Yahoo）、亚马逊（Amazon）和 eBay 等公司开始通过分析点击率、特定 IP 地址数据和搜索日志来分析客户行为，导致数据规模的迅速扩大。从数据分析和大数据的角度来看，基于 HTTP 的网页流量带来了半结构化和非结构化数据的大量增加。通常认为结构化数据是指那些存储在结构化表格中的数据，比如 Excel 表格中的数据、SQL 数据库中的数据。半结构化数据是指那些通过一些元标签宽泛地组织在一起的数据，比如电子邮件、按照标签归类的微博推文等。非结构化数据则是指那些富含文本信息且无法明确被组织到某一种框架中的数据，比如视频、语音等泛文本数据。面对多样的数据类型，数据持有者需要找到新的存储和分析方案来挖掘这些数据蕴含的价值。

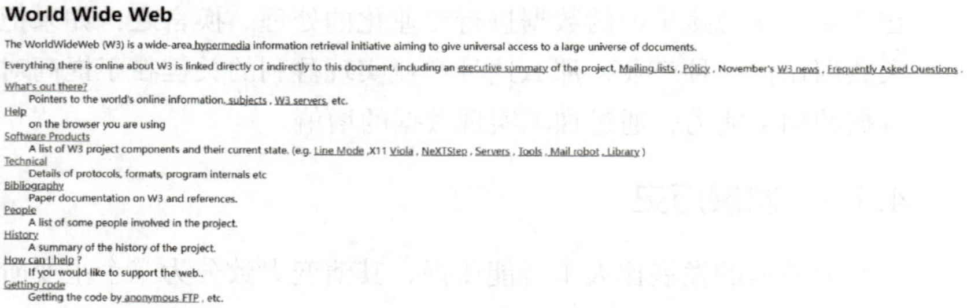
World Wide Web

The WorldWideWeb (W3) is a wide-area hypermedia information retrieval initiative aiming to give universal access to a large universe of documents.

Everything there is online about W3 is linked directly or indirectly to this document, including an executive summary of the project, Mailing lists , Policy , November's W3 news , Frequently Asked Questions .

What's out there?
    Pointers to the world's online information, subjects , W3 servers, etc.
Help
    on the browser you are using
Software Products
    A list of W3 project components and their current state. (e.g. Line Mode ,X11 Viola , NeXTStep , Servers , Tools , Mail robot , Library)
Technical
    Details of protocols, formats, program internals etc
Bibliography
    Paper documentation on W3 and references.
People
    A list of some people involved in the project.
History
    A summary of the history of the project.
How can I help ?
    If you would like to support the web..
Getting code
    Getting the code by anonymous FTP , etc.

图 4-2　世界第一个网站，由蒂姆 · 伯纳斯 - 李在 1991 年 8 月 6 日建立

除了在线购物平台的飞速发展，社交媒体也在这一阶段开始走进人们的生活，也造成了数据规模的进一步急增。社交媒体数据的出现和增长极大地增加了对工具和分析技术的需求，这些工具、技术能够从这些非结构化的数据中提取有价值的信息。

3. 大数据 3.0 阶段：2010 年至今

这一阶段的主要特点是个人用户的移动设备开始大量普及，同时基于传感器的物联网设备开始兴起，如图 4-3 所示。

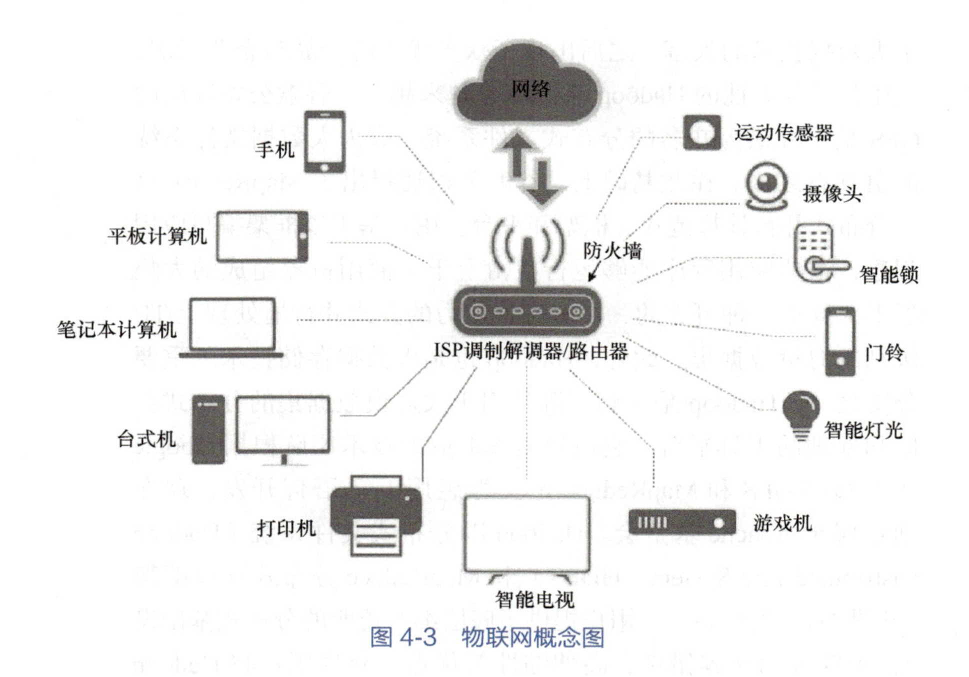

图 4-3 物联网概念图

尽管基于 Web 的非结构化内容仍然是许多公司在数据分析方面的主要关注点，但数据来源的重心逐渐转移到了个人用户的移动设备。移动设备不仅可以获取用户行为数据（如点击和搜索查询数据），还可以存储和分析基于位置的数据（如 GPS 数据）。随着这些移动设备的发展，追踪运动、获取身体健康相关的数据都成为可能。这些新数据的感知能力提供了一系列全新的商业机会，从交通、城市设计到医疗保健，带动了大数据相关技术的快速发展。

与此同时，在物联网设备兴起后，数据开始以前所未有的速度生成。“物联网”（IoT）在这一阶段得到了飞速发展，数以百万计的电视、恒温器、可穿戴设备甚至冰箱每天都在产生巨量数据，从这些新的数据源中提取有价值的信息的竞赛也成为大数据发展的核心模式之一。

4.1.2 主流方法

按照大数据应用层次划分，可以把大数据相关技术分为数据收集、数据存储、资源管理、计算框架、数据分析和数据展示这六类。

在数据存储方面，2003 年 Google 发表了与大数据相关的第一批论文“谷歌文件系统”（Google File System，GFS），开启了大数据技术的大幕。之后出现了众多优秀的产品与企业组织，其中最具代表性的 Hadoop 生态圈也越来越大。谷歌公司提出的 GFS 是一种最为知名的分布式文件系统，成为大数据文件系统的奠基石之一。在此基础上，谷歌公司还提出了 MapReduce 这一分布式并行计算范式、框架和平台。用户基于该框架编写应用程序，这些应用程序能够运行在由上千个商用机器组成的大集群上，并以一种可靠的、具有容错能力的方式并行地处理上 TB 级别的海量数据集。此外，Hadoop 也是大数据存储技术的重要分支之一。Hadoop 是一套开源的用于大规模数据集的分布式存储和处理的工具平台。它最早由 Yahoo 的技术团队根据 Google 所发布的 GFS 和 MapReduce 论文思想用 Java 语言开发，现在则隶属于 Apache 基金会。Hadoop 以分布式文件系统（Hadoop Distributed File System，HDFS）和 MapReduce 分布式计算框架（见图 4-4）为核心，为用户提供了底层细节透明的分布式基础设施。HDFS 的高容错性、高伸缩性等优点，允许用户将 Hadoop 部署在廉价的硬件上，构建分布式文件存储系统。Hadoop 是目前分析海量数据的首选工具，并已被各行各业广泛应用于各种商业场景。

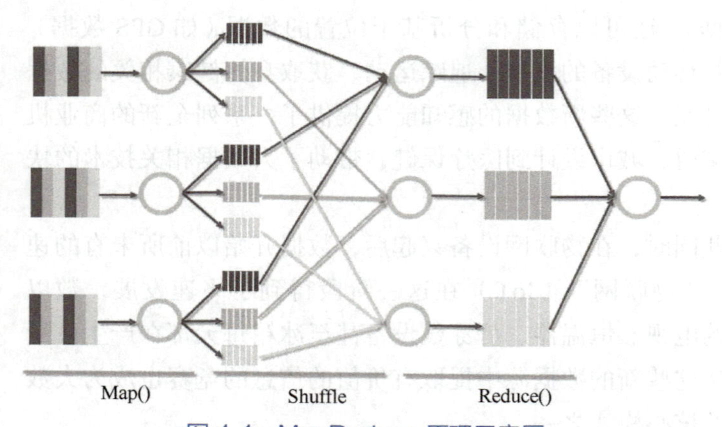

图 4-4　MapReduce 原理示意图

前文中提到，除了标准的结构化数据外，来自社交媒体的半结构化数据和非结构化数据占据了极大的比例。传统的基于 SQL 的技术在处理这些数据时便捉襟见肘，不依赖 SQL 的非关系数据库（Not only SQL，NoSQL）技术便应运而生。以一个知名的数据库 MongoDB（见图 4-5）为例，MongoDB 是一个使用类似 JSON 文档的 NoSQL 数据库系统，它提供了一种替代关系数据库的模式，使它能够处理分布式架构中大量出现的几种数据类型，包括网站实时数据、信息技术设施的缓存数据、文档格式存储的数据等。MongoDB 的主要优势是灵活性和可伸缩性，其他基于 NoSQL 的数据库和它大同小异。

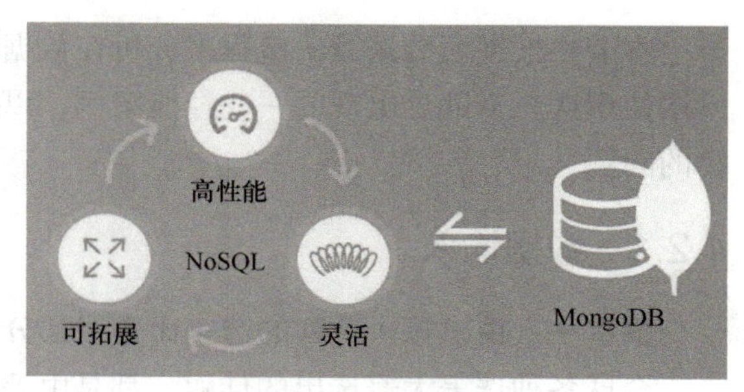

图 4-5 MongoDB 概念图

在数据分析方面，在机器学习算法占据主流之前，传统的基于统计的分析方法是数据科学家常用的技术，包括回归分析、描述统计、因子分析、假设检验、主成分分析等。下面对其中一些技术进行简要概述。回归分析包括线性回归分析、Logistic 分析、非线性回归分析等技术，旨在通过建立模型曲线来拟合大量数据点。描述统计是一种直观易用的方法，被广泛应用在人们的日常生活中，包括分析样本均值、标准差、数据分布等常用指标。因子分析是一种在股票市场中常用的技术手段，旨在寻找隐藏在多变量数据中、无法直接观察却影响或支配可测变量的潜在因子，其目的是用少数几个综合因子去描述多个随机变量之间的相关关系。假设检验先对总体的特征做出某种假设，然后通过抽样的统计推理，对此假设应该被拒绝还是接受做出推断。主成分分析（Principal Component Analysis，PCA）是将多个指标化为少数几个综合指标的一种统计分析方法，通常，人们把转化后的综合指标称为主成分，本质上是一种降维的手段。

此外，大数据算法流程的重要一环是数据挖掘。数据挖掘（Data Mining）是在大型数据集中发现规律、模式和相关性，从而预测结果的过程。通过使用广泛的技术，可以使用这些信息来增加收入、削减成本、改善客户关系、降低风险等。在一个典型的数据挖掘技术框架中，相关技术可以分为两条路线：验证和发掘。数据验证包括假设检验等常用的技术手段，而数据发掘又可以分为数据预测和数据描述。对于数据发掘，人们通常使用一些聚类、可视化处理等手段来分析数据的特点。数据预测又可以分为分类和回归。数据描述是一门发展成熟的技术，常用技术包括神经网络、决策树、支持向量机等。

4.2 现存问题

本节将根据大数据算法流程来分析在数据输入、模型算法和算法使用这三个部分出现的一些经典案例，以思考大数据技术现存的问题。

4.2.1 数据输入

案例一：由机器人评判的选美比赛对部分人群有特别偏好

全球各种选美大赛选出的佳丽，都是由评委们的主观判断决定的。人们是否能找到一种客观的评判标准，使选美的结果让所有人满意？为此，全球首次由机器人担任评委的国际选美大赛（Beauty.AI 2.0，见图 4-6）于 2016 年 9 月成功举办，该比赛从互联网上选出了 44 名优胜者。该比赛由一群俄罗斯和中国香港的青年创立的青年实验室（Youth Laboratories）发起，并获得了微软和英伟达的支持。但该比赛在赚足人们眼球的同时，获奖者的选择也引起了人们的关注。从来自 100 多个国家提交的 6000 张候选人照片中，只有少数获奖者是非白人：一名有色人种获胜，其余非白人获胜者为亚裔。微软首席科学官亚历克斯·扎沃龙科夫（Alex Zhavoronkov）声称举办方使用的算法有偏见，因为他们训练算法的数据不够多样。另外，即使数据足够全面，但是数据来自过去的评判结果，如果过去人们的评判就带有偏见，那么通过这些数据训练出来的算法也自然会带上这些偏见。

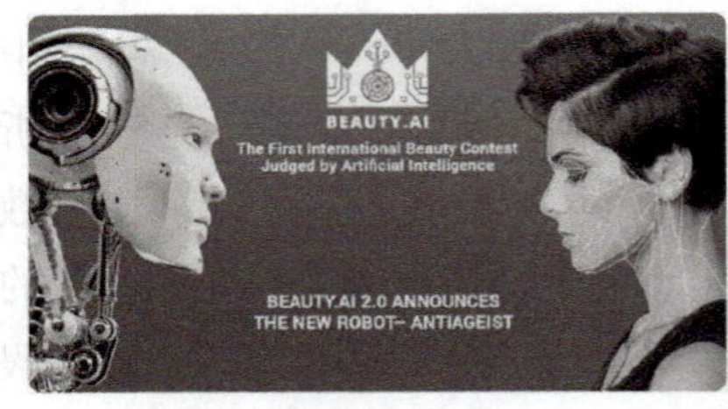

图 4-6　第一届由“机器人”担任评委的国际选美比赛——Beauty.AI 2.0

案例二：谷歌广告算法被指存在性别歧视

2015 年，卡内基·梅隆大学和国际计算机科学研究所的研究人员表示，由谷歌创建的广告定位算法可能存在对互联网用户的性别歧视。他们使用了一款名为 AdFisher 的定制软件，模拟了网络用户的浏览行为，当访问招聘网站时，假冒男性用户时会被频繁地展示高薪的广告，而假冒女性用户时却没有。卡内基·梅隆大学教授同时也是此项研究的共同研究者阿努帕姆·达塔（Anupam Datta）说：“我认为我们的研究结果表明，在广告生态系统中，有一部分已经开始出现各种歧视并且缺乏透明度了。”与谷歌类似的广告系统无处不在，它的广告推荐可能对人们做出的决定产生切实的影响。根据分析，招聘广告存在性别歧视的原因可能是由于在现在的岗位数据中，男性在高薪酬岗位任职的比例远比女性高。当这些数据被输入广告算法中后，也就自然产生了具有偏见的结果。

总的来说，在数据输入部分，主要存在以下问题。一方面，数据的收集存在偏见。收集数据的人本身就倾向于收集自己认可的或者感兴趣的数据，从而忽视了数据的多样性。另一方面，数据收集后没有进行筛选。算法本身不会质疑所输入的数据，所以如果数据的输入存在问题，那么训练的算法也就会带入这些问题。解决这些问题的根本就是要对数据的获取和筛选付出更多努力。

4.2.2 模型算法

案例一：Twitter 让微软的 AI 聊天机器人变成了一个“种族主义者”

2016年3月，微软在Twitter上发布了一个名为“泰伊”（Tay）的聊天机器人。作为一台人工智能机器，泰伊会根据交谈的内容来适应与人的沟通。不久后，泰伊在聊天中开始出现种族主义言论。对此微软辩称那些种族主义言论出现的部分原因是网络上有人故意为之，他们试图强迫泰伊进行种族主义对话。由此可见，泰伊会根据与人交流的数据去提升她的交流能力。很显然她的学习算法无法对聊天内容进行有效的过滤，从而学到了一些不合适的语言。

案例二：面部识别技术将著名运动员识别为犯罪分子

在美国马萨诸塞州的美国公民自由联盟（ACLU）使用一种被广泛应用的名为 Rekognition 的面部识别技术进行的一项测试中，该软件错误地将 27 名新英格兰职业运动员与人脸照片数据库中的个人进行了匹配。测试显示，包括爱国者队杜伦·哈蒙（Duron Harmon）在内的知名运动员被错误地与犯罪分子照片数据库中的图像进行了匹配。该测试是美国公民自由联盟“暂停面部监视”公共教育活动的一部分。“这项技术是有缺陷的，”哈蒙说，“它在实验中错认了我、我的队友和其他职业运动员……政府不应该在没有保护的情况下使用这项技术。马萨诸塞州应该暂停面部监控技术。”在被揭露的电子邮件中，一名面部监控公司的首席执行官向马萨诸塞州下属的普利茅斯市政当局承认，他们的识别技术可能只有 30% 的时间是有效的。尽管如此，他们还是在学校、政府大楼和公共街道上大力推行该技术，没有进行公开辩论，也没有得到民众的支持。

案例三：Facebook 完全依赖算法处理 Trending Topic 板块导致假新闻泛滥

2016 年，Facebook 在撤掉 Trending Topic 板块的人工编辑后，采用算法推送。然而，结果却跟 Facebook 最初的预想大相径庭。Facebook 采用算法推送，试图从侧面表明算法比人工编辑更公正、没有偏见、没有立场。然而，以图 4-7 为例，事实却是人工编辑的缺失，导致假新闻、标题党等新闻伦理失范现象层出不穷。算法技术背后的价值伦理值得我们做出进一步的探讨。传统新闻媒体的把关主要依靠新闻媒介的传播者，根据新闻的真实性、客观性等原则选取有价值的新闻传播、报道。而人工智能技术的把关则主要依靠收集到的用户注意力资源和算法技术。算法依托大数据技术，通过不同用户的画像特征实施精准推送，帮助用户在短时间内从过量的信息中找到所需信息，进一步提升了信息收集的效率。然而，算法超强的“个性化”特征，使受众长期处在同一信息环境之中，受众的信息接触面在不知不觉中逐渐变窄。同时，由于算法技术仍处于发展期，其信息真伪的辨别能力和内容质量的辨别能力依然很低，远落后于拥有丰富从业经验的人工编辑。

图 4-7 Facebook 的 Trending Topic 板块算法将越战著名照片识别为儿童色情并将其封禁

案例四：COMPAS 软件对黑人罪犯存在种族歧视

COMPAS（Correctional Offender Management Profiling for Alternative Sanctions）是一款用于预测罪犯再次犯罪可能性的软件，它曾经预测了佛罗里达州超过 10000 名罪犯是否会成为再犯的概率。ProPublica（一家非盈利新闻机构）将该软件的预测结果与实际结果进行了比较。结果表明：当算法的预测结果与实际结果相同时，无论是对黑人还是白人，算法准确率大致相同。然而，当算法的预测结果与实际结果不相同时，算法存在偏见：一方面，黑人被算法标记为再犯的风险远高于白人，而实际上这些黑人并没有再犯罪；另一方面，白人被标记为再犯的风险很低，但实际上这些白人却继续犯罪，如图 4-8 所示。此外，2016 年 5 月，朱莉娅·安格温（Julia Angwin）再次对 COMPAS 软件中的算法进行了调查，发现在两年内没有再次犯罪的黑人罪犯被预测再次犯罪的可能性为 45%，远高于白人罪犯的 23%。

黑人罪犯

	再犯可能低	再犯可能高
实际不再犯	990	805
实际再犯	532	1369
假阳性率	44.85%	
假阴性率	27.99%	
阳性预测值	0.63	
阴性预测值	0.65	

白人罪犯

	再犯可能低	再犯可能高
实际不再犯	1139	349
实际再犯	461	1369
假阳性率	23.45%	
假阴性率	47.72%	
阳性预测值	0.59	
阴性预测值	0.71	

图 4-8 COMPAS 软件对黑人罪犯存在种族歧视

总的来说，在模型算法部分，主要存在的问题是大数据技术不够完善：以案例一为例，微软设计的聊天机器人没有从各种各样的网络言论中剔除掉某些不合适的言论，即没有进行言论的筛选，直接将网络上的言论作为输入进行学习。这样的算法设计很明显存在巨大缺陷。另外，以案例二为例，算法设计者没有很好地提取人脸的关键特征而造成了匹配错误。解决此类问题的方法则是通过不断涌现的新技术去完善相应的技术环节，相信随着软件和硬件技术的不断发展，一定可以完美地解决算法设计的缺陷。

4.2.3 算法使用

案例一：北京市消协发布大数据“杀熟”调查，多个平台被点名

2022 年 3 月 1 日上午，北京市消费者协会发布在互联网消费中大数据“杀熟”问题调查报告。调查报告显示，86.91% 的受访者有过被大数据“杀熟”的经历。其中，网络购物中的大数据“杀熟”问题最多，其次是在线旅游、外卖和网约车。82.44% 的受访者表示在网络购物过程中遭遇过大数据“杀熟”，76.85% 的受访者在在线旅游消费中遭遇过大数据“杀熟”，反映在网络外卖（66.96%）和网络打车（63.00%）消费过程中遭遇大数据“杀熟”的受访者均达到 6 成多。此外，还有部分受访者表示在电影消费和视频消费时遭遇过大数据“杀熟”问题。体验调查发现，部分平台存在新老用户账号同时购买同一商品或服务实际成交价不同的现象。例如，体验人员分别通过新老用户账号同时在某旅行 App 上预订同一日期“宋城千古情（贵宾票）+ 灵隐飞来峰（大门票）成人票”时，老用户账号显示价格 360 元，享受红包 10 元，优惠后价格为 350 元；而新用户账号显示价格 355 元，不享受任何优惠。体验人员分别通过新老用户两个账号同时在某外卖平台订购同一饭店的同样饭菜，老用户账号不仅比新用户账号少了 7 元“双重补贴”红包，而且配送费也比新用户少优惠 0.4 元。北京市消协根据本次互联网消费大数据“杀熟”问题调查结果建议，鉴于目前有关法律法规不够健全，大数据“杀熟”行为又很难发现和取证，有关部门应进一步创新监管方式方法，建立大数据线上监管平台，运用大数据抓取审核等方法，及时对可能存在大数据“杀熟”的行为做出预判。

案例二：特朗普团队与 Cambridge Analytica 利用 Facebook 数据影响总统选举

大数据公司 Cambridge Analytica 在 2016 年非法获取了 Facebook 的 8700 万用户的数据资料，当年美国的选民总数也就 2 亿左右，该事件被制作成纪录片《隐私大盗》，如图 4-9 所示。该公司还从第三方购买了一系列其他数据，比如电视偏好、航空旅行、购物习惯、去教堂的频率、订阅的杂志等信息。然后，他们将所有这些信息用于所谓的“行为微观定位”（Behavioral Microtargeting），简单说就是个性化广告。通过投放针对性的个性化广告，他们能抓住这些选民的痛点并加以利用。此外，在选举过程中，假新闻的传播也有很大的影响，比如根据 Channel 4 News 报道，特朗普团队通过数据系统筛选出那些潜在的可能支持希拉里·克林顿的黑人群体，向他们定向推送虚假视频广告，在广告中希拉里·克林顿将黑人称为“威胁”，以此来“诱骗”这些黑人拒绝给希拉里投票。美国有色人种促进协会副主席 Jamal Watkins 在事后表示，这属于现代版“镇压运动”，利用数据和算法让黑人选民放弃投票权。

图 4-9　纪录片《隐私大盗》讲述了特朗普团队是如何通过大数据操控选举的

案例三：消息应用程序 Dubsmash 宣布，黑客窃取了其近 1.62 亿用户的账户信息

2018 年 12 月，总部位于美国纽约的视频消息服务商 Dubsmash 发生数据被盗事件，其数据包括 1.62 亿个电子邮件地址、用户名、生日以及其他个人数据。所有这些信息于 2019 年 2 月在 Dream Market 暗网市场上出售。Dubsmash 承认发生了信息泄露和暗网售卖信息的事件，并建议用户进行密码更改，但并未说明攻击者是如何进入或确认受影响用户的具体数字。Dubsmash 并不是唯一一个数据被盗的公司，CoffeeMeetsBagel、MyFitnessPal、HauteLook 和其他应用也遭遇了类似的问题。

案例四：零售商的怀孕预测

2012 年 2 月，零售商 Target 发现一名美国明尼苏达州下属的明尼阿波利斯市的高中女生购买母婴商品的次数增加。于是零售商的数据分析部门预测了该女子已经怀孕，经常给她发一些优惠券和对应的商品，而后该女生被证实确实已经怀孕。对于此事，零售商甚至比女孩的家人知道得还要早。Target 的客户营销分析部门会根据消费者的消费情况来预测他们生活中的重大变化。这个故事也说明数据有时候比人们自己更了解自己。另外，此事也引起了人们对于数据隐私的担忧。倘若在利益的驱使下，商家对消费者的个性化信息运用不当，就会导致隐私泄露等问题。

总的来说，人们利用算法进行分析、决策、协调、组织等一系列活动时，其使用目的、使用方式、使用范围等出现偏差会引发不良影响。原因主要有以下几点：一是算法设计者出于自身的利益，利用算法对用户进行不良诱导，比如大数据“杀熟”以及舆论操控选举等。二是过度依赖算法本身，由算法的缺陷所带来的算法滥用。盲目相信算法、过度依赖人工智能，也可能因算法的缺陷而产生严重的后果，比如医疗误诊导致医疗事故、安防和犯罪误判导致的安全问题等。三是盲目扩大算法的应用范围而导致的算法滥用问题。任何人工智能算法都有其特定的应用场景和应用范围，超出原定场景和范围的使用将有可能导致算法滥用。为了应对这类风险，首先，要明确算法的应用领域，严格限定其适用边界。其次，不过分依赖算法，坚持人在算法应用中的主体性地位。最后，通过行业标准、技术标准等引导算法的伦理取向，如内容平台的推荐算法不能仅基于提升流量、吸引眼球的考虑，而应从社会责任角度出发，考虑全面的信息获取、拓宽视野等多重目的。

4.3 面临的挑战

纽约州立大学奥尔巴尼分校的政治学副教授弗吉尼亚·尤班克斯（Virginia Eubanks）在《自动不平等：高科技如何锁定、管制和惩罚穷人》一书中研究了美国几个正在推行的自动化公共服务系统。其中一个例子来自美国的宾夕法尼亚州（简称宾州），宾州于1999年建成了集中的数据存储系统，用于存储公民使用公共服务的信息，并定期从各种政府机构和州公共援助项目（包括警察局、监狱、住房管理局以及失业补偿办公室等29个机构）收取数据摘录。

2012年起，宾州开始逐步推行使用自动筛选分级系统，用于预测儿童受到虐待的风险等级。在宾州的阿勒格尼县，儿童、青年和家庭办公室的工作人员会收到关于儿童虐待的举报或求助电话，他们向来电者询问情况，并将信息录入自动筛选分级系统。同时，他们从宾州的集中数据系统收集被举报家庭的信息，通过人工和自动筛选分级系统对该家庭的儿童受虐待的可能性给出一个评分。评分从0~20，数字越高代表风险越大。工作人员需要结合自己的判断和系统的判断来决定是否要采取进一步的调查。如果系统认定儿童受虐待的风险评分在 20 以上，那么它将自动启动调查，除非主管人员阻止。

在弗吉尼亚的调查过程中，她和一位工作人员一起查看了两名儿童的情况，并认为这两名儿童的风险评分应该分别为 4 分和 6 分。然而，系统却分别给出了 5 分和 14 分，而且系统不会提供进一步的信息解释给分的理由。事实上，被系统强制启动的调查中，有 28% 被主管人员取消；而剩下的调查中，只有约一半被证实。

这样的自动化系统也因为收集了大量的信息而引起了公民的担忧。一方面，数据库收集信息的来源非常广泛，任何补贴、惩罚、救助等公共服务相关的信息都会被系统收集到。另一方面，数据库收集的信息却并不全面，因为它只收集了那些公共服务的信息，因此，只有使用了公共资源的人的信息会被收集到。贫困家庭因此会被收集更多的信息，而中产阶级家庭的信息则少得多。这不仅造成了数据的偏差，也引起了对不公平的隐私权的讨论。除此之外，在阿勒格尼县获得公共资源的家庭大多生活在密集的城市街区。那些住在偏远郊区、没有人曾为之打过热线电话的家庭不会被系统覆盖。

这个例子说明，基于大数据的自动分级系统存在公平性、隐私保护和普惠性方面的问题。公平性是指大数据技术得出的结果是否可靠、合理，以及是否带有歧视性。隐私保护则是近几年来很多研究关注的话题，大量的大数据技术不断地收集个人信息，很多人担忧自己的隐私因此被暴露。普惠性主要着眼于大数据技术的应用范围，人们不希望大数据技术只为社会上的少部分人服务，而损害另外一些人的利益。下面将更详细地讨论这三个方面的问题。

4.3.1 公平性

有多种因素会造成大数据系统的不公平输出，以下尝试从数据输入、模型预测和结果使用这三个方面来分析。你可以想象大数据系统是一个孩子，它正在学习如何区分人与事物的特征。

在数据输入层面，可能输入了有偏差、不完整的样本数据，为了减少预测结果与训练样本之间的差异，大数据做出的预测也会有偏差。如果一个孩子常年吃到的橘子都很酸，而很少有甜的，那么他相比于其他人会更倾向于认为橘子是一种很酸的水果。前文提到了选美大赛中白人更容易胜出的例子，这很有可能是因为大数据系统的输入数据中，“白人更美”的数据占了很大比例，因此大数据系统的预测也会向这样的结果靠拢。

在模型预测层面，可能有模型不够完整、考虑的参数不够准确等问题。Twitter 的聊天机器人变成了种族歧视者，因为它缺乏良好的过滤环节，以此来筛选出那些值得学习的言论。如果一个孩子的解题思路存在问题，那么即使他做过很多的习题，也可能在将来的考试中取得很差的成绩。

在结果使用方面，大数据系统的结果可能被用于机械地对人进行区分和打标签，这样的使用目的可能本身就带有歧视性。正如前文提到的，推荐算法可以向不同的用户推送定制化的服务。然而，这项技术被用于控制民众对于总统竞选者的意见时，它就不能成为服务大众的工具，反而成了不公平与新形式“暗箱”操作的帮凶。

为了保证大数据系统的公平性，需要多方面的努力。一方面，大数据系统的算法和数据需要更加透明化和可解释，正如前一章所讲的那样。透明、可解释的系统避免了“黑箱”的产生，人们会理解系统做出判断和决策的依据，从而决定是否采纳、如何参考。另一方面，需要基于法律和社会的监督，以此来确保大数据系统长期运行在合理的状态和目标下。

更深一层来说，人类需要增加自己对于公平的理解以及对于数据科学的认识。事实上，很多大数据系统犯下的错误都是源于人类的歧视与不公。输入的数据集和建立的模型之所以出现问题，很大程度上是人类错误的累积。人们在收集数据、标记数据的过程中带有的偏见，在建立模型时忽视的因子，最终都为大数据系统的错误埋下了祸根。此外，大数据系统本身是一种工具，它有实用与否的区分，本身不具有善恶的属性，重要的是使用者的目的。

为此，人们需要从伦理道德的角度出发，为大数据技术的发展提供指导。大数据技术与社会之间的互动，可以分为多个维度进行讨论。在不同的维度下，大数据技术的发展受到不同目标的指导，因而对社会的影响也呈现出不同特点。当大数据技术以经济利润和企业、技术的自身发展为主要目标时，社会总体利益可能与其发展相矛盾，因此在这一维度上，大数据技术可能损害社会利益。如果大数据技术受到法律的约束，隐私保护、数据真实等成为最低要求，那么大数据技术就不会损害社会利益。当大数据技术成为社会重要的生产要素和资源，与经济社会各领域的融合应用不断成熟、创新时，它的发展将对社会发展产生积极作用。进一步看，如果大数据技术以社会总体利益为目标，积极推动社会发展，那么它就能真正实现“科技向善”的重大转变。大数据技术的这些发展维度相互矛盾又相互依存，相同的技术在不同的时间、空间中也可能展现出不同的发展特征。因此，想要推动“科技向善”，让大数据技术对社会发展产生积极作用，就需要实事求是地分析大数据技术的发展状态和方向。

4.3.2 隐私保护

大数据系统的运转需要大量的数据，优质、全面的数据是保证大数据系统高效运作的关键。然而，在收集数据的过程当中，公民的隐私权可能受到无形的侵犯与损害。大量的网络应用正在广泛地收集用户信息，例如，微信小程序会收集用户的手机号码、设备信息以及头像，扫脸支付功能需要用户的生物信息，导航软件会收集位置信息等。用户也许并没有在意自己的信息被收集了，这些信息一方面使得用户获得了更加优质的服务，另一方面也使得用户信息变得越来越透明。

个人信息的大量收集定会引发民众的担忧。盗取、倒卖公民个人信息的事件时有发生，这也推动了隐私保护越来越广受关注。中国 2021 年 11 月 1 日起实行的《个人信息保护法》对个人信息进行了严格的保护，其中明确规定了个人信息处理者想要处理公民的个人信息时需要满足的条件，为中国公民依法维护个人隐私提供了有力的保障。

隐私保护同样需要公民拥有自我保护隐私的意识。Facebook 提供的标记功能中，通过使用人脸匹配程序预测用户照片中的朋友。在未经许可的情况下，它直接使用了用户在 Facebook 上的个人头像用于预测。此事涉嫌未经用户许可收集和存储用户面部数字扫描信息和其他生物信息，最后遭到了约 160 万名受影响用户的代表的集体诉讼，并支付了 6.5 亿美元来达成和解。之后 Facebook 修改了自己的隐私条款，明确了平台将使用注册用户的照片等信息。

4.3.3 普惠性

大数据技术同样需要重视普惠问题，如果一项技术被开发出来，其红利不仅没有被人享受，相反还损害了一部分人的利益，那么这项技术就不是普惠的。在阿勒格尼县的例子中，偏远地区的公民因为很少为可能的家庭暴力和虐待进行举报，因此自动分级系统没有办法对他们进行服务。更糟糕的是，这些家庭还有可能因为信息的缺失而被错误地分级。

为了让网络与数据技术更好地为社会大众服务，政府一直大力推动基础设施建设，下文中的两个案例可以形象地展示出中国政府在使用大数据技术实现普惠这方面做出的努力。

案例一：浙江省人民政府办公厅关于印发《打破信息孤岛实现数据共享推进“最多跑一次”改革2018年工作要点》的通知

2018年3月，为全面打破信息孤岛、实现数据共享，加快政府数字化转型，推进“最多跑一次”改革向纵深发展，根据《中共浙江省委关于深化“最多跑一次”改革推动重点领域改革的意见》，浙江省人民政府办公厅制定本要点。要点中重点强调了以下内容：第一，加快“最多跑一次”事项数据共享；第二，大力推行“一窗受理”“一网通办”；第三，提升“互联网+政务服务”应用水平；第四，统筹建设公共数据基础设施；第五，加强工作保障。该要点的制定将推动各地方的数据共享，更好地帮助各地群众办理业务。

案例二：打通堵点，方便群众异地就医

2022年的政府工作报告提出，完善跨省异地就医直接结算办法，实现全国医保用药范围基本统一。目前，中国已建成全世界最大、覆盖全民的基本医疗保障网。跨省异地就医住院费用直接结算全面推开，门诊费用跨省直接结算稳步试点，异地就医备案服务正在推广。统计显示，全国住院和门诊费用跨省直接结算累计超过1000万人次。全国政协委员、北京大学公共卫生学院教授吴明认为，在符合政策的条件下，各相关部门要坚持“以人为本”，考虑到患病群体的实际困难，让信息“多跑路”，让百姓“少跑腿”。各地应当在国家政策要求下，因地制宜，简化办理流程，切实解决异地医保申请“材料繁”“手续杂”等堵点。此外，国家已经上线“国家异地就医备案”小程序和国家医保服务平台App，以快速备案和自助开通两种形式提供全国统一的线上备案服务。快速备案是要人工审核，一般3个工作日左右，已覆盖362个统筹地区；自助开通是自动审核，立即生效，已覆盖90个统筹地区。参保人可以登录后进行查询已开通直接结算的统筹地区，并按照要求进行线上备案。相信在不远的将来异地就医会越来越方便。

在科技日新月异的今天，如何将国家发展的红利惠及每一个人，这是个十分重要的问题。近年来，中国网络基础设施的建设取得了不小的成效，网络扶贫与数字乡村建设工作持续推进。截至 2020 年 3 月，中国农村网民规模为 2.55 亿，农村地区互联网普及率已经达到 46.2%。同时，中国电信普遍服务试点累计已支持超过 13 万个行政村光纤网络通达和 5 万个 4G 基站建设。通过广泛的网络基础设施建设，中国公民将更好地使用和参与到网络与数据社会当中。

思　考

大数据技术目前在日常生活中随处可见，但仍有一些技术没有普及偏远地区，请思考一项在偏远地区推广时遇到困难的大数据技术，并回答如下问题：

1. 它主要惠及哪些人？
2. 哪些人需要它，但是用不上？
3. 在偏远地区推广时遇到了哪些现实问题？
4. 如何解决这些问题？

参考文献

[1] W3resource. SQL Syntax [EB/OL].(2022-08-19)[2022-09-28]. https://www. w3resource. com/sql/sql-syntax. php.

[2] LEE B. World Wide Web [EB/OL].(1991-08-06)[2022-09-28]. http://info. cern. ch/hypertext/WWW/TheProject. html.

[3] Daily Mail. Is AI RACIST? Robot-judged beauty contest picks mostly white winners out of 6,000 contestants [EB/OL]. (2016-09-09) [2022-04-01].https://www.dailymail.co.uk/sciencetech/article-3781295/Is-AI-RACIST-Robot-judged-beauty-contest-picks-white-winners-6-000-submissions.html.

[4] PATEL P. Women less likely to be shown ads for high-paying jobs [EB/OL].(2016-07-08)[2022-09-28]. https://spectrum. ieee. org/women-less-likely-to-be-shown-ads-for-highpaying-jobs.

[5] VINCENT J. Twitter taught Microsoft's AI chatbot to be a racist asshole in less than a day [EB/OL].(2016-03-24)[2022-04-01]. https://www. theverge. com/2016/3/24/11297050/tay-microsoft-chatbot-racist.

[6] ACLU. Facial recognition technology falsely identifies famous athletes [EB/OL].(2019-10-21)[2022-04-01]. https://www. aclum. org/en/news/facial-recognition-technology-falsely-identifies-famous-athletes.

[7] 周春媚 . 逃离“信息茧房”与“技术黑箱”[N/OL].(2019-01-10)[2022-04-01]. http://media. people. com. cn/n1/2019/0110/c424557-30515666. html.

[8] LARSON J, MATTU S, KIRCHNER L, et al. How we analyzed the COMPAS recidivism algorithm [EB/OL]. (2016-05-23)[2022-04-01]. https://www.propublica.org/article/how-we-analyzed-the-compas-recidivism-algorithm.
[9] 北京市消协 . 北京市消协发布大数据“杀熟”问题调查报告 [R/OL].(2022-09-15)[2022-09-28]. https://www. meritsandtree. com/index/journal/detail ? id=3489.
[10] The Guardian. Leaked: Cambridge Analytica's blueprint for Trump victory [N/OL]. (2018-03-23) [2022-09-28]. https://www.theguardian.com/uk-news/2018/mar/23/leaked-cambridge-analyticas-blueprint-for-trump-victory.
[11] BEDNAR L. How to check if your dubsmash account is compromised [EB/OL].(2016-05-23)[2022-04-01]. https://www. securedata. com/blog/dubsmash-accounts-hacked.
[12] Daily Mail. How Target knows when its shoppers are pregnant - and figured out a teen was before her father did [N/OL]. (2012-01-18) [2022-04-01].https://www.dailymail.co.uk/news/article-2102859/How-Target-knows-shoppers-pregnant--figured-teen-father-did.html.
[13] 尤班克斯 . 自动不平等：高科技如何锁定、管制和惩罚穷人 [M]. 李明倩，译 . 北京：商务印书馆，2021.
[14] 中国人大网 . 中华人民共和国个人信息保护法 [EB/OL]. (2021-08-20) [2022-04-01].http://www.npc.gov.cn/npc/c30834/202108/a8c4e3672c74491a80b53a172bb753fe.shtml.
[15] Meta. Meta 隐私中心 [EB/OL]. (2022-01-04) [2022-04-01].https://www.facebook.com/privacy/explanation/.
[16] 浙江省人民政府办公厅 . 关于印发《打破信息孤岛实现数据共享推进“最多跑一次”改革 2018 年工作要点》的通知：浙政办发 [2018] 30 号 [EB/OL]. (2018-03-28) [2022-04-01].http://www.echinagov.com/policy/209377.htm.
[17] 侯雪静，等 . 打通堵点，更好方便群众异地就医：追踪医保异地就医 [N/OL].(2022-03-08)[2022-04-01]. https://www. shanghai. gov. cn/2022lhdt/20220308/2d1e10e5f72d4f719c6c4532cbf33819. html.

Chapter 5

第 5 章 大数据时代下的个人信息保护

伦理道德与法律之间是一种相互促进、相互依存、互为补充的关系。伦理道德关注的是“是否应为”这一问题，它为法律的制定、发展和完善提供了思想指引和价值取向。在此基础上法律聚焦于“是否可为”以及“如何为之”的问题，并将伦理道德所反映出的社会大众意志以国家意志的形式予以体现，从而为伦理道德提供制度保障。然而，无论是伦理道德还是法律均不是一成不变的，相反两者都是随着社会的发展和变革在不断完善、不断发展、动态变化的。新一轮科技革命和产业变革方兴未艾，人工智能、大数据等前沿技术推动着社会生产生活方式不断变革，同时带来了新的冲突和矛盾、不协调和不平衡，需要探索新的化解方案和管理规范路径。以大数据技术为例，一方面，与技术革新带来的便利伴随而生的是对信息安全、技术伦理、商业伦理等问题的关注和讨论，因此需要兼顾发展与安全之间的平衡，既要鼓励技术的发展和普及应用，也要尊重个人隐私，保护个人信息，厘清数据收集、使用和处理的边界；另一方面，需要兼顾秩序与活力之间的平衡，既要规范数据的处理活动，维护数据主体的权益，也要保证数据在个人与机构、机构与机构之间的有序流动，充分挖掘并释放数据的价值。本书援引了有关法律条文和典型案例进行阐述，以便读者探讨分析。

5.1 大数据时代下的个人信息安全

5.1.1 个人信息的概念

1. 法律视角下个人数据与个人信息的关系

个人数据与个人信息这两个概念是否存在区别？法学理论界有不同的观点：有观点认为，信息是数据经处理后的结果，个人数据与个人信息是不同概念，个人信息 = 个人数据 + 分析处理，应当严格区分；另有观点认为，个人数据与个人信息之间是“可以”但不“必然”的交叉关系，该观点在比较两者时，对个人数据强调的是“数据”这一形式载体，而个人信息则侧重内容，因此认为个人数据可以但不必然是个人信息的形式，个人信息也可以但不必然是个人数据反映的内容；还有观点认为，通过分析比较不同国家、地域的法律所采用的表述可以发现，个人信息和个人数据存在混用，整体来看两者只是因不同的使用习惯而采用了不同的表述方式，但其内涵并无本质区别。

从广义上理解，个人信息与个人数据之间既有联系也有区别，既存在交叉重合的部分，也存在不同之处，两者并非包含关系。个人信息反映的是内容，而个人数据是个人信息的载体和表现形式。数据作为一种可识别的、抽象的、用于记载和记录的符号，更具客观性；信息则更具主观性，侧重的是内容，强调的是对数据进行分析、筛选后的主观认知、判断和评价。

从立法用语角度理解，美国、欧盟国家等多采用“个人数据”的称谓，韩国、日本等国家采用的是“个人信息”的称谓，中国现行法律采用的是“个人信息”这一术语。虽然各地在法律名称或表述方式上存在差异，但从各国法律对这两个概念的定义来看，其内涵是相近的。欧盟委员会工作组在《第 4/2007 号意见书：个人数据的概念》*Opinion 4/2007 On The Concept Of Personal Data*（June 20，2007）中对个人数据一词做出了专门解释，并指出对个人数据的理解应尽可能宽泛，个人数据应包含个人信息、个人敏感信息、个人隐私等任何与个人工作、生活或经济活动相关的信息。欧盟《通用数据保护条例》（*General Data Protection Regulation*，GDPR）将“个人数据”定义为“已识别到的或可被识别的自然人的所有信息。可被识别的自然人是指其能够被直接或间接通过识别要素得以识别的自然人，尤其是通过姓名、身份证号码、定位数据、在线身份等识别数据，或者通过该自然人的物理、生理、遗传、心理、经济、文化或社会身份的意向或多项要素予以识别”。美国统一法律委员会 2021 年 7 月通过的《统一个人数据保护法》（*Uniform Personal Data Protection Act*）将“个人数据”定义为“通过直接标识符识别或描述数据主体的记录或假名数据，不包括去识别化数据”，其中“直接标识符”又被定义为“用于识别数据主体的信息，包括姓名、实际地址、电子邮件地址、可识别的照片、电话号码和社会安全号码”。日本的《个人信息保护法》将“个人信息”定义为“与生存着的个人有关的信息中，姓名、出生日期等可以识别出特定个人的部分，包括可以比较容易地与其他信息相比较并可以借此识别出特定个人的信息”。中国现行法律中采用的是“个人信息”这一术语。2021 年 1 月 1 日生效的《中华人民共和国民法典》（简称《民法典》）第一千零三十四条规定：“个人信息是以电子或者其他方式记录的能够单独或者与其他信息结合识别特定自然人的各种信息，包括自然人的姓名、出生日期、身份证件号码、生物识别信息、住址、电话号码、电子邮箱、健康信息、行踪信息等。”2021 年 11 月 1 日生效的《中华人民共和国个人信息保护法》（简称《个人信息保护法》）第四条规定：“个人信息是以电子或者其他方式记录的与已识别或者可识别的自然人有关的各种信息，不包括匿名化处理后的信息。”除上述法律外，《中华人民共和国刑法》（简称《刑法》）、《中华人民共和国数据安全法》（简称《数据安全法》）等其他法律也均采用“个人信息”这一表述。

立法用语上将个人信息与个人数据混用或混同，一方面体现了立法者对两者之间关系的不确定性，另一方面也体现了在两者之间确实存在竞合的情况，同时也反映出在实践中适用法律法规或其他规范性文件时将个人信息与个人数据视作同等概念。在本章的讨论中，除特别说明外，所提及“个人信息”之处视作等同于“个人数据”。

2. 个人信息界定

个人信息界定一般采用两种路径：一是“关联”，二是“识别”。这两种路径在中国立法的过程中均有体现。

“关联”路径采用的是从个人到信息的方法，即具体自然人是已知的，而与该自然人相关的一切信息均为个人信息，这些信息一般是在该自然人在其活动中产生的信息。在该定义路径下，个人信息的范围较为宽泛，但由于还需满足是否“已识别或可识别”具体自然人的这一要件，因此对于个人信息处理者而言一些信息是否构成个人信息，存在一定的相对性。中国《个人信息保护法》第四条“与已识别或者可识别的自然人有关的各种信息”、欧盟 GDPR 第 4 条第（1）款“已识别到的或可被识别的自然人的所有信息”，均体现了关联路径。

“识别”路径采用的是从信息到个人的方法，这种路径是在“关联”路径的基础上，对界定是否构成“个人信息”的标准提出了更高的要求，即这些具有特殊性的信息，既要与个人相关，还要能够识别出、定位到具体自然人。识别路径又可进一步分为直接识别和间接识别，区分两者的关键在于是否可以单独通过某项信息识别出具体自然人。个人身份证号、指纹、面部识别特征均属于典型的直接识别；而个人健康信息、个人财产信息等需要结合其他信息方可识别出具体自然人的信息则属于间接识别。《民法典》第一千零三十四条“能够单独或者与其他信息结合识别特定自然人的各种信息”、《中华人民共和国网络安全法》（简称《网络安全法》）第七十六条第（五）款“能够单独或与其他信息结合识别自然人个人身份的各种信息”，均是中国法律中采用识别路径的典型代表。

由于中国《网络安全法》《民法典》《个人信息保护法》对个人信息进行界定时采取了不同的路径，这三部法律对“个人信息”定义的具体表述存在一定的差异，这种区别和差异所反映出的是对个人信息认定方式方法和采用标准的不同，但在这三部先后出台的法律中，个人信息定义的内涵整体仍然呈现出一定的连贯性与一致性，后出台的法律基本沿袭了在先的法律对个人信息的定义规定。在该等定义下，构成个人信息需具备实质和形式两方面要素：实质要素强调的是信息内容，即要求信息内容与具体自然人具有相关性，且要具备可识别性，通过该等信息能直接或者间接识别出或定位到具体自然人；形式要素强调信息载体形式要求，即“以电子或者其他形式记录”，且该等记录应是可以被获取、查阅、处理的。

以国家市场监督管理总局和国家标准化管理委员会联合发布的《信息安全技术　个人信息安全规范》（GB/T 35273—2020）为例，个人信息可以归纳为以下几种类型，见表 5-1。

3. 个人信息与敏感个人信息

敏感个人信息是指一旦泄露、被非法提供或被非法使用，可能导致个人的人格尊严、身心健康、财产安全等受到损害或歧视性待遇的个人信息，包括生物识别、宗教信仰、特定身份、医疗

表 5-1 个人信息的类型及内容

类型	内容
个人基本资料	个人姓名、生日、性别、民族、国籍、家庭关系、住址、个人电话号码、电子邮件地址等
个人身份信息	身份证、军官证、护照、驾驶证、工作证、出入证、社保卡、居住证等
个人生物识别信息	个人基因、指纹、声纹、学纹、耳郭、虹膜、面部识别特征等
网络身份标识信息	个人信息账号、地址、个人数字证书等
个人健康生理信息	个人因生病医治等产生的相关记录，如病症、住院志、医嘱单、检验报告、手术及麻醉记录、护理记录、用药记录、药物食物过敏信息、生育信息、以往病史、诊治情况、家族病史、现病史、传染病史等，以及与个人身体健康状况相关的信息，如体重、身高、肺活量等
个人教育工作信息	个人职业、职位、工作单位、学历、学位、教育经历、工作经历、培训记录成绩单等
个人财产信息	银行账户、鉴别信息（口令）、存款信息（包括资金数量、支付收款记录等）、房产信息、信贷记录、征信信息、交易和消费记录、流水记录等，以及虚拟货币、虚拟交易、游戏类兑换码等虚拟财产信息
个人通信信息	通信记录和内容、短信、彩信、电子邮件，以及描述个人通信的数据（通常称为元数据）等
联系人信息	通讯录、好友列表、群组列表、电子邮件地址列表等
个人上网记录	通过日志储存的个人信息主体操作记录，包括网站浏览记录、软件使用记录、点击记录、收藏列表等
个人常用设备信息	包括硬件序列号、设备 MAC 地址、软件列表、唯一设备识别码（如 IVEI Andtoid ID/IDFA OpenUDD/GUID/SIM 卡 ISI 信息等）等在内的描述个人常用设备基本情况的信息
个人位置信息	包括行踪轨迹、精准定位信息、住宿信息、经纬度等
其他信息	婚史、宗教信仰、性取向、未公开的违法犯罪记录等

健康、金融账户、行踪轨迹等信息。从上述定义可以看出，个人信息与敏感个人信息是包含关系，敏感个人信息是个人信息的一个子集，即敏感个人信息是符合“一旦泄露或非法处理会对个人信息主体的人身、财产和人格权利造成不利影响”这一属性的个人信息。需要注意的是，在中国《个人信息保护法》第二十八条下，有一类敏感个人信息并不是因为“一旦泄露或非法处理会对个人信息主体的人身、财产和人格权利造成不利影响”这一属性而被纳入“敏感个人信息”范围，这类信息是“不满十四周岁未成年人的个人信息”。换言之，不满十四周岁未成年人的个人信

息，不依据个人信息与敏感个人信息划分的一般标准分别适用不同的处理规则，而是整体视作敏感个人信息，适用敏感个人信息的处理规则。在处理未成年人的个人信息时，无论是否对其人身、财产和人格权利造成不利影响，均应适用比一般个人信息更高等级的保护，这一立法处理背后体现了对未成年人权益保护的精神。

由于敏感个人信息的特殊性，以及非法处理所产生影响的严重性，欧盟 GDPR 要求对于性质上与基本权利和自由相关的极其敏感的数据需特别保护，中国《个人信息保护法》则对敏感个人信息处理提出了三方面要求：一是要具有特定的目的和充分的必要性，二是应采取严格保护措施，三是要就处理该等敏感个人信息取得个人的单独同意。

《信息安全技术　个人信息安全规范》列举了如下几类个人敏感信息，见表 5-2。

表 5-2　个人敏感信息的类型及内容

类型	内容
个人财产信息	银行账户、鉴别信息（口令）、存款信息（包括资金数量、支付收款记录等）、房产信息、信贷记录、征信信息、交易和消费记录、流水记录等，以及虚拟货币、虚拟交易、游戏类兑换码等虚拟财产信息
个人健康生理信息	个人因生病医治等产生的相关记录，如病症、住院志、医嘱单、检验报告、手术及麻醉记录、护理记录、用药记录、药物食物过敏信息、生育信息、以往病史、诊治情况、家族病史、现病史、传染病史等
个人生物识别信息	个人基因、指纹、声纹、掌纹、耳郭、虹膜、面部识别特征等
个人身份信息	身份证、军官证、护照、驾驶证、工作证、社保卡、居住证等
其他信息	性取向、婚史、宗教信仰、未公开的违法犯罪记录、通信记录和内容、通讯录、好友列表、群组列表、行踪轨迹、网页浏览记录、住宿信息、精准定位信息等

4. 个人信息与个人隐私

大众对隐私的理解和认识具有一定的个性化属性，受到民族文化、地域文化、思想观念等因素影响，是社会环境和主流观念的一种反映和体现。一些地域主流观点认为是隐私的信息，可能在其他地域不被视作隐私，比如女性的年龄、家庭情况、婚育状态等，甚至同一文化背景下，不同年龄层次的人对于隐私的理解也有所不同。这是思想观念不同所致的。因而，从道德或者伦理层面讨论隐私的定义，仁者见仁，智者见智。在不同法域的司法实践中，“隐私”的界定可能会因法官行使自由裁量权而产生一定的不确定性，但法律框架下所界定的“隐私”范畴整体而言呈现出一定的稳定性和一致性。“隐私”在《民法典》中被定义为

“自然人的私人生活安宁和不愿为他人知晓的私密空间、私密活动、私密信息。”从这一法律定义可以看出，一方面大众广泛理解的“隐私”与我们在法律框架下谈论的、受到法律保护的“个人隐私权”并非完全对等的概念，另一方面个人隐私与个人信息存在交叉之处。例如，具有身份可识别性的私密信息可被视为个人信息，而个人住址、个人健康病史、行踪轨迹等个人信息，特别是敏感个人信息，又属于隐私的范畴。

个人隐私与个人信息的边界如何确定，目前无论是理论层面还是立法层面尚未有一个统一的标准。例如，美国立法采用的是大隐私的概念，将个人信息纳入个人隐私的保护中，而欧盟则将个人信息权确立为独立于隐私权的重要权利。中国《民法典》在“人格权编”中单独设立了“隐私权和个人信息保护”一章，该法将隐私权和个人信息设置在同一章中进行规定表明了两者之间具有一定的内在联系，却又有所区别。隐私权和个人信息权虽然均属于人格权益的范畴，但是隐私概念产生的时间远早于个人信息，且其强调的是对个人私生活安宁的保护，而个人信息权则属于信息时代下的产物，是一种新型人格权益，其保护范畴既包含个人隐私中的私密信息，又包含了个人信息人格、财产等其他权益。

目前，国内学界以王利明教授为代表的主流观点认为，个人隐私与个人信息两者之间的关系为“两者和而不同”。其主要区别体现在以下几个方面：第一，权利属性不同。隐私权更偏向于是一种精神性的人格权。个人信息权则属于综合性的权益，同时兼具精神利益与财产利益。第二，权利内容不同。隐私权侧重保护个人私生活的安宁不被打扰、私密空间不被侵入、私密活动不被干涉、私密信息不被公开等。个人信息权则强调权益主体对个人信息的控制、利用、支配和自主决定。第三，侵害方式不同。《民法典》第一千零三十三条基于隐私的定义，针对不同的隐私类型列举了所对应的侵害方式，比如骚扰电话、非法拍摄、非法窃听、非法窥视等。根据《民法典》第一零三十五条和第一千零三十八条的规定，对个人信息权的侵害方式主要体现为未经许可处理他人个人信息，以及因收集或存储他人个人信息不当造成泄露、篡改、丢失。第四，救济方式不同。隐私权的救济方式一般包含停止侵害、排除妨碍、请求赔偿精神损失等基于人格权请求权而产生的民事救济权利。个人信息权除了包含隐私权的救济方式外，还包括更正、补充、更新等救济方式，并可根据侵权者所获利益请求权利人财产利益损失赔偿。此外，对于违法处理个人信息或未履行个人信息保护义务的主体，监管部门还可给予警告、没收、罚款、停业整顿等行政处罚。需要指出的是，当某一行为同时侵害个人隐私和个人信息的，根据《民法典》的规定应优先适用隐私保护规则。

5.1.2　个人信息安全现状

1. 个人信息安全现状概述

大数据时代下，由于信息化、网络化和数字化的迅猛发展，科学技术在赋能生产生活变革、给人们工作和生活带来极大便利的同时，个人信息、个人财产、个人隐私等安全问题也日益凸显。近年来，国内外频频爆出大量黑客技术入侵、内部人员非法泄露、非法收集获取、App 后台窃听等事件，被侵犯的个人信息数量从“倍数级”进阶至“指数级”爆炸式增长，涉及的信息类型也从传统的身份信息、电话、住址信息等扩大到定位信息、行踪轨迹信息、住宿信息等。非法获取个人信息的手段不仅包括通过木马程序、改写网址、架设服务器、搭建网站等富有技术含量的方式，还包括通过社交媒体平台明码标价购买等。中国国家计算机网络应急技术处理协调中心发布的《2020 中国互联网网络安全报告》显示，在国家互联网信息化办公室等相关部门持续推进下，App 违法违规收集个人信息治理工作取得了积极成效，但公民个人信息未脱敏展示与非法售卖的情况仍较为严重。根据该报告公布的数据，全年仅国家互联网应急中心就累计检测发现政务公开、招考公示等平台未脱敏展示公民身份证号码、手机号码、家庭住址、工作等个人信息事件 107 起，涉及未脱敏个人信息近 10 万条。全年累计检测发现个人信息非法售卖事件 203 起，且主要银行、证券、保险相关行业占比高达事件总数的 40%，电子商务、社交平台等用户数据占非法交易事件总数的 20%。这些违法行为不仅侵犯了公民的个人信息，扰乱了生产生活秩序，甚至对国家安全产生威胁，个人信息安全成为亟待解决的问题。

2. 个人信息安全案例

（1）中国电信超 2 亿条用户信息被出售

2019 年 12 月，浙江省台州市中级人民法院就陈德武、陈亚华、姜福乾等侵犯公民个人信息罪一案做出终审裁定。公布的裁定书显示，2013 年至 2016 年 9 月 27 日，被告人陈亚华从中国电信股份有限公司旗下全资子公司号百信息服务有限公司的数据库获取区分不同行业、地区的手机号码信息，并提供给其胞兄陈德武，二人合谋非法获取公民个人信息，并在网络上出售牟利，获利金额累计达人民币2000余万元。被告人姜福乾、杨奚又将向陈德武购买的个人信息加价转手出售牟利。本案所涉信息包含经过筛选后的号码归属地、号码持有人商业需求等信息，涉及公民个人信息2亿余条。法院以侵犯公民个人信息罪，分别判处陈德武有期徒刑四年六个月、陈亚华有期徒刑四年三个月，并对二人各处罚金人民币100万元，其他被告人依其所犯罪情节程度获有期徒刑二至三年不等。

（2）Clearview AI公司数据泄露事件

2020年1月，据《纽约时报》报道，人工智能初创公司Clearview AI在未获得授权同意的情况下，在网络平台随意抓取脸部照片，并允许执法机构使用其识别技术将未知面孔的照片与人们的在线图像进行匹配，从而搜寻潜在罪犯。Clearview AI面部识别应用系统的用户可以仅凭一张脸部照片，检索出全网所有相关图片及该照片的地址链接。据报道，Clearview AI通过Facebook、Instagram、Twitter和YouTube等社交媒体平台抓取并纳入其数据库的照片超过30亿张，数据量级已远远超过了美国联邦政府或者任何一家硅谷巨头的数据体量。另据BuzzFeed披露，Clearview AI面部识别应用系统的客户数量高达2228家机构和企业，该数量还未包括使用30天免费试的客户。此事爆出后，微软、Google、YouTube、Venmo、LinkedIn、Twitter等企业纷纷向Clearview AI发出通知函，勒令其停止收集数据，删除已收集的数据，并同时提起了500万美元的集体诉讼索赔。2020年2月，Clearview AI所有的客户列表、账户数量，以及客户进行的相关搜索数据遭遇了未经授权的入侵，遭受到黑客入侵，其中包含了美国移民局、司法部、FBI等重要执法机构。

（3）圆通速递泄露40万条个人信息

2020年7月，圆通速递有限公司河北省区内部员工利用职务之便与外部人员勾结，利用员工账号和第三方非法工具窃取运单信息，造成个人信息泄露数量达40万条，相关犯罪嫌疑人于9月落网。2020年11月16日，多家媒体报道了该事件，“圆通内鬼租售账号导致40万条个人信息泄露”相关话题引发热议。同月19日，上海市网信办网安处会同青浦区网信办、青浦公安分局等多家单位约谈了圆通公司，责令其严肃处理员工违法违纪事件，并要求对相关信息及时公开、回应，同时责成圆通公司加快建立快递运单数据的管理制度。

（4）美国 AI 公司被曝泄露近 260 万医疗数据

2020 年 8 月，Security Discovery 联合创始人兼研究员耶利米·福勒（Jeremiah Fowler）在 Secure Thoughts 上发表文章，揭露美国纽约人工智能公司 Cense 泄露个人医疗数据近 260 万条。福勒在文章中指出，他在 7 月 7 日发现了两个含有 2594261 条医疗数据记录的公开文件夹，这些数据包含了姓名、医疗诊断记录、保险记录和支付记录等个人身份信息和其他敏感信息，并且任何人均可通过互联网查看、下载或编辑这些数据。这些数据存储在与 Cense 网站相同的 IP 地址上，并被标记为缓存数据。因此，福勒推测，Cense 公司在将数据加载到公司的管理系统或 AI Bot 中之前暂时将其存储在网上。此外，福勒表示，在黑市上一份医疗记录档案的售价可达到 250 美元以上，这意味着 Cense 公司此次泄露的数据在黑市上的价值可高达 6~7 亿美元。福勒在对该等数据的真实性进行验证后，将相关情况告知了 Cense 公司，随后上述文件夹被限制访问。

（5）金融公司罗宾汉遭黑客入侵，泄露 700 万用户数据

2021 年 11 月 3 日，美国零佣金券商和加密货币交易平台罗宾汉（Robinhood Markets，Inc.）遭到第三方黑客入侵，泄露了累计 700 万用户的个人信息。在此次事件中，黑客通过不法手段利用罗宾汉客服人员的内部权限访问了公司的信息系统，导致约 500 万用户的电子邮件地址和 200 万用户的姓名遭到泄露，其中约 310 名用户的出生日期、邮政编码等更多个人信息被泄露，另有约 10 人的账户余额、投资组合和电话号码等被泄露。在攻击得到遏制后，黑客团队以公开所获取的信息为威胁对罗宾汉公司实施勒索。11 月 8 日，罗宾汉公司就此次网络攻击事件发布公开声明称，泄露事件发生后，罗宾汉公司通知了受影响的相关用户，目前数据入侵已被遏制。该声明显示，本次事件未泄露任何社保号码、银行账号，并且没有任何客户因此事件造成经济损失。受此事件影响，罗宾汉公司股价在 10 月 8 日的盘后交易中下跌了 3.4%。

3. 个人信息安全问题产生的原因

导致个人信息安全问题日渐凸显的主要原因可以归纳为以下几个方面：

1）个人信息收集和留存常态化。随着数据的获取、保存和处理成本的降低，以及各层面、各领域信息化建设的推进，人们在日常生活中提供个人相关信息的场景不断增加。

2）个人信息保护意识和保护能力较弱。一方面是对个人信息安全防护措施和技术掌握不足，比如不能分辨钓鱼网站和正规网站，利用杀毒软件和防火墙等安全防护能力不强；另一方面是面对个人信息过度收集、隐私政策“霸王条款”等问题无法切实行使选择权和决定权。

3）个人信息处理和保存机构内部未健全个人信息保护体制机制。例如，在制度上，未明确信息管理、保护职责和分工，未压实问责追责机制，导致一些内部人员为追求利润最大化而违反职业操守，非法泄露、出售个人信息牟利。在技术和系统配置上，存在信息系统的安全等级较低、防范措施或能力较弱的情况。

4）数据二次挖掘技术不断发展且日趋成熟，从而得以实现隐藏信息的提取和零散信息整合归纳，个人信息的财产价值得到全面发掘，且个人信息安全的侵害手段更隐蔽。

5）配套的法律法规体系仍在不断探索完善中，在过去的多年里，相对滞后的法律规则和尚未健全规则体系是个人信息安全问题未能及时被识别和规制的原因之一。

2018 年 5 月正式生效的欧盟 GDPR 是全球第一部跨国家的统一数据法典，被誉为全球个人数据保护法律体系的典范，也被认为是史上最严格的统一数据法典。中国首部专门针对个人信息保护的系统性、综合性法律——《个人信息保护法》于 2021 年 11 月 1 日起正式实施，这标志着继个人信息保护相关规定于 2009 年和 2020 年分别写入《刑法》和《民法典》、2017 年 6 月《网络安全法》实施后，中国在全方位构筑个人信息保护网的进程中又迈进了重要的一步。

5.2 个人信息保护的法律制度

5.2.1 个人信息法律关系主体的权利与义务

法律关系由法律关系主体、客体和内容三要素构成，是指法律规范在调整人们的行为过程中所形成的具有法律上权利义务形式的社会关系。个人信息法律关系中的客体是个人信息，内容是指主体依据相关法律规范所享有的权利和所应承担的义务。在主体的界定上，中国《个人信息保护法》和欧盟的 GDPR 采取了不同的路径。欧盟 GDPR 主体关系由三方主体构成，即“个人信息主体”“个人信息控制者”和“个人信息处理者”。中国现行法律法规中并未直接出现“数据控制者”这一概念，最新颁布的《个人信息保护法》中也未对“个人信息控制者”和“个人信息处理者”进行区分，而是将受个人信息保护规范所约束和调整的主体统称为“个人信息处理者”，形成了由“个人信息主体”和“个人信息处理者”构成的两方主体关系。

1. 个人信息主体的界定

《网络安全法》是中国第一部全面规范网络空间安全管理方面问题的基础性法律，该法对“个人信息”的概念作了明确的定义，而后颁布的《民法典》以及《个人信息保护法》在对“个人信息”进行定义时都基本沿用了《网络安全法》中的表述。但无论是中国 2016 年颁布的《网络安全法》，还是 2020 年颁布的《民法典》以及 2021 年颁布的《数据安全法》《个人信息保护法》均未对“个人信息主体”做出定义。换言之，中国现行的法律没有对“个人信息主体”的认定予以明确规定。通常认为，个人信息主体是指通过姓名、身份证号码、个人生物识别数据、定位数据等个人数据可被识别或已被识别的自然人。《信息安全技术　个人信息安全规范》（GB/T 35273—2020）第 3.3 条规定，个人信息主体（Personal Information Subject）是指个人信息所表示或关联的自然人。欧盟 GDPR 第 4 条指出，数据主体是指已被识别到的或可被识别的自然人。

2. 个人信息主体权利的内容

学界对于个人信息主体享有的权利存在不同的观点，各国法律法规在表述各项权利时使用的术语也存在差异。归纳总结后，个人信息主体权利主要包含知情决定权、删除权、查阅复制权、更正补充权、解释说明权、继承权、可携带权、救济权等，本章主要介绍以下五项权利。

（1）知情决定权

知情决定权也被称作知情同意权。《个人信息保护法》第四十四条规定：“个人对其个人信息的处理享有知情权、决定权，有权限制或者拒绝他人对其个人信息进行处理；法律、行政法规另有规定的除外。”根据该条规定，知情决定权由知情权和决定权两部分构成，其中决定权又包含了同意权、限制处理权、拒绝权（包括同意的撤回权）。知情同意是个人信息保护的基础，也是对个人信息进行收集、存储、使用、加工等处理的前提条件和基本原则，因此知情决定权是个人信息主体的核心权利。

知情权主要体现在收集、处理个人信息时应以适当的方式向个人信息主体告知个人信息处理行为有关的内容。对此,《个人信息保护法》做出了细化要求:在告知的方式上,第十七条要求告知应以“显著方式、清晰易懂的语言真实、准确、完整地”做出,且应在做出处理个人信息行为前做出;在告知的内容上,第十七条列举的事项包括个人信息处理者的信息,个人信息的处理目的、方式、种类、保存期限,权利人享有的权利和形式的程序,以及其他法规规定应当告知的事项;在第十七条的基础上,第三十条还规定,应当向个人告知处理敏感个人信息的必要性以及对个人权益的影响。欧盟 GDPR 则是根据个人信息来源不同,分为直接从数据主体获取信息和非从数据主体获取信息两种情形,并通过 GDPR 第 13 条和第 14 条对这两种情形下应告知数据主体的事项分别予以规定。从具体内容上来看,欧盟 GDPR 的相关规定基本与中国《个人信息保护法》的规定类似,主要强调应如实、全面地向信息主体披露控制者、处理者的身份、个人信息使用的目的、方式、范围和时间等关键信息,以保证个人信息主体能全面评估自己所面临的风险和可能取得的收益,避免个人信息主体因信息不对称或因处于相对弱势地位而做出不利于自身的决定。

个人信息主体的同意权在《民法典》《个人信息保护法》《网络安全法》中均有直接体现。《民法典》第一千零三十五条规定,处理个人信息的,应当遵循合法、正当、必要原则,不得过度处理,并应征得该自然人或者其监护人同意;《个人信息保护法》第十三条规定,处理个人信息应当取得个人同意;《网络安全法》第四十一条规定,网络运营者收集、使用个人信息的需要经被收集者同意。在同意的形式上,《个人信息保护法》第十四条要求,“该同意应当由个人在充分知情的前提下自愿、明确作出。法律、行政法规规定处理个人信息应当取得个人单独同意或者书面同意的,从其规定。”《信息安全技术 个人信息安全规范》第 3.6 条对“明示同意”做了如下定义:“个人信息主体通过书面、口头等方式主动作出纸质或电子形式的声明,或者自主作出肯定性动作,对其个人信息进行特定处理作出明确授权的行为。”该条进一步对“肯定性动作”做了解释:肯定性动作包括个人信息主体主动做出声明(电子或纸质形式)、主动勾选、主动点击“同意”“注册”“发送”“拨打”、主动填写或提供等。此外,个人信息主体有权撤回已做出的同意,个人信息控制者、处理者不得以此为由拒绝提供产品或服务，同意撤回前基于同意进行的处理活动效力不受影响。

虽然法律法规要求个人信息处理应以“知情同意”为前提和合法性基础，但考虑到个人权利与公共利益、国家利益、社会各项活动效率等方面的关系和平衡，《个人信息保护法》第十三条同时规定了个人信息主体同意之外的信息处理依据：“第十三条 符合下列情形之一的，个人信息处理者方可处理个人信息：（一）取得个人的同意；（二）为订立、履行个人作为一方当事人的合同所必需，或者按照依法制定的劳动规章制度和依法签订的集体合同实施人力资源管理所必需；（三）为履行法定职责或者法定义务所必需；（四）为应对突发公共卫生事件，或者紧急情况下为保护自然人的生命健康和财产安全所必需；（五）为公共利益实施新闻报道、舆论监督等行为，在合理的范围内处理个人信息；（六）依照本法规定在合理的范围内处理个人自行公开或者其他已经合法公开的个人信息；（七）法律、行政法规规定的其他情形。”相比之下，《信息安全技术 个人信息安全规范》第 5.6 条列举的“征得授权同意的例外”情形比《个人信息保护法》第十三条第（二）至第（七）项规定的范围更广，但《个人信息保护法》属于法律，其法律位阶高于属于国家推荐性标准的《信息安全技术 个人信息安全规范》，因此如两者在规定上存在不一致的，应以《个人信息保护法》为准。换言之，《信息安全技术 个人信息安全规范》第 5.6 条所规定的授权同意例外情形，视其细节，经论证符合《个人信息保护法》第十三条第（二）至第（七）项规定的任一项情形的，在该等情形下处理个人信息可无须以个人信息主体同意作为前提。

个人信息主体拒绝权的内涵包括拒绝做出同意、授权，以及撤回已做出的同意、授权。在《个人信息保护法》下，个人信息主体的主动行使拒绝权主要涉及自动化决策和已合法公开的个人信息的处理。

《个人信息保护法》第二十四条将“自动化决策”解释为“通过计算机程序自动分析、评估个人的行为习惯、兴趣爱好或者经济、健康、信用状况等，并进行决策的活动。”这一定义与欧盟 GDPR 对“数据画像”的定义在本质上是一致的。个人信息主体有权要求信息控制者 / 处理者对自动化决策予以说明，并有权拒绝信息控制者 / 处理者将自动化决策作为唯一的、单独的作出决定方式。

《个人信息保护法》第二十七条对已合法公开的个人信息处理规定了相应的处理规则，即针对个人自行公开或者其他已经合法公开的个人信息，个人信息处理者可以在合理的范围内处理，但个人有权拒绝任何信息处理者处理已合法公开的该等信息。换言之，其公开事实并不意味着任何能够触及公开渠道的机构可以无限制地利用该等信息，个人信息主体可以通过行使拒绝权来阻却任何处理者对该等公开信息进行处理。

针对限制处理权，《个人信息保护法》仅在第四十四条作了原则性的规定，但未进一步细化限制处理权适用的情形。对此，可以通过欧盟 GDPR 相关规定对该项权利加以理解。欧盟 GDPR 第 18 条列举了四种情形，即数据主体对个人数据的准确性提出质疑，但允许数据控制者在一定时期内进行核实；数据处理的行为违法，但数据主体仅要求限制数据使用而非删除该个人数据；数据控制者无须继续处理个人数据，但因数据主体提出法律诉求或刑事法律抗辩而需使用该等数据；数据主体行使了拒绝权，但需判定数据控制者的数据处理依据是否优先于数据主体的依据。

（2）删除权

删除权又称被遗忘权，是指个人信息主体有权要求个人数据控制者永久删除与其有关的个人数据，除非正当理由或必要情形需保留该等数据，其目的是为保证个人信息的自决和完整。同时，删除权也起到了调节记忆与遗忘之间的平衡关系、保护已改过自新的个人不为过往名声所累的作用。大数据时代下信息的存储、检索、查阅变得极为容易，大众在体验获取海量信息便利性的同时，也深受“数字记忆霸权”的困扰，删除权对避免“人肉搜索”“互联网恶意考古挖坟”等网络暴力行为的发生有着现实意义。

欧盟于 2016 年通过的 GDPR 第 17 条“删除权（被遗忘权）”首次在立法层面对被遗忘权的适用范围予以明确规定。虽然在任甲玉诉百度案中被遗忘权并未得到法院认可，中国学术界对被遗忘权的本土化问题的探讨一直在继续。直至 2020 年，《民法典》人格权编在“隐私权和个人信息保护”一章中首次明确了删除权在中国的法律地位，而后颁布的《个人信息保护法》在此基础上对该项权利进

【案例 5-1】任甲玉诉百度名誉侵权案——中国“被遗忘权第一案”

案件事实：2015 年任甲玉在北京对百度提起名誉权诉讼，该案经北京两级法院审理，被称为中国“被遗忘权第一案”。任甲玉在百度公司的网站上发现“陶氏教育任甲玉”“无锡陶氏教育任甲玉”等字样的侵权内容及链接，任甲玉并未在该公司就职且该公司在外界的口碑饱受争议。任甲玉多次以线上或线下形式要求百度删除相关内容，但百度并未采取任何措施。任甲玉遂提起诉讼，主张百度侵犯了其姓名权、名誉权及一般人格权中的“被遗忘权”。

法院判决：北京第一中级人民法院二审认为，被遗忘权是欧盟法院通过判决正式确立的概念，中国当时法律中并无对“被遗忘权”的法律规定，亦无“被遗忘权”的权利类型，因此判决原告败诉。

一步做出细化规定。《个人信息保护法》第四十七条对删除权的规定，一方面体现在个人信息处理者在符合删除条件下应主动履行删除个人信息的义务，另一方面体现在个人信息主体有权请求删除。在该条规定下，删除权适用的情形包括：一是处理目的已实现、无法实现或者为实现处理目的不再必要；二是个人信息处理者停止提供产品或者服务，三是保存期限已届满；四是个人撤回同意；五是个人信息处理者违反法律、行政法规或者违反约定处理个人信息。

删除权虽保证了个人信息主体自主决定、自主支配的权利，但删除权的使用若无限制，则可能不利于个人信息的合理流动和使用，或可能影响到法律义务的履行，或其他人他项权利的行使。因此，对删除权的行使是否要做限制规定，要如何进行限制和规范则涉及价值判断问题。欧盟 GDPR 对此问题的回应体现在第 17 条。该条款规定了五种删除权适用例外情形：第一，行使言论和信息自由的权利；第二，依据法定义务、基于公共利益或为行使公权力必须对数据进行处理；第三，医疗机构及医疗执业人员出于公共卫生领域的公共利益原因；第四，为公共利益进行档案管理、科学或历史研究目的或统计目的；第五，为提起诉讼或应诉。相较于欧盟 GDPR，中国《个人信息保护法》并未系统、全面地就删除权的适用例外情况进行规定，仅在第四十七条第二款规定了两种不适用第四十七条第一款的特殊情形：一是针对个人信息法定保存期限未届满的情况，二是针对技术上难以实现删除个人信息的情况。在上述两种情形下，个人信息处理者虽不负有删除信息的义务，但其处理行为仅限于“存储”，且还应“采取必要的安全保护措施”。

（3）查阅复制权

《个人信息保护法》第四十五条规定，个人有权向个人信息处理者查阅、复制其个人信息，但如属于法律、行政法规规定应当保密或不需要告知的情形，或是告知将妨碍国家机关履行法定职责的情形除外。《民法典》在第一千零三十七条明确“自然人可以依法向信息处理者查阅或者复制其个人信息”。欧盟 GDPR 中将查阅复制权表述为“数据访问权”，其实质与中国法律规定大体相同。信息主体有权查询的内容一般包含个人信息控制者持有的个人信息或个人信息类型，个人信息的来源、处理或使用目的，已获得个人信息的第三方身份或类型，数据存储时限，个人信息主体享有的权利等。

（4）更正补充权

更正补充权又称修改权、纠正权，具体包含两方面内容：一是对错误信息或过时信息予以修正；二是对遗漏或新增的信息予以补充。《个人信息保护法》第四十六条规定，个人发现其个人信息不准确或者不完整的，有权请求个人信息处理者更正、补充。《民法典》第一千零三十七条规定，自然人发现其个人信息有错误的，有权提出异议并请求及时采取更正等必要措施。纠正权是个人信息主体自发、主动地对其个人信息进行维护、更新和修改，以确保其个人信息准确性、全面性和及时性，从而避免不准确或不正当的信息给个人信息主体造成负面影响。

（5）可携带权

个人信息主体可以自主地将其个人数据在数据持有者之间转移，或者是从一个平台转移到另一个任意平台的权利称为可携带权。可携带权由欧盟 GDPR 率先提出，欧盟 GDPR 第 20 条对数据可携带权进行了明确界定，即数据主体有权以结构化、通用化、可机读的方式将已向数据控制者提供的个人数据转移给其他数据控制者。中国《个人信息保护法》第四十五条规定，对于符合国家规定条件的个人信息转移请求，个人信息处理者应当向申请人提供转移的途径。一方面，可携带权体现了个人信息的人身属性，表明个人信息的实际控制人是个人信息主体而非个人信息控制人或处理人，旨在加强个人对其个人信息的控制，落实个人信息自决权，减少不必要的信息重复收集和重新处理的资源和时间浪费。另一方面，可携带权体现了法律对个人数据自由流动和管控之间的平衡，在促进个人信息有序流动的同时，良性促进个人信息处理者之间的竞争，并有利于避免数据控制者之间的恶性争夺，也有利于打破互联网头部企业对数据的垄断局面。

3. 个人信息控制者与个人信息处理者的义务

（1）个人信息控制者与个人信息处理者

在欧盟 GDPR 中数据控制者是指能单独或共同决定个人数据的处理目的和方式的自然人、法人、公共机构、行政机关或其他实体。数据处理者是指为控制者处理个人数据的自然人、法人、公共机构、行政机关或其他实体。从欧盟 GDPR 的界定来看，数据控制者是决定数据处理目的和方式的主体，而数据处理者则是基于数据控制者的决定、根据其指示和授权实现处理目的和处理方式的执行者。在欧盟 GDPR 控制者和处理者构成的二元主体框架下，能较为清晰地界定控制者和处理者责任分配，明确两者应单独或共同承担的义务。但有观点认为，处理者的概念在实际运用中会引发一些争议和模糊，例如，实践中存在同一实体承担双重角色的情形，或是在不同的处理活动中分别承担控制者和处理者，从而增加了行为人身份角色认定的复杂度。

如前文所说，中国法律法规中并未对控制者和处理者进行区分，而是统一采用了“个人信息处理者”这一术语，在规定两者应遵守的各项义务时适用了同一标准、提出了相同的要求。中国 2016 年出台、2017 年实施的《网络安全法》中仅出现了“网络运营者”的描述，其范围仅限于网络的所有者、管理者和网络服务提供者，与数据控制者的概念并不等同。随后 2017 年发布的《信息安全技术　个人信息安全规范》（GB/T 35273—2017）提出了“个人信息控制者”这一概念，2020 年发布的《信息安全技术　个人信息安全规范》（GB/T 35273—2020）基本沿用了 2017 年的定义，表述略作调整后定义为“有能力决定个人信息处理目的、方式等的组织和个人”。到 2021 年《个人信息保护法》出台，在法律层面明确将个人信息处理者界定为“在个人信息处理活动中自主决定处理目的、处理方式的组织、个人。”这一定义与欧盟 GDPR 对于数据控制者的定义基本一致。

（2）中国个人信息处理者的义务

无论是中国《个人信息保护法》还是欧盟 GDPR，其立法目的都旨在保护个人信息和个人信息主体的权利，规范个人信息处理活动，明确控制者、处理者应履行的义务，因此个人信息控制者、处理者的权利并非上述法律重点关注的方面。中国《个人信息保护法》第五章集中规定了个人信息处理者所应承担的义务，总体上与欧盟 GDPR 相似，主要包含六方面内容：

1）安全保障义务。安全保障义务的目的是将个人信息的处理活动限制在法律法规允许的范围内，防止个人信息泄露、丢失或未经授权的访问，其具体内涵则依据处理目的、处理方式、个人信息的种类，以及对个人权益的影响、可能存在的安全风险等因素而确定。具体而言包含：制定内部管理制度和操作规程；对个人信息实行分类管理；采取相应的加密、去标识化等安全技术措施；加强内部人员操作权限管理；定期开展内部人员安全教育培训；制定安全事件应急预案等。

2）任命个人信息保护专员。此项义务针对的是处理个人信息达到国家网信部门规定数量的个人信息处理者，该类个人信息处理者应任命个人信息保护专员，负责监督处理活动开展情况并采取保护措施，并应当将其联系方式公开并报送履行个人信息保护职责的部门。

3）针对设立在中国境外的个人信息处理者，应在中国境内设立专门机构或者指定代表负责处理个人信息保护相关事务。

4）个人信息处理者应按法律法规要求定期进行合规审计。

5）开展个人信息保护影响评估。如个人信息处理者的处理活动会对个人权益产生重大影响，应事先进行个人信息保护影响评估，这类情形包括但不限于处理敏感个人信息，利用个人信息进行自动化决策，委托第三方处理或向第三方提供、公开个人信息，向境外提供个人信息等。个人信息保护影响评估应从三方面进行论证：一是处理目的及方式的合法性、正当性和必要性；二是处理活动对个人权益的影响及安全风险；三是所采取的保护措施是否合法性、有效性并与风险程度相适应性。

6）安全事件通知义务。对于发生或者可能发生个人信息泄露、篡改、丢失的情形，个人信息处理者应立即采取补救措施，并通知履行个人信息保护职责的部门和个人；但个人信息处理者如采取措施能够有效避免信息泄露、篡改、丢失造成危害的，可以不通知个人。为防止个人信息处理者滥用上述可不通知的例外，《个人信息保护法》同时设置了安全网，赋权个人信息保护职责的部门对危害发生的可能性进行评估，并可依此要求个人信息处理者通知个人。

此外，针对提供重要互联网平台服务、用户数量巨大、业务类型复杂的平台，《个人信息保护法》第五十八条进一步提出一系列特殊义务，包括建立健全个人信息保护合规制度体系；成立独立监督机构且应保证成员主要由外部成员构成；制定平台规则、明确平台内产品或者服务提供者义务；停止向违法违规的个人信息处理者提供平台服务；定期发布个人信息保护社会责任报告。

5.2.2 个人信息处理的基本原则

《个人信息保护法》将“个人信息处理”定义为“个人信息的收集、储存、使用加工、传输、提供、公开、删除等”，该定义基本延续了《民法典》对个人信息的处理定义的形式和内容。欧盟 GDPR 则是以“概括 + 列举”的形式将“处理”定义为“对个人数据或个人数据集合的任何单一或一系列的自动化或非自动化操作”，该等操作包含了收集、记录、组织、构建、储存、适配

【案例 5-2】货拉拉等 20 余家企业签署《深圳市 App 个人信息保护自律承诺书》

2021 年 10 月 22 日，深圳市委网信办联合深圳市公安局、市场监管局、通信管理局主办了深圳市 App 个人信息共护大会。以货拉拉作为重点 App 运营企业代表的 20 余家企业现场签署了《深圳市 App 个人信息保护自律承诺书》，做出了将切实保护个人信息安全、维护个人合法权益的承诺。这 20 余家企业来自网络社交、直播、游戏、电商、金融、物流、交通、社区服务等多个应用领域。

上述《承诺书》主要包含十个方面的内容：①切实加强个人信息保护的合规建设；②坚持最小必要原则，根据 App 提供服务所必需，合规设置收集个人信息范围；③保护用户公平交易权，不利用大数据“杀熟”；④未经用户单独同意，不利用敏感个人信息进行线上精准营销和线下推销；⑤严守个人隐私边界，绝不以监听监视等非法方式获取个人信息；⑥为用户访问、更正、删除其个人信息或撤回授权提供便捷的途径；⑦为用户注销账户提供便捷的方式，用户账户注销后不存储和处理其敏感个人信息；⑧为用户提供个人信息保护的申诉渠道，并在 App 内醒目位置公布；⑨在接入 SDK 等第三方服务前对其严格审查，确保与 App 个人信息处理规则相符；⑩采取充分有效的安全技术和管理措施，防止个人信息泄露。

或修改、检索、咨询、使用、披露、传播或其他的利用、排列、组合、限制、删除或销毁。综上可以看出，无论是国内以《个人信息保护法》为代表的法律法规，还是欧盟 GDPR，在对于“个人信息处理”这一概念进行界定时，均涵盖了个人信息生命全周期。

明确个人信息处理的边界和限制不仅关乎对个人信息主体能否有效地行使权利、维护自身权益，也关乎数据资源的开放利用和数据依法有序的自由流动。一方面，随着时代的发展，特别是随着思想观念、科技、时代需求等外在因素的变化，大众对于权利的需求在随之变化，应运而生的是对个人权利内涵和外延的革新的需求，《个人信息保护法》的出台、个人信息保护写入《民法典》人格权均体现出对这种需求的回应。另一方面，数据具有基础性战略资源和关键性生产要素的双重角色，是经济和社会发展的重要资源和支撑力，合法合理、有效有序地开发利用数据是实现数字经济和实体经济深度融合的关键所在，也是推进数字社会、数字政府建设，提升数字化和智能化在公共服务、社会治理等方面应用的关键所在。由此，经济社会发展对数据运用的需要与个人对数据控制的需求发生碰撞或矛盾，需要我们去思考、解决的问题之一是如何平衡人的利益与社会利益，换言之，即如何平衡私权利的保护与大数据这一新兴资产的流动与使用。对此，欧盟 GDPR 态度鲜明地指出，个人数据保护权不属于绝对权利，应结合其社会功能考虑并根据比例原则与其他基本权利相互权衡。

1. 合法、正当、必要和诚信原则

《个人信息保护法》在《民法典》《网络安全法》《信息安全技术　个人信息安全规范》规定的“合法、正当、必要原则”的基础上，新增了诚信原则。在该原则下，个人信息处理者要以合法、正当和必要的方式处理个人信息，并且不得通过误导、欺诈、胁迫等方式处理个人信息。“正当原则”和“必要原则”强调对个人信息处理的目的应具有正当性、特定性和合理性，并且应在有助于目的实现的必要范围内，以满足最低程度损害和最高程度保障的方法和手段处理个人信息。“合法性原则”要求个人信息处理者在个人信息处理过程中必须遵守法律、行政法规规定，在法律允许的范围内进行个人信息处理，并履行告知程序、符合存储期限等要求。具体而言，合法性原则既体现在对个人信息处理者的禁止性规定上，也体现在允许处理个人信息的法定情形上。中国《个人信息保护法》第十条列举的个人信息处理禁止性行为包括：任何组织、个人不得非法收集、使用、加工、传输他人个人信息，不得非法买卖、提供或者公开他人个人信息；不得从事

【案例 5-3】郭某诉杭州野生动物世界有限公司服务合同纠纷案——国内人脸识别第一案

案件事实：2019 年 4 月，郭某向野生动物世界购买双人年卡，与其妻子叶某留存了个人身份信息，并完成拍照和指纹录入。后野生动物世界为提高游客入园通行效率，将入园方式从指纹识别调整为人脸识别，并将上述变更情况在店堂内以告示形式在“年卡办理流程”和“年卡使用说明”中予以公示，并通过群发短信提示年卡客户。野生动物世界指纹识别闸机于 2019 年 10 月初停用。在此之前，除指纹识别或人脸识别外，年卡持卡人均可采用刷二维码、核实有效证件或开手工单入园等其他方式入园。10 月底，郭某与野生动物世界未能就入园方式和退卡事宜达成一致，后向法院提起诉讼，本案最终经二审后做出判决。

一审法院判决：

1. 为实现甄别年卡用户身份、提高年卡用户入园效率等目的，野生动物世界使用了生物识别技术，该行为本身符合《消费者权益保护法》第二十九条“合法、正当、必要”三原则要求。郭某办理年卡时，野生动物世界的店堂告示以醒目的文字告知开卡用户需提供的个人信息，保障了郭某的消费知情权和对个人信息的自主决定权，未做出排除或者限制消费者权利、减轻或者免除经营者责任、加重消费者责任等对消费者不公平、不合理的规定。

2. 野生动物世界通过短信通知郭某拟将原已达成的指纹识别入园方式变更为人脸识别入园方式的行为属于单方变更合同的行为，但双方并未就合同拟变更的内容达成一致，野生动物园关于人脸识别的告示未成为其与郭某之间的合同条款，对郭某不发生法律效力。

3. 办卡时，郭某与其妻子在签订服务合同中约定的入园方式是采用指纹识别，野生动物世界收集郭某及其妻子的人脸识别信息，超出了必要原则的要求，不具有正当性。虽然当时指纹识别年卡时，相关流程中包含“至年卡中心拍照”，但野生动物世界既未告知收集目的，也未告知该过程即是对人脸信息的收集。因此，郭某与其妻子同意拍照的行为，不应视为对野生动物世界通过拍照方式收集两人人脸识别信息的同意。郭某有权要求野生动物世界删除已收集的其个人的人脸识别信息。

二审法院判决：

2021 年 4 月，杭州中院在维持一审判决的基础上，增加了一项判决，要求野生动物世界删除郭某办理指纹年卡时提交的指纹识别信息。二审法院认为，因野生动物世界指纹识别闸机已停用，故原先约定的入园方式已无法实现，指纹信息收集目的已不存在，因此应当删除郭某的指纹识别信息。二审法院进一步指出，野生动物世界应就单方变更入园方式承担违约责任。野生动物世界将在先收集的照片用于人脸识别入园，已超出事前收集目的，违反了正当性原则。

危害国家安全、公共利益的个人信息处理活动。《个人信息保护法》第十三条明确了个人信息处理者可以处理个人信息的合法基础：一是取得个人的同意；二是为订立、履行个人作为一方当事人的合同所必需，或者按照依法制定的劳动规章制度和依法签订的集体合同实施人力资源管理所必需；三是为履行法定职责或者法定义务所必需；四是为应对突发公共卫生事件，或者紧急情况下为保护自然人的生命健康和财产安全所必需；五是为公共利益实施新闻报道、舆论监督等行为，在合理的范围内处理个人信息；六是依照本法规定在合理的范围内处理个人自行公开或者其他已经合法公开的个人信息；七是法律、行政法规规定的其他情形。上述规定基本与欧盟 GDPR 第 6 条“处理和合法性”规定的思路基本一致。

2. 最小必要原则

最小必要原则也称“必要原则”“数据最小化原则”“最小够用原则”，该原则是“合法、正当、必要和诚信原则”中“正当、必要”原则的延伸和细化，中国《个人信息保护法》第五条、《民法典》第一千零三十五条、《网络安全法》第四十一条，以及欧盟 GDPR 第 5 条第 1 款（c）中均有明确规定。该原则是指处理个人信息应具有明确、合理的目的，处理行为应限制在实现处理目的的最小范围内，并且应与处理目的直接相关，不得从事超出用户同意范围或者与服务场景无关的个人信息处理活动，并应采取对个人权益影响最小的方式。在实践中，最小必要原则主要体现在个人信息收集环节，具体而言是指不得过度收集个人信息。《信息安全技术　个人信息安全规范》（GB/T 35273—2020）对“最小必要原则”提出了具体的细化要求：一是收集的个人信息的类型应与实现产品或服务的业务功能有直接关联，如缺少该等个人信息的参与，则产品或服务的功能无法实现；二是自动采集个人信息的频率应是实现产品或服务的业务功能所必需的最低频率；三是间接获取个人信息的数量应是实现产品或服务的业务功能所必需的最少数量。

2021 年 3 月，国家互联网信息办公室、工业和信息化部、公安部、国家市场监督管理总局联合颁布《常见类型移动互联网应用程序必要个人信息范围规定》，该规定中对“移动互联网应用程序（App）”和“必要个人信息”这两个重要概念进行了明确界定。其中，“App”不仅包括移动智能终端预置、下载安装的应用软件，也包含了基于应用软件开放平台接口开发的、用户无须安装即可使用的小程序。“必要个人信息”是指保障 App 基本功能服务正常运行所必需的个人信息，缺少该信息 App 即无法实现基本功能服务。同时，该规定将常见类型 App 按所提供的主要服务内容划分为 39 大类，逐一对其基本服务功能和必要个人信息的范围予以明确规定。

2021 年 7 月，最高人民法院公布了《最高人民法院关于审理使用人脸识别技术处理个人信息相关民事案件适用法律若干问题的规定》，对公共场所、经营场所滥用人脸识别技术的情形予以规范。同时，最高院通过该司法解释，明确了物业服务企业不得以“刷脸”作为进入小区的唯一验证方式。

3. 授权同意原则

“告知—同意”是法律确立的个人信息保护核心规则，也是个人信息自决权的重要体现，是保障个人对其个人信息处理知情权和决定权的重要手段。授权同意原则是指个人信息处理者在取得个人同意的情形下方可处理个人信息，当个人信息处理的重要事项发生变更时，应当重新向个人告知并取得同意。“告知—同意”和“同意的可撤回”是授权同意原则的核心内容，与个人信息的知情决定权内涵是一致的。

授权同意原则下“同意”是指应是由个人在充分知情的前提下自愿、明确做出对其个人信息权益的处分行为。如个人做出不同意的决定，个人信息处理者也不得以拒绝提供产品或服务的方式变相强制要求个人做出同意决定，除非该等信息属于提供产品或者服务所必需的。全国信息安全标准化技术委员会 2020 年 1 月 20 日发布的《信息安全技术　个人信息告知同意指南（征求意见稿）》中将“授权同意”细分为明示同意和默示同意。明示同意是指个人通过积极、肯定的行为做出的授权，相关法律法规对于此种形式的要求和标准在本章个人信息主体的“知情决定权”中已有讨论；而默示同意则是指个人通过消极的不作为做出授权，比如在个人处于信息采集区域且被告知信息正在采集后继续停留在该区域，或是个人在可以访问获取产品或服务的隐私政策等文件的情形下，未拒绝使用产品或服务。“告知”是同意发生的前提和基础，个人信息处理者在履行告知义务时应遵循公开、透明原则，如果个人信息主体同意的基础和前提发生实质性变更，比如处理目的、方式和所处理的个人信息种类发生变更的，个人信息处理者应当将变化情况及时、完整地告知个人信息主体，并重新取得个人同意。

授权同意原则在欧盟 GDPR 等国外个人信息保护法律体系中均有不同程度的体现，《个人信息保护法》在对这一原则继承与完善的同时，提出了“单独同意”这一新的概念。根据《个人信息保护法》，在五类情形下个人信息处理者需要取得个人信息主体的单独同意：一是向其他第三方个人信息处理者提供其处理的个人信息（第二十三条）；二是公开其处理的个人信息（第二十五条）；三是在公共场所安装图像采集、个人身份识别设备，用于维护公共安全以外的目的收集的个人图像、身份识别信息（第二十六条）；四是处理敏感个人信息（第二十九条）；五是向境外提供个人信息（第三十九条）。

此外，出于对生产生活便利、公共利益、公共管理效能因素的考虑，法律同时也规定了授权同意原则的例外情形。以中国《个人信息保护法》为例，第十三条规定的豁免同意的法定情形包括：为订立、履行个人作为一方当事人的合同；按照依法制定的劳动规章制度和依法签订的集体合同实施人力资源管理；为履行法定职责或者法定义务；为应对突发公共卫生事件；紧急情况下为保护自然人的生命健康和财产安全；为公共利益实施新闻报道、舆论监督等行为，在合理的范围内处理个人信息；在合理的范围内处理个人自行公开或者其他已经合法公开的个人信息等。在上述情形下，个人信息处理者可不经数据主体同意合理使用和处理个人信息，但仍需遵守正当原则、最小必要原则等个人信息处理的基本原则。

同意的可撤回是指个人有权对其在先给予的授权予以取消，并撤回同意，该项权利适用于基于个人同意处理个人信息的情形。为充分保障个人信息主体能有效行使同意撤回权，且不因行使该权利而导致其他权利减损，《个人信息保护法》第十五条规定，个人撤回同意不得影响撤回前基于个人同意已进行的个人信息处理活

【案例 5-4】脸书—剑桥分析事件

2018 年 3 月，美国《纽约时报》、英国《卫报》等媒体披露，自 2014 年起一家服务特朗普竞选团队的政治咨询公司——剑桥分析（Cambridge Analytica）在未经授权的情况下，收集并滥用脸书（Facebook）用户的个人数据，涉及 5000 万名个人。据报道，剑桥分析在获得这些数据后，对其展开分析，并将分析结果用于为 2016 年泰德·克鲁兹和特朗普的总统竞选活动提供帮助。这些涉事的用户数据来源于 Facebook 一款名为“这是你的数字生活”（This Is Your Digital Life）的应用，该应用通过提问来收集用户的回答，并能通过 Facebook 的 Open Graph 平台收集用户的 Facebook 好友的个人数据。该报道引起舆论一片哗然，Facebook 对用户隐私的保护受到各方质疑，其股价也一度暴跌。包括美国联邦贸易委员会（US Federal Trade Commission）在内的相关政府部门对 Facebook 启动了相应的调查和质询程序。2018 年 5 月，剑桥分析宣告破产。

Facebook 曾于 2011 年与美国联邦贸易委员会签订了用户隐私保护协议（Consent Decree），该协议明确规定了 Facebook 应遵守的隐私保护政策。若违反该协议，Facebook 将面临高额罚款。2020 年 4 月 25 日，Facebook 官方宣布，联邦法院正式批准了 2019 年 Facebook 与美国联邦贸易委员会达成的和解协议，Facebook 需要支付高达 50 亿美元的和解金。美国联邦贸易委员会称这是一次“史无前例”的处罚。

2021 年 10 月 20 日，据《华尔街日报》报道，美国哥伦比亚特区总检察长拉辛正式起诉 Facebook 创始人扎克伯格，称其需要在 2018 年剑桥分析公司的丑闻中承担个人责任。

动的效力；第十六条则对个人信息处理者不同意撤回的情形进行了限制，明确规定仅当处理个人信息是提供产品或者服务所必需时，个人信息处理者方可以拒绝提供产品或者服务。在此基础上，欧盟 GDPR 第 7 条第 3 款，还明确要求个人信息处理者应在个人做出同意决定前，告知其具有该项权利。

4. 公开、透明原则

公开、透明原则的核心要求是个人信息处理者应明示处理的目的、方式和范围。该原则一方面体现在个人信息处理者收集个人信息时的告知环节，即个人信息处理者在取得个人信息主体同意时应完整披露处理的规则，包括处理的目的、方式、范围和保护措施等，并应以明确、易懂的方式将上述信息公开公示。在公开的内容和形式上，应符合以下要求：一是要清晰、准确地告知处理请求，明确告知处理的目的和方式、处理的个人信息种类、保存期限等规则，且要与其他事项显著区别；二是语言文字要平实，内容易于理解，表述要清晰无歧义；三是要公开发布且易获取、易访问，并且便于查阅和保存。另一方面，该原则体现在使用和处理环节，即个人信息处理者不得处理与公示的处理目的无关的个人信息，不得超出约定的目的和范围处理个人信息，也不得采取其他方式和手段处理该等信息。除此之外，针对商家大数据“杀熟”、精准营销等消费者关注的痛点问题，中国《个人信息保护法》第二十四条对上述问题做出了明确回应，该条作为《个人信息保护法》的一大亮点，要求个人信息处理者在进行自动化决策时应保证决策的透明度，不得在交易价格等交易条件上实行不合理的差别待遇，对自动化决策予以全面规范。

5.2.3 中国个人信息保护的法律规制

随着互联网的普及应用，特别是人工智能、物联网时代的到来，传统的防御性的、事后救济性的“隐私权”难以全面回应个人信息保护的权利需求。一方面，对于个人信息权这样一项新型的、综合性的权利，不仅需要重新审视

【案例 5-5】爱尔兰数据保护委员会向 Facebook 开出史上最高罚单

自 2018 年欧盟 GDPR 生效以来，爱尔兰数据保护委员会（Data Protection Commission，DPC）就对 WhatsApp 启动了专项调查，调查内容涉及信息处理、隐私政策、与母公司 Facebook 共享数据的方式是否足够透明等问题。历时三年调查，爱尔兰 DPC 于 2021 年 9 月 2 日宣布最终裁决，裁决认定 Facebook 公司旗下的即时通讯软件 WhatsApp 在运营过程中处理用户个人信息时未能充分告知欧洲用户收集个人数据的方式、如何与母公司 Facebook 共享数据等相关事项，在透明度要求上未达标，存在违反欧盟 GDPR 的行为，因此决定对其处以 2.25 亿欧元的罚款，并要求其采取补救措施、完成整改。根据爱尔兰 DPC 公布的决定内容，WhatsApp 违反了欧盟 GDPR 多项条款，包括第 5 条第 1(a) 款，未能以“合法、公平和透明的方式”处理用户的个人数据；第 6 条第 (1) 款、第 13 条第 1(e) 款，基于实现控制者或第三方所追求的合法利益处理个人数据，但未能说明该等合法利益等。该处罚决定是爱尔兰 DPC 有史以来开出的最高罚单，也是欧盟 GDPR 自 2018 年实施以来开出的第二高罚单。

【案例 5-6】逯某、黎某侵犯公民个人信息案

案件事实：逯某利用自己开发的爬虫软件通过淘宝网页接口爬取淘宝客户信息，并将该等客户信息提供给黎某用于经营活动。经司法鉴定，逯某通过上述方式爬取淘宝客户的数字 ID、淘宝昵称、手机号码等客户信息共计 11.8 亿余条，并将该等信息中的淘宝客户手机号码通过微信文件的形式发送给黎某使用共计 1971 万余条。黎某开设的浏阳市泰创网络科技有限公司将逯某提供的信息用于经营活动，在 2019 年 8 月至 2020 年 7 月间非法获利 395 万余元。

法院判决：法院认为，被告人逯某和黎某违反国家规定，非法获取公民个人信息情节特别严重，并依照《中华人民共和国刑法》第二百五十三条之一、第二十五条第一款等条款的规定，以侵犯公民个人信息罪分别判处黎某、逯某有期徒刑三年六个月、三年三个月，并对黎某处以罚金人民币 35 万元。

和评估该项权利的内涵和边界，并结合其特点明确权利人在侵害结果发生后所能得到的救济，更需要建立一个覆盖个人信息收集、处理、监管问责等方面的全环节、全流程的个人信息保护制度，在侵害结果发生之前，明确各方主体的权责以及各项行为的具体规范和指引要求。另一方面，对于个人信息这一种新型的重要生产资料，既要保护其不被滥用，又要保证信息的有效流动和合理利用，因此需要通过法律体系的搭建在个人信息合法保护与合理利用之间寻求平衡。此外，进入 21 世纪后，中国移动互联网快速发展，在给日常生产生活带来极大便利的同时，随之而来的是个人信息收集处理不规范的现象不断增加，个人信息主体与个人信息收集、处理者之间的矛盾逐渐凸显，并发展为一个社会问题，至此中国从 2000 年开始通过立法加速规范相关行为，如图 5-1 所示。

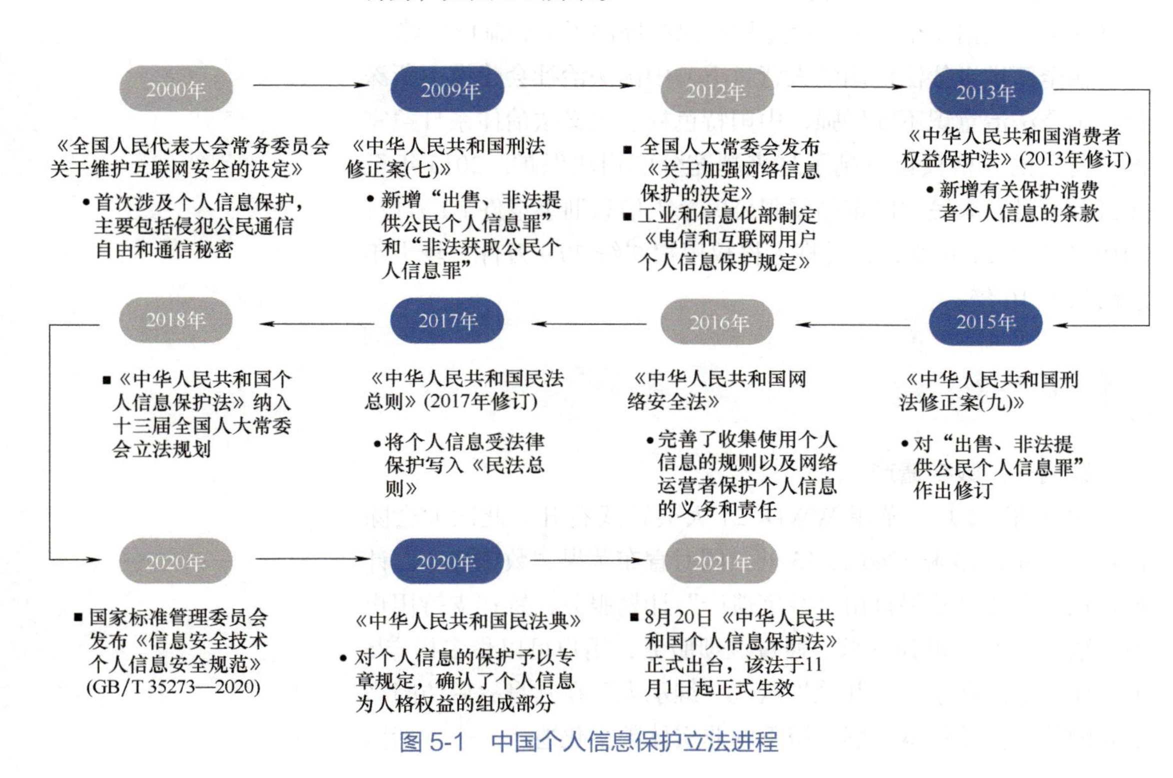

图 5-1　中国个人信息保护立法进程

中国个人信息保护相关的法律规制包括了法律、规章、司法解释、指导性文件和国家标准，并以此为法律依据形成了由刑事责任、行政责任和民事责任构成的个人信息保护的综合性责任体系。《个人信息保护法》颁布之前，中国个人信息保护相关的法律规定散见于《刑法》《民法典》《网络安全法》《数据安全法》《消费者权益保护法》等法律法规之中且多为原则性规定，部门规范性文件的规范对象和行为则较为片面单一。《互联网个人信息安全保护指南》《信息安全技术 个人信息安全规范》等指导性文件和国家标准虽在规制内容和具体要求上更为全面、更具有可操作性，但其效力有一定的局限性。2021年8月20日全国人大常委会通过的《个人信息保护法》是中国第一部专门规范个人信息保护的法律，该法共八章七十四条，对个人信息处理规则、个人在个人信息处理活动中的权利、个人信息跨境提供的规则、个人信息处理者的义务、履行个人信息保护职责的部门以及法律责任等方面做出了全面规定，同时兼顾了个人信息权益的保护、个人信息处理活动的规范，以及个人信息的合理利用，该法于2021年11月1日正式生效。《个人信息保护法》的出台具有划时代的意义，自此中国形成了以《网络安全法》《数据安全法》《个人信息保护法》三法为核心的网络法律体系，为数字时代的网络安全、数据安全、个人信息权益保护提供了基础制度保障。

在全面推进依法治国的大背景下，中国法治社会建设不断深化，民众法治意识不断增强，中国特色社会主义法治体系日益完善，公民的人格权也得到了越来越充分的司法保护。2013年至2021年9月，人民法院审结侵犯公民个人信息刑事案件1.1万件；2018年至2021年9月，受理人格权侵权纠纷70.9万件，较十年前增长了10倍。

5.3 案例分析

案例一：数字遗产

2021年12月，苹果WWDC21大会正式召开。此次大会除正式发布iOS 15和iPadOS 15外，同时宣布苹果“数字遗产”计划将正式上线。苹果推出“数字遗产”计划服务，旨在支持用户的“数字遗产”得到继承。通过该项服务，用户可以最多指定5个人作为遗产联系人，并允许这些“继承人”在其身故后访问当事人的数据，并传承当事人留下的非实体数字化遗产——包括照片、视频、文档、备忘录、个人信息、已购买的 App 和设备备份文件等。请思考以下问题：

（1）数字遗产可以分为哪些类型？各类型的数字遗产分别具有哪些价值？数字遗产中的哪些部分属于个人信息？

（2）目前，中国法律体系下是否认可个人信息可以作为遗产被继承？

（3）个人信息是否应该作为数字遗产被继承？请从继承人和被继承人的角度分别分析存在的利弊。

案例二：AI 换脸技术

2019 年一款名为“ZAO”的 App 一夜火爆网络，该产品在苹果应用商店上线后的第二天就位居下载排行榜第一位。这款陌陌旗下的产品核心功能是通过实时拍摄人像或上传已有的人像图片替换到视频素材或其他图片素材的人像上。然而热度尚未褪去，法律博主@法山叔发微博直指“ZAO”协议存在法律漏洞，存在过度攫取用户授权、侵犯他人隐私权、肖像权、名誉权等问题。此文一经发出，瞬间引起轩然大波。2019 年 9 月 1 日，“ZAO”通过官方微博表示将对考虑不周之处进行整改。9 月 3 日，工业和信息化部就“ZAO”App 网络数据安全问题开展问询约谈。请思考以下问题：

（1）假设你是换脸技术的使用者，你想通过该项技术获取哪些服务？在使用这些服务的过程中，你的哪些权益可能会因换脸技术服务方的信息处理行为而发生被侵害的风险？

（2）假设你是换脸技术服务提供者（如“ZAO”App 运营者），通过提供这项服务，你认为需要获取哪些用户信息或数据？获取这些信息或数据是出于什么需要？除了给用户完成换脸功能之外，你还会如何使用这些信息或数据创造更大的价值？在这一过程中应关注哪些法律风险？

（3）AI 换脸技术还可以用于哪些领域？创造哪些社会价值？

思 考

1. 微信个人聊天记录是否属于隐私或个人信息？微信群聊天记录是否属于隐私或个人信息？在何种情形下传播微信聊天记录可能构成侵权？

2. “告知—同意”模式存在哪些不足？在实际操作中可能会存在哪些障碍？是否有优化改进的路径？

3. 随着信息技术的发展与革新，未来可能出现哪些新型的个人信息相关的权益？对于这些权益有哪些可行的保护路径或方法？

参考文献

[1] 北京市海淀区人民法院．任甲玉与北京百度网讯科技有限公司人格权纠纷一审民事判决书 [A/OL](2016-03-01)[2022-04-01]. https://aiqicha. baidu. com/wenshu？wenshuld=e010d1f0cfb0f64274d4c316605c03327d8ad46e.

[2] 戴建华．个人信息保护有法可依 [EB/OL].(2021-08-31)[2022-02-11]. http://www. npc. gov. cn/npc/c30834/202108/fff5b54882e6484299fc95db30bdba44. shtml.

[3] 杜知航．爱尔兰称 Facebook 保护用户数据不力罚款上亿元 [N/OL].(2022-03-16)[2022-04-06]. https://www. caixin. com/2022-03-16/101856438. html.

[4] 国家计算机网络应急技术处理协调中心．2020 年中国互联网网络安全报告 [A/OL].(2021-06-01)[2022-03-11]. https://www. cert. org. cn/publish/main/upload/File/2020%20Annual%20Report. pdf.

[5] 韩文嘉．保护个人信息安全 20 余家重点 APP 运营企业签署了这份承诺书！ [N/OL].(2021-10-22)[2022-04-01]. http://szwljb. sz. gov. cn/gzdt/content/post_739199. html.

[6] 何渊．数据法学 [M]. 北京：北京大学出版社，2020.

[7] 侯嘉成．美国一加密货币交易平台系统遭入侵，700 万客户信息被泄露 [N/OL]. (2021-11-09)[2022-02-11]. https://www. thepaper. cn/newsDetail_forward_15296451.

[8] 黄茹萍．大数据时代下个人信息安全保护研究 [J]. 法制与社会，2020 (8): 245-246.

[9] KHAN. AI firm exposes 2.5 million sensitive medical records online [EB/OL].(2020-08-18)[2022-02-11]. https://www. hackread. com/ai-firm-exposes-sensitive-medical-data-online/.

[10] 李笑语．当前公民个人信息安全问题及防范措施 [J]. 网络安全技术与应用，2021 (9): 151-152.

[11] 李丽．泄露 40 万条个人信息，圆通速递被上海市网信办约谈整改 [N/OL].(2020-11-25)[2022-02-11]. https://www. thepaper. cn/newsDetail_forward_10134122.

[12] 潘颖欣．美 AI 公司被曝泄露近 260 万医疗数据含诊断记录等个人信息 [N/OL].(2020-08-20)[2022-02-11]. https://www. sohu. com/a/413970082_161795.

[13] 王春晖．GDPR 个人数据权与《网络安全法》个人信息权之比较 [J]. 中国信息安全，2018 (7): 41-44.

[14] 王利明．和而不同：隐私权与个人信息的规则界分和适用 [J]. 法学评论，2021, 39 (2): 15-24.

[15] 王腾，汪金兰．个人数据处理行为人的概念界定与划分问题：基于欧盟范式对中国立法的启示 [J]. 渭南师范学院学报，2021, 36 (7): 77-86.

[16] 王渊，刘传稿．在个人信息合法保护与合理利用之间寻求平衡 [N/OL].(2017-03-29)[2022-02-11]. https://www. spp. gov. cn/llyj/201703/t20170329_186658. shtml？ivk_sa=1024320u.

［17］梶田幸雄 . 日本个人信息保护法概要 [EB/OL].(2018-06-29)[2022-02-11]. http://rmfyb. chinacourt. org/paper/images/2018-06/29/08/2018062908_pdf. pdf.
［18］谢远扬 . 信息论视角下个人信息的价值 : 兼对隐私权保护模式的检讨 [J]. 清华法学 , 2015, 9 (3): 94-110.
［19］郑飞 , 李思言 . 大数据时代的权利演进与竞合 : 从隐私权、个人信息权到个人数据权 [J]. 上海政法学院学报 (法治论丛), 2021, 36 (5): 1-16.
［20］周斯佳 . 个人数据权与个人信息权关系的厘清 [J]. 华东政法大学学报 , 2020, 23 (2): 88-97.
［21］杭州市富阳区人民法院 . 郭兵与杭州野生动物世界有限公司服务合同纠纷一审民事判决书 [A/OL].(2020-11-24)[2022-02-11].https://wenshu.court.gov.cn/website/wenshu/181107ANFZ0BXSK4/index.html?docId=2YiuMbrGvERjmSiz2eUCwEvniMnQMhfyhqXkxc2tycWVzIO49DJ9RJ/dgBYosE2gDD/fc8aDsaZWJfQ2qdM0uoXtue8OELfDlCjpus2RqfSU7D0pieR5leLNBUnPgt8M.
［22］浙江省杭州市中级人民法院 . 郭兵、杭州野生动物世界有限公司服务合同纠纷民事二审民事判决书 [A/OL].(2021-11-24)[2022-02-11].https://wenshu.court.gov.cn/website/wenshu/181107ANFZ0BXSK4/index.html?docId=2hBPLhgZtbzIw0ke/XdL89ukykMgheHUuK716KMPVCR2PxH1DwkG7Z/dgBYosE2gDD/fc8aDsaZWJfQ2qdM0uoXtue8OELfDlCjpus2RqfSU7D0pieR5lTrGggW73Riv.
［23］浙江省台州市中级人民法院 . 陈德武、陈亚华、姜福乾等侵犯公民个人信息罪二审刑事裁定书 [A/OL].(2019-12-25)[2022-02-11].https://wenshu.court.gov.cn/website/wenshu/181107ANFZ0BXSK4/index.html?docId=yV88v1QW8KHg9IVGGFKPfjRJS1hCyX430YUEdeovuMEyyFaBgVZ8iJ/dgBYosE2gDD/fc8aDsaZWJfQ2qdM0uoXtue8OELfDlCjpus2RqfTNF8GcIduCPBg7CUKnyMEm.
［24］网信上海 . 上海市网信办约谈圆通速递责令整改 [OL].(2020-11-25)[2022-02-11].https://mp.weixin.qq.com/s/Bmlnl7lpMzAx3RrJan1A_A.
［25］瑞栢律师事务所 . 欧盟《一般数据保护条例》GDPR：汉英对照 [M]. 北京：法律出版社，2018.
［26］王亦君 . 最高法：未成年人犯罪整体呈下降趋势 [N/OL].(2021-09-24)[2022-02-11].http://sc.people.com.cn/n2/2021/0924/c345460-34927762.html.

Chapter 6

第 6 章 数字身份

身份是一组属性，通过这组属性，一个人或者更广泛地说系统中的任何实体，都可以将自己与其他实体区分开来。身份在人们的生活中扮演着许多关键角色，比如身份可以赋予人们自我存在感和幸福感。身份在公共领域的人与人之间的互动中也很重要，比如一个人与政府和商业机构的互动。此外，身份有助于确定人们在社会中的地位，授予他们获得服务的机会，并且通过身份可以赋予他们基本的权利和义务。

传统形式的公共身份通常是有形的，比如身份证、号码或证书。数字身份通过添加 PIN 或密码、智能卡、数字令牌、生物特征数据等将这些有形的身份移植到数字领域。在世界范围内，公共和私人机构正在开发多种形式的数字身份。然而，在许多情况下，这些系统仍然不成熟，它们还没有完全融入社会。

一个完善的数字身份系统可以给个人和社会带来广泛的好处。然而，一个考虑不周全或实现不当的系统也有潜在的危害，它会阻碍经济发展、造成安全风险及侵犯个人隐私。本章讨论了创建数字身份系统的复杂过程，尤其是国家层面的数字身份系统，并且强调了重要的设计问题和系统组件，以及不同国家的数字身份系统之间的异同。

本章将重点放在国家数字身份系统上，因为它们往往是需要创建的数字身份系统中最广泛和最复杂的数字身份系统的形式。它们的设计和实现暴露了一系列问题、挑战和解决方法。这些问题、挑战和解决方法可以应用于创建其他更简单的数字身份系统，比如商业服务中的数字身份系统。由于国家数字身份系统需要适应各个国家的需求和条件，本章还研究了不同国家的身份系统的要求以及这些要求带来的问题和选择。

6.1 挑战

国家数字身份（NID）系统是一个高度复杂的系统。我们首先研究一些它必须解决的主要挑战。

6.1.1 严谨的设计和高质量的数据

与其他形式的数字 ID 相比，NID 系统必须严格按照最高标准来构建。它作为人们获得国家服务和保护的主要机制，对人们的生活有着深远的影响。在 NID 系统中，即使是一小部分公民或居民无法访问或无法操作，也会导致很多人无法获取就业、教育、医疗服务或进入法律体系。因此，NID 系统的设计必须基于一套全面且严格的科学原则，能够预测并且解决大量的用户突发事件，还需结合其他大型数字系统中获得的最佳实践经验，并且具有足够的灵活性，以允许未来的修改和升级。

确保 NID 系统包含高度准确的数据也很重要。NID 应该作为一个国家的每个公民或居民最可靠的身份证明形式。此外，NID 还可以用作生成其他形式 ID 的基础，比如用于获取社会保障、医疗保健和银行账户服务等。因此，NID 系统中的错误可能会渗透到其他 ID 系统。

6.1.2 系统规模

NID 系统的规模可能非常大，涵盖从几十万到十亿以上的用户。这种规模面临的一个问题是系统所服务人群的多样性。一个国家的人民在收入和教育水平、使用计算机系统的机会和与计算机系统交互的能力、身体健康或有某些功能障碍（比如失明、耳聋、行动不便、认知障碍）以及许多其他方面都会存在很大差异。因此 NID 系统不能基于“公分母”设计，即仅考虑多数人共享的特征。相反，它必须在设计中明确纳入处理非典型和具有挑战性的用例的方法，以确保所有公民都能访问该系统。

NID 系统的巨大规模所造成的另一个问题是收集人们的数据并将其添加到系统中的难度。许多国家有强制性身份证，因此国家有责任确定所有应纳入 NID 系统中的人并为其提供注册途径。这两项任务可能都很难，尤其是在不发达国家。例如，许多不发达国家没有完整的人口普查、出生登记或移民登记，这些地区可能无法识别所有应提供 ID 的人，需要等待身份不明的人在系统中自行注册。后者可能会因为对系统或注册过程缺乏了解，或者由于安全或隐私问题不愿注册而不能被纳入系统中。

即使在已确定需要注册的个人后，执行实际注册也可能会带来挑战。同样，这种情况在面对不发达国家以及弱势或残障人士时最为困难。注册通常在专用设施中进行，需要人员和设备来完成文件验证、生物特征数据登记、与中央服务器实时通信等任务。但某些个人可能无法或不愿意前往此类政府设施所在地，比如他们住在农村地区，则难以前往城市登记处。政府可能会设立外地办事处来容纳这些人，但这大大增加了它必须投入的资源数量。

6.1.3 不同国家的要求

NID 系统的主要目标之一是促进一个国家的社会发展和提升经济福利。因此，我们必须根据每个国家独特的当前和预期需求以及实际条件来设计 NID 系统。在其技术设计之前，应先对该国的情况、政府政策以及与 NID 系统进行商业整合的前景进行详细的社会学和经济学分析。例如，对于欠发达国家，NID 系统的一个关键目的可能是促进分配政府援助和服务。在这种情况下，需要优先考虑的可能是建立一个可以及时推出的简单系统，以便政府可以快速帮助有需要的人，同时需要在系统设计上有足够的开放性，以便后续添加更多功能。另外，较发达的国家可能已经建立了某些 ID 系统，这些国家的 NID 系统可能会专注于更先进的设计以及更复杂的功能，以扩展电子政务和电子商务。NID 系统的设计没有一个统一的模板，每个国家都必须承担起这项具有挑战性的任务，即确定哪种系统最适合其独特的需求。

6.1.4 互用性

在许多情况下，NID 系统被部署在已经存在多个其他政府 ID 系统的环境中，比如税收、社会保障或医疗保健系统。NID 系统的目标是用一个通用的 ID 系统替换那些 ID 系统，以允许以一种统一的方式向所有政府机构验证一个人的身份。因此，NID系统包含的信息必须与其他系统中的信息一致。这可能具有挑战性，因为在采用NID之前，其他不同形式的ID可能在不同政府机构下的孤立环境中运行，并且可能包含无法观察到的用户数据不一致的情况。但是，在NID统一这些系统的过程中可能会暴露这些以前未被发现的问题。在这种情况下，必须为政府或个人提供纠正错误信息的机制。

NID系统还必须与现有的政府数字处理系统兼容，并与之正确连接。例如，如果遗留系统需要NID系统无法提供的信息（可能出于隐私原因），这可能会成为一个问题。在这种情况下，要么需要对原系统进行改造以使用较少的信息进行操作，要么当原系统要求提供NID系统包含的信息之外的信息时，NID系统可能需要提示用户提供附加信息。

实现多个计算机系统之间的互用性，尤其是在不同时间和不同需求下设计的系统，通常是一项具有挑战性的任务，也是系统缺陷和错误的主要来源。为了实现这种功能，NID系统可以从商业系统中吸取经验。许多企业，如电信或基于互联网的公司，在管理复杂的ID系统方面拥有丰富的经验，并且随着业务规模或范围的扩大，这些系统也会随着时间推移不断升级。因此，它们通常具有机制来确保向后兼容，并允许在不同版本的ID系统之间进行平滑过渡。

6.1.5 好感度

NID系统长期成功的一个关键要求是公民对该系统的好感，以及个人和企业都愿意将NID用于政府以外的大量其他应用程序。虽然政府可以强制实施NID并强制其在公共环境中使用，但设计或操作不佳的NID系统将无法引起商业兴趣并在私人领域会被拒绝使用。这将会大大削弱NID系统的效用，因为通常人们与政府的互动有限，而与商业实体的互动更广泛。如果没有被广泛接受的NID系统，企业将需要继续依赖专有ID系统，这将会因为增加了额外的复杂工作而在经济环境中产生分歧，此外也会由于商业ID系统所提供的保护有限而破坏安全和隐私。

一个想要在整个社会取得广泛成功的NID系统必须构建良好且易于使用。此外，政府必须有效地宣传系统的功能及其安全和隐私保护措施，以鼓励民众自愿采用该系统。

6.2 NID 系统的好处

NID 系统有可能为个人、政府和商业带来许多好处。因此，虽然建立该系统面临巨大的挑战，并且需要投入大量时间和政府资源，但它为一个国家带来的回报可能是广泛而持久的。因此，调动财政意愿，建立一个使它们能够在其发展中迈出下一步的体系，符合许多国家的根本利益。

6.2.1 对个人的好处

个人需要经常与政府互动，以完成纳税或获得政府福利。如果没有 NID 系统，由于缺乏可靠的方法来远程验证办理事务的人的身份，许多此类互动都需要其亲自进行。然而，面对面的事务处理给个人带来了巨大的成本。例如，人们需要请假去政府办公室处理事务，这段时间他们的工作效率与生产力便会随之下降。较小地区的政府办公室也可能无法提供所有类型的服务，因此个人需要长途通行到较大的城市才能办理某些事务。这些问题在不发达国家尤其普遍，那里的大多数政府服务集中在少数几个大城市。

采用数字身份使这些事务中的大部分能够以电子方式远程执行，这大大减少了事务办理时间。因为在传统方式中，办理实际事务所需的时间通常很短，而且大部分时间都花在了通行或等待与政府工作人员的互动上。此外，许多事务（如提交表格或提出索赔）不需要与人互动，因此可以使用支持 NID 的处理系统全天候处理这些事务。

人们在与政府互动时，面临的另一个问题是需要提供多份文件（通常是纸质形式）来证明自己的身份。无论是发展中国家，还是缺乏统一国民身份证的发达国家如北美的一些国家，都是如此。必要的文件包括政府签发的文件，如驾驶执照、银行对账单或水电费账单。人们可能缺少其中一些文件，而获取它们也可能很麻烦，比如需要与银行进行互动以请求最近的对账单。在其他情况下，个人可能丢失或根本没有任何所需形式的身份验证文件，因此根本无法执行政府事务。

使用 NID 系统解决了必须处理大量纸质文档的问题。有关个人的相关信息可以与数字 ID 一起存储，比如在智能卡或 ID 令牌上，或者个人可以使用 NID 对包含该信息的远程系统进行身份验证，然后该远程系统将相关数据传输给其正在访问的服务。

最后，即使在有电子手段供人们与政府互动的国家，个人目前也可能需要与大量不同的电子系统交互以获得不同类型的服务，因此需要记住每个系统的身份验证凭证。但是，许多人没有系统的方法来跟踪多个凭证，从而导致他们丢失密码、登录令牌或其他凭证，无法访问服务。通过在单个NID系统下统一多种现有形式的ID，用户可以解决凭证丢失的问题，并使其与政府的互动更加直接和高效。

6.2.2 对政府的好处

NID系统还为政府提供了许多好处。

首先，该系统允许政府采用完整闭环的电子方式与公民互动。它在很大程度上消除了对纸质文档的需求，从而消除了存储和管理大量此类文档的相关空间、成本和复杂性。

其次，NID系统还可以通过将不同政府机构使用的多个现有ID系统组合到一个系统中来节省政府资金。拥有多个系统会产生摩擦，因为更可能出现不兼容和不一致的情况，这需要干预措施来解决，从而产生很多费用。维护多个系统的成本也更高，例如，当个人信息发生变化时，每个系统都需要更新，并且还需要有专门的物理基础设施来操作和维护。NID系统集中了所有这些基础设施，从而可以通过规模化和消除冗余来节省成本。

再次，NID系统还可以带来更高的安全性。如果每个政府机构使用不同的ID系统，那么每个ID系统都需要基于高安全标准进行设计和维护。但由于每个系统的规模都比NID系统小，因此每个系统的开发和运行所需的成本和资金可能会减少，从而导致某些系统出现安全漏洞的可能性增加。通过将ID功能集中在一个系统中，政府可以集中精力建立一个高度稳健的系统。此外，针对系统的攻击也将针对单个位置，从而更容易检测到正在进行的攻击或入侵，并允许我们将更多资源用于集中对抗它。

最后，NID系统还可以通过减少欺诈为政府节省大量成本。不同ID系统中可能存在的错误数据使个人可以在多个政府机构中创建多个身份，从而使得某些人欺骗政府的概率增大，比如获取他们无权获得的福利。当有关个人的数据分布在多个系统中时，此类欺诈行为很难被识别或消除。例如，如果个人的ID在社会保障和医疗系统中不同，社会保障机构可能无法检查某些个人是否也在接受医疗福利。统一的NID系统可以让不同的机构协调数据，这样就可以维护一份关于每个用户的准确信息副本。

6.2.3 对私营部门的好处

虽然 NID 系统的最初目标是促进个人与政府之间的互动，但一个成功的 NID 系统也可以为私营部门带来许多经济利益。一方面，它可以加速企业与客户之间的数字化互动。这些互动通常从客户创建企业的数字用户账户开始。但是，由于担心个人数据丢失和隐私可能受到侵犯，尤其是在与规模较小、知名度较低的企业互动时，一些客户可能不愿意采取这一步骤。客户可能还希望避免创建额外账户和跟踪账户信息（如登录名和密码）的麻烦。

NID 系统允许客户通过其国家 ID 建立账户，而无须依赖供应商运营的 ID 系统，从而可以缓解用户的一些担忧。鉴于在大多数客户眼中，NID 系统具有较高的知名度、声望和熟悉度，这会导致客户与在线企业（尤其是小型新企业）互动的意愿增加。

拥有 NID 系统还可以让企业提供某些可能本来无法提供的服务。例如，某些类型的交易可能具有法定年龄限制，使用专有 ID 系统的企业可能会发现对新用户的年龄进行在线验证很有挑战性。因此，企业可能被迫不向某些个人提供服务，从而避免触犯法律。而 NID 系统通常包括个人的年龄和性别等基本信息，从而为企业提供了一种可靠的年龄验证方法，使其能够扩大客户群。

更一般地说，熟悉并信任与 NID 系统进行数字交易的公众可能更愿意与企业进行此类交易。在发展中国家尤其如此，那里的交易传统上可能是面对面进行的，并且大部分民众对数字或在线交易犹豫不决。安全可靠的 NID 系统将向人们证明，数字交互的安全性不亚于传统交互，甚至可能更值得信赖并提供更大的保护。

6.3 主要设计问题

有效的 NID 系统可以为一个国家的所有部门带来好处。同时，此类系统在调解个人、政府和企业之间的交互方面发挥关键作用。这意味着实现一个不完善的 NID 系统会产生许多问题，导致经济和社会困难或大量人口的不平等加剧。因此，在设计国家数字身份证时，对各种相互关联的问题进行彻底、有条理的检查是至关重要的。

6.3.1 包容性和易用性

只有当每个人都可以参与NID系统时，该系统才能成功。为了最大限度地提高包容性，使NID系统尽可能易于使用和广泛可用是非常重要的。例如，有些人在尝试注册NID时可能缺少某些形式的身份证，为了适应这些用户，系统的设计应提供一系列方法并允许注册多种类型的身份证。在许多人缺乏任何形式的身份证的欠发达国家，即使这样也可能不够。当无法使用现有文件确认一个人的身份时，可以通过家庭成员或熟人的证明来确认他们。

有些人也可能因为对NID系统动机的误解而不愿获得NID，比如将其视为政府监督的一种方法。政府必须尽力展示NID将给用户带来的好处，传达它的使用方法，并说服他们这不会损害用户的权利。

6.3.2 有用和适当的设计

NID系统的主要目标应该是提高公民的生活质量，促进国家发展和政府更有效的运作。然而，在实践中，实现该系统的好处可能还包含政治和财务方面的考虑。

例如，创建一个高度复杂和功能丰富的NID系统可能会为政府机构和系统负责人赢得赞誉，因此可能存在开发过于复杂的系统以满足各种“同类最佳”标准的政治动力。然而，依据一个国家的现有情况，这样的制度可能并不合适。例如，一个发展中国家可能会寻求使用NID系统来改善政府服务交付或作为初级数字经济的跳板，因此只需要一个能够有效提供基本身份和认证功能的系统。附加功能可能只提供边际效用，但需要大量的财务和技术资源并延迟系统的部署，因此应该避免这种情况，至少目前是这样的。所以，最重要的是持续监控系统的设计，以确保它符合当前的国家需求和利益。

在某些情况下，国际机构也可能要求NID系统遵守各种国际标准。虽然这样的目标值得称赞，所有国家都应努力为之做出贡献，但它们也不应对NID系统的设计产生不合理的影响。相反，该系统应主要针对国内应用并满足本国公民的要求。例如，国际标准可能要求收集更广泛的信息，这些信息会侵犯个人隐私，而这些信息对于国内应用来说是不必要的。在这种情况下，这些信息不应包含在NID系统中，反而它可以作为补充身份证系统的一部分提供给相关个人，如希望开设国际银行账户或进行跨境金融的人。这样既可以优先考虑到国内问题，也可以考虑到该国公民的权利和隐私，同时履行了国际义务。

6.3.3 安全性

数据安全是NID系统最重要的方面之一。安全性有多个组成部分，包括系统原始设计的安全性，原始设计在技术上的保留与合理实现，以及在运行期间维护系统的安全性以免受攻击。

NID系统拥有非常有价值的信息，是国家基础设施的关键部分。获得对NID系统数据的访问权可能会引起各种犯罪活动，比如数字身份被盗用和冒充，或在损坏或破坏其数字身份的威胁下勒索受害者。系统故障，包括数据被盗或破坏，或者无法访问系统，也会对公民的日常生活造成大规模影响，并可能导致关键社会机构的功能丧失和国家混乱。通过很可能无法归因的网络攻击，就能造成如此大规模的破坏，这使NID系统成为某些由国家支持的黑客的潜在目标。NID系统可能会受到持续的探测攻击，以试图建立后门，这些后门可以被激活，以便在未来进行更强大的攻击。

积极性高、技术能力强的犯罪分子和国家级行为者可能将NID系统作为目标，这使维护系统的安全性成为一项具有独特挑战性的任务和一项关键的国家级优先事项。政府必须以最大的决心和严谨的态度执行保护这一关键的数字基础设施，并且必须由具有网络和物理安全专业知识以及相关技术的人员在各级政府进行管理。

由于敌对行为者可能会攻击该系统，因此一个国家必须招募最优秀、最聪明的技术人才来保护该系统。这些人才也必须得到很好的待遇，以确保有效的招聘和人才保留。事实上，曾经从事系统安全工作，但之后从事其他工作的人可能携带高度敏感的信息，这代表了一个具有挑战性的潜在攻击媒介。

不幸的是，经验表明任何系统，即使是经过精心和专业设计的系统都无法避免安全漏洞。如果系统被破坏，那么在不重建系统的情况下清理它并修复损坏可能是困难的或根本不可能实现的。此外，成功的攻击可能会破坏人们对NID系统的信心，而这种丢失的信心很难重新获得。因此，由于安全漏洞的代价如此之高，系统操作员和管理人员不能等待问题出现时才解决，而是需要采用一系列措施主动寻找和解决安全漏洞，比如持续的系统安全审查、组织白帽攻击、制订应急计划以防入侵等。

除了防止网络攻击外，系统还必须针对物理攻击进行加固。所有数字数据最终都以物理方式存在于计算和存储设备中，这些设备必须受到与系统网络组件相同级别的审查和保护。必须采取适当的安全措施，比如将服务器放在受保护的位置，建立与服务器的安全通信机制以免受窥探和干扰，以及安排训练有素的安全人员抵御动态攻击，否则对系统的物理攻击可能比网络攻击更容易成为NID系统防御的薄弱环节。

人为因素是整个系统安全中最重要的组成部分之一。事实上，针对数字信息系统最常见和最成功的攻击媒介，就是简单地通过欺骗或各种贿赂措施说服具有安全权限的人为攻击者提供访问权限，这也是最基本的攻击媒介之一。这些攻击有时可以像与系统操作员进行简短的电话交谈一样简单，但其后果与通过网络或物理手段进行的高度复杂的攻击一样严重。为了防止此类攻击，使用NID系统的工作人员必须接受相关的严格培训，使他们在面对欺诈或特殊的情况下，也不得偏离既定的安全程序。

6.3.4 隐私和信任

隐私是保护有关个人思想和合法活动的信息不被他人得知的权利。在某些国家，隐私被视为一项基本人权，并被赋予与人身自由和安全等其他基本权利相同的地位。因此，保护用户的隐私是NID系统的关键要求。

大多数NID系统是中心化系统，可供大量的进行不同类型交易的人访问。因此，该系统能够观察到有关用户参与活动的非常具体的信息，包括他们对财务、健康、教育、娱乐和其他活动的访问。此类信息可用于构建用户的详细模型，以挖掘他们过去的行为模式以及尝试预测他们未来的行为，并可能对某些商业和政府实体具有重要价值。然而，用户可能对阻止此类数据收集非常感兴趣。NID系统可能导致严重的侵犯隐私的行为历来是人们反对NID系统和其他中心式身份系统的主要原因之一。

保护隐私的一种方法是，NID系统只存储最少量的用户信息，足以实现身份系统的主要功能，即验证用户身份并将验证安全地转移到用户所访问的其他服务。例如，如果用户希望访问医疗保健服务，NID系统可以向用户请求密码或生物特征数据等信息以验证其身份，然后生成加密安全令牌，以供NID系统、用户或某些中介传递给医疗保健服务以进行用户登录。在这些步骤之后，NID 系统应该尽量减少用户与服务的进一步交互，并且用户和该服务之间的交互不应该被 NID 系统观察到，除非需要执行其他与身份验证相关的操作，比如在付款过程中。NID 系统本身不应存储或处理任何与医疗保健相关的信息，也不应尝试复制提供身份验证服务的任何功能。

保护隐私的另一种方法是，确保 NID 系统在大多数情况下不会保留用户访问的服务类型的详细记录。在某些特殊情况下存储使用数据，比如出于审计或诊断目的，数据应在系统中保留最短的持续时间。数据也应该匿名，这样它就不能用于审查个人活动，而只能提供有关系统中整体活动的汇总信息。

除非必要，否则不应将存储在 NID 系统中的信息泄露给用户访问的其他服务。例如，NID 系统可能包含有关用户的一系列信息，如出生日期、性别、家庭关系等，并且用户正在访问的服务可能会请求此类信息。在这种情况下，NID 系统只应提供执行服务所需的最小信息子集。NID 系统应制定指南，指导服务提供商尽量减少请求的信息量，并且不将 NID 系统用作后门机制来获取用户的无关信息。

为了获得用户对系统的信任，系统的主要隐私特征应该清楚地传达给用户。例如，系统应清楚地识别其存储的有关用户的信息类型，以及获取数据的目的。它还应披露将向其他服务或各方提供不同类型信息的情况，并强调这种信息共享遵循仅在必要时共享数据的最小化原则。随着系统的成熟，其隐私政策可能会演变。当这些变化发生时，应向公众提供更新的隐私政策。将 NID 系统的隐私机制与其安全机制进行对比是很有用的，特别是虽然有正当理由不披露有关 NID 安全系统设计的细节，但几乎没有理由不披露其隐私系统的设计。事实上，NID 系统的隐私机制越开放，用户对系统的信任就越多，系统的使用率就会越高。

6.3.5 用户保护

由于 NID 系统可能会受到持续的网络攻击，即使有强大的安全保护，其也可能在运行期间的某个时间点成为攻击的受害者。如果发生此类故障，重要的是要有适当的机制，以便将对用户的伤害降到最低。

例如，如果用户的信息因黑客攻击而丢失并随后被用于犯罪活动，政府应主动采取措施，确保受影响的用户不对该活动承担责任或赔偿任何损失。如果是用户而不是政府第一个发现违规行为，那么在用户通知政府后，政府应尽一切可能帮助和保护用户免受当前和未来的损失，不应将这些操作的责任推给用户。即使是由于用户自己的错误导致信息泄露，比如如果在恶意网站上暴露了 NID 系统密码，政府也应努力提供合理的帮助。这种方法类似于信用卡公司提供的消费者保护，即使消费者自己对损失负责，信用卡公司也会对消费者进行补偿。不提供这种类型的支持将削弱用户对该系统的信心，并可能导致该系统被拒绝用于除政府职能之外的任何其他功能。

6.3.6 交互性

前文讨论了 NID 系统通常如何在现有政府数字服务环境中实现。NID 系统的目标是对此类系统的用户进行身份验证。这可以在用户直接访问服务时完成，也可以在一个政府系统需要与另一个政府系统交互以代表用户执行服务时发生。在基于不同设计的大量身份系统共存的现有条件下，跨系统身份验证可能难以部署，因为它可能需要在所有此类系统两两之间建立数据共享机制以实现它们的互操作。NID 系统可以简化此过程，允许用户使用 NID 系统对自己进行一次身份验证。随后，NID 系统将与用户访问的每个服务进行通信以验证用户的身份。这种设计只需要在 NID 系统和每个服务之间建立兼容机制，是一个简单得多的过程，只需要线性数量的机制而不是二次方的数量。

此外，由于用户只需要通过 NID 系统进行身份验证，因此只需要跟踪一组登录信息，而不是每个服务的单独信息，这大大提升了用户的便利性。

NID 系统还应旨在实现某种程度的国际兼容性，以促进国际旅行和跨境金融交易等活动。前文提到系统设计需要基于每个国家及其人民的需求。此外，不同国家 / 地区的 NID 系统的基本架构可能存在很大的差异。例如，一些国家可能倾向于更中心化的系统，而其他国家则使用更联合的系统。尽管如此，鉴于 NID 系统能够可靠且唯一地识别一个国家的公民，NID 系统至少应该可以作为护照或旅行证件发挥作用，比如在对彼此系统有足够信任的联盟国家中（如欧盟成员国）。

此外，NID 可以作为更复杂的 ID 的基础，如用于国际银行或金融的 ID。这些 ID 可能需要敏感信息，如持有人的详细信用记录，而这些敏感信息对更通用的 ID 是不必要的，不应该存储在其中，比如NID。然而，如果在NID提供的准确基本信息之上构建此类ID，将极大地简化并降低创建新系统的成本。

6.3.7 低成本

NID系统是一个高度复杂的系统，需要大量的技术人员与其他政府工作人员的支持与维护。因此，该系统的创建需要高水平的财务保证。所涉及的成本包括设计和实现系统，将人员注册到系统，维护系统和保护系统免受攻击，更新系统中的数据或升级系统以支持更多功能的成本等。

该系统的初始成本，即设计、实现和注册的成本，可能是最高的。这可能也是对该系统的政治支持最强的阶段，因为成功的系统初始实现可能会被视为一项重大成就和相关政府官员及机构的声望来源。因此，可以预期该计划在其早期阶段将获得充足的资金。

然而，一旦系统启动并运行，政治成本收益分析可能会发生变化，并且NID系统可能被视为经常性成本和财务负债。因此，该计划的资金可能会逐渐减少，直到只能维持基本功能。但是，这可能会给系统的长期安全性带来严重问题，比如安全威胁不断演变，新的攻击不断被发现，因此需要积极更新系统以防御新的攻击。随着时间的推移，硬件可能还需要更换或升级以应对越来越多的用户或支持额外的功能。因此，NID系统的预算既要充分考虑项目的初始启动成本，又要确保为部署的系统提供一致和可靠的长期资金。

为NID系统获得大量稳定资金的一种方法可能是通过商业伙伴关系，其中商业服务提供部分资源来维护NID系统，以换取对系统用户的优先访问。例如，许多银行在维护安全认证系统方面拥有丰富的经验，银行可以选择贡献其专业知识或向NID系统提供资金，以换取成为某些类型交易的首选银行。还可以邀请其他商业部门参与NID系统，从而建立互惠互利的关系。在这种关系中，企业获得了更多的客户群及其可靠身份信息，而政府则获得了该系统的长期收入来源。

6.3.8 灵活且面向未来

如果想要NID系统取得长期成功，就要让它的用户随着时间的推移而增加，并且系统可能会朝着原始设计中未预见的方向进化和发展。因此重要的是NID系统足够灵活以适应新环境并且可以针对新用途进行修改。

系统设计应该是模块化的而不是单片的，因此它是由可以交换的组件构建的，同时不会影响系统其他部分的功能。这将促进系统的升级，可以逐步改进系统的不同部分以支持增强的功能。升级还应同时保证用户使用，比如系统在升级时不会遇到任何停机事件。为了实现这一点，该系统可以采用商业实体（如互联网技术公司）磨炼出来的实践经验，这些商业实体能够在不中断性能的情况下对其系统进行实时升级。

NID 系统的安全实践也需要不断更新或改进。除了防御各种新发现的软件安全漏洞外，未来的安全实践可能发生巨大变化。例如，未来的量子计算系统可能会改变许多现有的安全形式，因此需要用全新的安全架构对 NID 系统进行改造；或者量子通信可能会变得普遍，从而拥有更强大的安全性，应该将其纳入 NID 系统。此外，区块链等安全交易的新范式可能会推动采用分布式、去中心化的身份系统，而不是当今广泛使用的客户端 – 服务器模型。虽然这些进步是假设性的，可能还需要几十年的时间，但 NID 系统的寿命可能会更长，因此我们应该为截然不同的未来技术做好准备。

6.4 NID 系统的组成部分

我们对近年来在许多系统中被广泛采用的 NID 进行了分析与总结。NID 系统的基础功能包括注册、验证和授权，三者缺一不可。

6.4.1 注册

注册是包括系统设置的初始化、收集用户信息，并加以验证和输入系统的过程。这个阶段有时也称为识别。

这个阶段的一个目标是尽量完整地覆盖所有人群，将一个国家的几乎所有公民或居民都记录到 NID 系统中。每个人会得到一个唯一的 ID，这个 ID 让他们能够与政府服务进行交互，同时 ID 的唯一性防止了身份冒用。

要注册用户，必须首先验证身份。最简单和最可靠的方法是使用所谓的“育种者”文件，这些文件是关于一个人的预先存在的记录（如出生证明），其中包含一组经过验证的基本信息，如该人的法定姓名或出生日期。在此基础上，NID 系统中可以加入其他信息。

然而，一个重要的问题是，并非所有用户都拥有所有类型的“育种者”文件。在这些情况下，所需文件的子集或多个不完整的文件可以被组合使用以相互补充，用于获取必要的信息。例如，在大部分人没有出生证明的国家，银行记录可能是可行的替代品，这是因为银行不仅有严格的安全措施，而且还拥有庞大的用户群体。

对于那些没有银行或其他财务记录的人，如未成年人或非正规就业人员，可能需要使用某些非常规的身份识别形式。例如，在不发达国家的农村地区，许多人可能从未与政府或商业实体进行过互动，唯一的识别方法是通过能够证明其身份的家庭成员或社区熟人。一种新颖的身份验证方法是使用社交媒体，没有任何形式的官方身份证明的人可能仍然拥有一个社交媒体账户，他们在该账户上与他人进行了广泛的互动，这些互动综合起来可能会提供关于个人身份的足够强烈的信号。例如，该人可能已在家人和朋友的社交媒体账户中的多张照片中被“标记”，并且这些标签可能包括该人的姓名或指示该人可能居住地的地理位置信息。虽然每张照片中的信息都是嘈杂且不可靠的，但大量照片中包含的全部信息可能会为该人的身份提供相当确凿的证据。

在收集到足够的数据以确定注册用户的身份后，NID 系统中将会生成个人记录。唯一性是至关重要的，要确保此记录是唯一的，不会与可能具有相同姓名和出生日期等某些属性的其他用户的记录相冲突。为了进一步保证唯一性，可以将用户的指纹或虹膜扫描等生物特征数据加入他们的注册数据中。然而，许多人担心生物特征数据可能被滥用于身份盗窃或侵犯隐私。为了减轻这些担忧，NID 系统应确保生物特征数据仅被用于增强系统安全性等合法目的，并且不会在任何非绝对必要的情况下被使用或披露。

注册的最后一步是验证。验证是为注册用户提供一种方法，以在他们享受政府服务时验证其身份。这通常需要该用户获得物理身份验证设备，如智能卡或安全令牌。设备的签发往往不能在注册时完成，因为它需要先处理验证人的注册，并且设备的生产也需要时间。因此，注册过程的最后阶段是将安全设备分发给注册人。

虽然分发过程看似简单，但在实践中可能遇到许多严重问题。例如，如果设备通过邮件分发到收件人的住所或大量分散的收集点之一，那么设备在运输过程中丢失的可能性是不可忽视的。这个问题在不发达、偏远或难以到达的国家和地区尤为凸显。当这种丢失的可能性在整个用户群体中成倍增加时，可能会导致安全设备大量丢失或错误发送，并导致大量账号被盗窃。

还有一种分发方式是让接收者自己在某些集中位置收集设备。这种分发方式降低了设备丢失的概率，但增加了收件人前往收集地点的负担，这在交通基础设施较差的国家或地区较为凸显。当然，接收者也可能只是忘记领取设备。在这些情况下，为了以防万一，设备通常会在一段时间后停用。如果发生这种情况，注册者将需要重新执行注册过程。此外，随后的注册可能比最初的注册更困难，因为它可能需要取消已停用的ID，这在缺少针对此类意外事件的预案的NID系统中可能很困难。

6.4.2 验证

NID系统中的第二个主要组成部分是身份验证。身份验证允许已注册到NID数据库的人在与政府或商业服务进行交互时判断此身份。NID系统中的每个人都与一个唯一的ID号相关联。然而，用户使用这个号码来验证他们的身份是不够的，因为ID号码并不安全，而且一个人通常很容易发现其他人的ID号码。因此，为了让用户证明他们的身份，必须使用额外的安全机制。有许多这样的机制，包括密码和PIN号码、智能卡、基于移动电话的身份验证、生物识别等，每种机制都有其优点和缺点。

密码和PIN号码是最简单并且使用时间最长的身份验证方法之一。但是，它们有很多问题，比如人们经常选择容易被黑客破解的简单密码。即使人们在注册过程中被告知如何选择安全密码，情况也是如此。此外，人们经常忘记密码，因此必须有方法让他们恢复密码或创建新密码。这些恢复方法可能会带来不便，也可能是安全漏洞，例如，某些恢复方法与电子邮件地址或电话号码相关联，用户可能会由于切换到新的电子邮件或电话服务而失去访问权限。另外，还可以通过与人工操作员验证某些安全信息来重置丢失的密码。然而，这种类型的信息通常不如密码本身安全，并且在密码的恢复过程中还会受到社会工程攻击。在这种情况下，密码恢复过于困难可能会阻止合法用户，而过于简单则会导致潜在的欺诈行为。

另一种身份验证方法是为用户提供智能卡。该智能卡通常与附加的读取设备一起使用，如可以连接到个人计算机。这种方法的问题是需要向用户提供读卡器，这可能会导致增加大量成本，因为读卡器的制造和分销成本通常高于智能卡本身。

由于智能卡有着较高的成本和复杂性，它们在许多应用中已被安全加密狗和密钥卡所取代。这些简单而廉价的设备可用于在身份验证过程中为用户生成一次性密码，但它们存在很多缺点。例如，用户通常不会随身携带这些安全设备以避免它们丢失或被盗，但是这使得他们在许多情况下无法进行身份验证：他们可能不在家并且没有携带安全设备，这使设备的使用变得非常不方便。再如，由于成本受限，这些安全设备通常不具备任何通信能力，它们可能更依赖于同步时间等机制来生成一次性密码；随着时间的推移，设备中的时间与主服务器上的时间变得不再同步，几年之后就需要被更换，这就导致了之前所讨论的安全设备分配问题。虽然可以通过允许设备和服务器之间更大程度的异步通信来延迟更换，但更大程度的异步通信往往会降低设备的安全性。

最近，很多政府和技术公司在利用现代手机的计算、通信和多模式传感能力来执行身份验证方面已经做出了相当大的努力。由于手机能够通过网络进行通信，它们克服了安全令牌的技术弱点如失去同步。此外，手机具有强大的处理器，能够实现许多复杂的加密功能，与智能卡等更基本的设备相比，这提高了手机的安全性。手机还包含 SIM 卡，它们本身也可用于身份验证。现代手机通常为用户提供多种安全方式来解锁手机，如指纹读取器或面部 / 眼睛扫描。这些机制实现了一个身份验证过程，其中电话或 SIM 卡以加密方式绑定到用户的 NID，随后用户可以通过生物特征对他们的电话进行身份验证，然后通过 NID 系统对自己进行身份验证。尽管如此，手机认证也有缺点。一方面，在一些不发达国家，许多人没有财力购买手机，在很多情况下，多人可能会共用一部手机，这让使用手机对每个用户进行身份验证变得更具挑战性。另一方面，基于 SIM 卡的安全性有时也无法保证，比如在安全协议不允许将一个人的身份绑定到多个 SIM 卡的情况下，用户可能拥有多个 SIM 卡，或者移动电话在某些区域受到无线网络连接不良的影响，从而无法登录服务器进行身份验证。此外，相比于其他验证方法，手机更可能被盗，具有强大身份验证功能的被盗手机为身份盗用和欺诈提供了机会。

虽然存在多种身份验证机制，但每种机制都有缺陷。优化验证的安全性、便利性和成本改进及发展身份验证方法，是一个充满活力的研究方向。

6.4.3 授权

用户对服务器进行身份验证后，可以开始进行交互。授权是指允许用户在服务器上执行的功能。例如，在税务服务系统，作为雇员的人能够查看他们的收入，但不能对其进行编辑，而个体经营者可能被允许编辑他们的收入。

另一种类型的授权是指用户允许服务从NID系统获取数据。例如，在身份验证过程中，NID系统可能会向服务提供最少量的信息，但在登录完成后，服务可能会请求额外的信息，这些额外的请求有可能侵犯用户的隐私。因此，在授权步骤中，用户可以控制NID系统向服务提供哪些信息。我们的目标是使授权细化，以便用户可以对提供的信息做出细粒度的选择，而不是粗略的全有或全无的选择。这一过程反映了在手机应用程序中越来越多地使用细粒度权限控制或在访问网站时对Cookie进行细粒度控制。

在某些情况下，服务提供商可能不允许用户执行细粒度数据授权，并且可能拒绝与用户交互。为防止这种情况发生，NID系统应制定使用NID的服务请求指南，将用户请求的信息严格限制在必要的范围内，并提供文件以证明他们请求授权的信息类型是合理的。

6.5 实施NID系统

在世界各地，许多NID系统已经实施或处于不同的规划阶段。这些系统的成熟度差异很大。例如，非洲的某些发展中国家拥有已实施但尚未广泛部署的NID系统，这些系统虽然已经构建了技术组件，如计算和安全基础设施，但只有小部分人注册。这或是由于无法招收足够的工程师进行维护，或是由于人们不感兴趣或抵制。人们没有看到在日常生活中采用该系统有哪些直接好处，或者担心集中式ID系统会对他们的隐私或自由产生负面影响。

一些国家已经建立了NID系统，并实现了大规模的使用。但是这些系统可能仍然不够成熟，因为NID系统只能用于有限数量的政府服务的身份验证。此外，NID系统的使用可能仅限于政府服务，几乎没有机会将其用于商业目的。这些系统需要扩展并建立大量有用的应用程序，然后可以在一个自我维持的过程中吸引更多的应用程序。为实现这一目标，政府需要积极提高系统在广泛的政府服务中的兼容性。此外，商业集成如将系统与银行或支付服务连接起来，也可以成为系统成功的催化剂。

有些国家的 NID 系统已经达到成熟阶段，成为政府和商业服务事实上的身份机制。例如，爱沙尼亚自 2002 年以来一直使用国家数字身份证，已部署到 600 多个其政府机构和 2400 多个商业服务中。在这样的背景下，社会各界都看到了 NID 系统带来的好处，都在努力扩大和完善这个体系。但即使是这种先进成熟的系统也面临着一些安全问题，这些问题表明 NID 系统固有的复杂性及需要被不断保护和增强。

下面讨论一些用于开发当前或未来 NID 系统的主要方法。

6.5.1 政府作为身份证明提供者

建立 NID 系统的一种方法是由国家开发整个系统。政府首先提出对系统的要求，然后制定实施该系统的框架，并通过规范该系统使用的法规和法律。前文讨论的实施 NID 系统的关键步骤，包括构建其技术组件、注册用户、向用户提供身份验证设备、将系统集成到政府和商业服务中以及长期管理和安全，都是由政府执行的。

这种方法有以下几个优点。一方面，在某些情况下，政府已经建立了各种身份系统，并且还拥有大量关于其公民的数据。NID 系统可以是现有系统的演进和扩展，而不需要全新的设计。此外，政府可以识别和分析现有系统的问题，并在新系统中实施解决方案以提高效率和稳健性。另一方面，来自现有系统的用户数据可以被复制到 NID 系统中，这大大减少了注册过程的时间和复杂性。为确保准确性，数据可能会在用于国民身份证之前进行额外的验证，如通过交叉检查多个现有数据库。

尽管有这些优点，但国家构建的 NID 系统也存在一些潜在的缺点。一方面，即使该政府目前拥有某些规模较小的 ID 系统，NID 系统也可能比任何现有系统都大得多且复杂得多。例如，税务机构或许有一个现有的 ID 系统，但这个系统可能主要包括有足够收入来保证纳税的人。这些人也可能拥有相当完整的身份信息，因为这是他们获得收入所必需的。另一方面，NID 系统需要包括所有人，包括缺乏现有身份信息的人，因此更难构建和管理。

该政府可能还缺乏开发像NID这样庞大而复杂的系统的技术专长，即使该政府拥有其他数字ID系统。这些系统最初也可能是商业实体开发的，商业实体只是将最终产品转移给政府，而不是创建系统所需的更复杂的知识。因此，要开发NID系统，政府可能再次需要私营部门的技术援助。

政府实施和控制NID系统的另一个问题是政府可能会利用它对公民进行监视，这会与某些国家对隐私的重视相冲突。由于NID系统充当许多其他服务的网关，因此它可以为政府提供比分散ID系统更完整的用户活动视图。如果NID系统与商业服务集成，那么它允许政府也观察用户与私人服务的交互。使用某些技术方法可以缓解这些问题。例如，可以使用密码学原语可以设计NID系统，以便当用户寻求对特定服务进行身份验证时，NID系统可以为用户提供验证其身份的令牌，无须知道用户正在尝试访问哪个服务，并将其留给用户或其他中介将令牌传递给服务以完成身份验证。实施这样的系统需要政府承诺保护用户隐私并自愿放弃获取某些用户信息。

6.5.2 政府/商业伙伴关系

实施NID系统的另一种方法是通过政府和商业机构之间的合作。在该计划中，政府制定有关NID系统的法规，并可能发挥相对较小的作用以确保遵守法规，但服务的主要实施和运营由私营部门运营商承担。

具体而言，政府首先对NID系统的要求进行了规定，同时也通过了有关NID系统使用和运营的法律法规来保护用户权益。然后，它会邀请商业机构实施该系统并随后作为ID提供商运营，并且与这些机构合作以确保其系统遵守相关准则。这些机构可能包括银行或电信公司，它们通常具有以安全方式管理大型用户群的经验，政府将补贴这些机构产生的成本。在NID系统建成后，政府可以将NID系统与其他公共服务整合，并通过充当推动者或联络人来鼓励与私人服务整合，在扩大其使用方面发挥作用。

政府和私营部门相结合的方法有以下几个优点。

首先，该方案允许在某些私营公司拥有现有ID的用户将这些ID用于更广泛的新服务。例如，一家银行被政府选定为ID提供商，这家银行的客户可以使用他们的银行ID作为他们的NID，并使用它来访问许多与NID系统兼容的服务。这样做的好处是避免了注册新用户的成本和复杂性，而这是部署NID系统的主要障碍。让用户使用现有的ID也让他们可以自由选择自己的ID提供者，并使用户更容易管理他们的ID，而无须跟踪额外的新NID。

其次，政府可以利用许多机构在安全管理复杂用户群方面积累的大量技术专长。此类机构在这些领域可能比政府更有能力，因为其业务的核心部分依赖维护有关其客户的准确信息，并且其系统必须在较长时间内证明有足够的安全性和可靠性才能赢得客户的信任。

最后，它允许以庞大的用户群引导NID系统并快速实现大规模的运营。NID系统的成功取决于其用户群的规模。大量用户推动了良性循环，支持的服务越来越多，用户使用率越来越高。相反，有限的用户数量会导致应用程序和用户群随着时间的推移而萎缩的恶性循环。因此，商业用户群对NID系统的初步提升可以极大地促进系统的成功。

6.5.3 直接架构

在政府/商业合作模式下，有两种主要的架构将私人ID提供者与服务提供商连接起来。第一种方式为直接架构，是ID提供者和服务提供商之间形成直接协议。也就是说，如果服务提供商希望允许一个人使用他们的NID系统来验证自己，那么该服务将与NID系统程序中的每个ID提供者形成单独的协议。服务需要形成单独协议的原因是它不知道每个用户正在使用哪个ID提供者，因此需要接受来自任何ID提供者的身份验证。

直接方案有一些缺点。首先，对于ID和服务提供商而言，这既复杂又昂贵，因为可能每对ID和服务提供商都需要签署双边协议。其次，该方案提供了有限的用户隐私，因为它允许ID提供者观察用户访问哪些服务，为服务提供商提供用户的个人资料，他们可以将其用于商业利益。

6.5.4 代理架构

第二种合作伙伴关系使用流行的代理架构。这涉及三方，ID提供者、服务提供商和一个（或多个）连接ID和服务提供商的代理。在代理架构中，ID提供者和服务提供商不形成双边关系，而是各自与代理签署协议，实际上服务提供商将接受任何参与的ID提供者的身份验证，并且ID提供者将对任何参与服务的用户进行身份验证。

从用户的角度来看，代理方案提供了与直接方案相同的便利。也就是说，用户拥有一个ID提供者的ID，并且可以在任何参与的服务中使用它。与直接方法相比，代理方法有以下优点：首先，它的实施复杂性和成本要低得多，因为现在每个ID提供者和服务提供商只需要与代理签署一份协议，而不是相互签署多项协议。其次，它还使得在NID系统中添加新的ID提供者或服务提供商变得更加容易，因为新的参与者只需与代理签署一份协议，之后他们就可以与所有其他参与者进行交互。最后，代理方案可以为用户提供更强的隐私保护。例如，可以实行“三盲”方案。在这种方案中，服务提供商不知道用户正在使用哪个ID提供者，ID提供者也不知道用户试图通过哪个服务进行身份验证，代理同样不知道哪个用户当前正在访问系统。

6.5.5 区块链

在NID系统框架中具有潜在应用的新技术是区块链。区块链是一种分布式算法，它实现了具有多个独特属性的数据存储。区块链概念首先在比特币中广泛使用，作为实现去中心化货币的一种方式。区块链的核心思路是创建所有用户在区块链上执行的操作序列的单一记录，并在整个网络中以分布式方式维护该记录，以提高安全性并防止集中控制。节点通过共识机制同意对记录的更改，一旦更改被采用，它们就不能被删除或修改。

区块链并非旨在实现ID系统，但它们的可验证性、防篡改和其他特性可能使它们在未来对ID系统有用。区块链中有许多新技术的发展，包括智能合约，它允许在满足某些条件时在区块链上自动执行以编程方式定义的一系列动作，并用于启用新形式的金融交易和关系。区块链上的用户可以为自己生成任意随机ID，因此用户的ID与他们在现实生活中的身份之间没有直接的联系。但是，区块链也不是匿名的，因为可以通过公开可用的区块链历史跟踪ID以推断实际用户。

区块链技术目前仍不成熟，正在积极发展中，但它为管理大型群体之间的互动提供了一个新的愿景，这与迄今为止主导设计的集中式系统完全不同。区块链引起了人们极大的关注，并催生了关于未来ID系统的新想法，即该系统可以结合身份、身份验证、安全、隐私功能，并允许用户对其个人数据的访问进行精密的控制。

6.6 NID 系统的案例

本节将以爱沙尼亚、英国和印度为例介绍目前在全球范围内使用的几种 NID 系统，说明 NID 系统中的各种设计，并研究这些系统带来的好处及它们面临的挑战。

6.6.1 爱沙尼亚

爱沙尼亚作为一个仅有 130 万人口的北欧小国，拥有世界上最成熟的 NID 系统之一——eID。eID 由政府开发，对 15 岁以上的公民和居民是强制性的。该系统基于公钥密码学，每张 eID 卡都包含一个带有个人唯一私钥和其他信息的智能芯片。eID 需要读卡器（见图 6-1）和 PIN 码进行身份验证。

图 6-1　爱沙尼亚电子身份证读卡器

eID 已广泛融入公共和私营部门。它可以 7×24 全天候用于爱沙尼亚 99% 以上的公共服务，也可以用于 2400 多家私营企业。在它可以执行的众多功能中，eID 允许在 5min 内完成大多数税务申报，并让公民在一个文件中获取他们的整个健康记录。据称，eID 可以为爱沙尼亚政府节省 2% 的年度 GDP 的工资和开支。

虽然该系统过去曾面临过网络攻击，但这些攻击并没有导致大量数据丢失。多年来，系统的安全性得到了提高。例如，该系统现在复制其在爱沙尼亚和卢森堡的所有数据。爱沙尼亚的 eID 是成熟、安全和值得信赖的 NID 系统，是可以为一个国家及其人民带来好处的一个很好的例子。

6.6.2 英国

英国多年来一直在开发 NID 系统 GOV.UK Verify，如图 6-2 所示。该系统是英国政府与充当身份提供者的私营企业合作开发的。要使用该系统，用户首先需要创建一个 ID。该过程首先要求用户在政府网站上提交某些文件，如护照、驾驶执照或其他公共记录，缺少这些文件的用户需要亲自注册。然后注册继续进行第二阶段，在该阶段，用户将被引导到某些公共和私人机构的网站作为 ID 提供者，并且他们需要提交额外的文件，如银行记录并回答某些问题。当前的 ID 提供者列表包括邮局、皇家邮政、

图 6-2　NID 系统 GOV.UK Verify

巴克莱银行、SecureIdentity 等。GOV.UK 网站中验证注册的一个流程如图 6-3 所示。

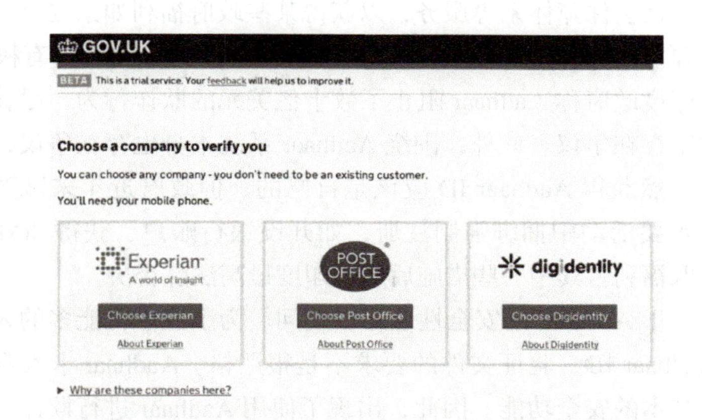

图 6-3 GOV.UK 网站中验证注册的一个流程

能够完成注册过程的用户会收到一个用户名，并且以后可以使用密码来验证自己的身份。他们的 NID 可用于某些政府服务，目前主要与税收有关。某些重要的政府服务如国民健康服务，与 NID 不兼容。截至 2020 年 1 月，只有 22 个政府服务机构接受 GOV.UK 验证 ID。目前，私营部门对 ID 的支持也非常有限。

英国的 NID 系统由于多种原因而受到批评。一方面，与它的缓慢实施有关。该系统的开发始于 2011 年，但直到 2016 年才开始使用。此外，企业甚至英国政府本身对该系统的支持都非常有限。另一方面，验证系统在验证和注册申请人方面的成功率也很低，因为申请人经常缺少系统所需的文件。截至 2018 年 10 月，成功率仅为 47%。政府已经努力解决这些问题了，然而，这个雄心勃勃的计划在获得广泛接受和采用之前仍面临许多挑战。

6.6.3 印度

印度制定了一项名为 Aadhaar 的自愿 NID 计划（见图 6-4），有超过 13 亿印度公民参与该计划。Aadhaar 被描述为世界上最复杂的 ID 程序之一。在注册过程中，人们会被收集不同形式的身份证件以及生物特征数据，包括指纹、虹膜扫描和照片。注册用户将获得一个唯一的 12 位代码，并且还会收到一张 Aadhaar 卡。为 NID 系统登记整个印度人口是一项艰巨的任务，因为许多印度公民生活在偏远、难以到达的地区。

图 6-4 Aadhaar 标志

Aadhaar 用户可以使用他们的 Aadhaar 卡、手机发送的一次性密码或生物识别身份验证自己的身份。Aadhaar 目前可用于诸如加入社会保障体系等服务，以获得某些政府福利如家庭燃气补贴，并且还具有独特的用途如在印度某些地区登记土地所有权。

印度政府称 Aadhaar 阻止了数十亿美元的欺诈行为，尽管这些数字存在争议。此外，围绕 Aadhaar 系统本身也存在争议，例如，虽然获得 Aadhaar ID 应该是自愿的，但政府近年来试图在一些重要活动中捆绑强制注册，如开设银行账户、获得 SIM 卡或领取福利。其中一些措施后来被印度最高法院否决。

关于 Aadhaar 的安全性也存在疑问。为了让尽可能多的人获得 Aadhaar ID，验证文件的要求不是很严格。Aadhaar 卡本身也只有基本的安全功能。因此，出现了使用 Aadhaar 进行欺诈，以及 Aadhaar 数据库中数据泄露的案例。

思 考

1. 如果你可以选择是否拥有国家数字身份证，你会怎么选择？为什么？

2. 有哪些事情是你现在不能用国家数字身份证做的？

3. 国家数字身份证应该存储什么样的用户信息？为什么？

4. 是否应该跟踪用户通过其国家数字 ID 访问的服务？

（1）如果是这样，应该跟踪什么样的信息？信息应保留多长时间？谁应该有权访问这些信息，在什么情况下？

（2）如果不是，为什么？

5. 当前的数字身份系统大多以集中方式管理，但未来可能会设计分布式身份系统。去中心化的好处和坏处是什么？

6. 将国家数字身份系统与商业服务相结合非常重要。这种观点你同意吗？这种整合是否有潜在的不利因素？

7. 在国家数字身份识别系统的包容性与准确性之间如何权衡很重要，如需要大量经过验证的文件来注册用户会提高数据的准确性，但可能会排除缺少此类文件的人。你认为优先考虑包容性还是准确性？为什么？

8. 政府应制定有关保护用户数据和隐私的严格规章制度，但是规章制度足以确保政府合规吗？如果违反了这些规则，会有什么后果？

9. 大多数国家身份证系统都是免费的，而且许多是强制性的。你是否赞成一个收费的、自愿的国民身份证系统，提供优质或加急服务？为什么？

10. 国民身份证可以进一步扩展到国际身份证。你会赞成这样的身份证吗？为什么？

参考文献

[1] MORSE A. Investigation into Verify [R/OL].(2019-03-05)[2022-04-01]. https://www. nao. org. uk/report/investigation-into-verify/.

[2] DOMINGO A S, ENRIQUEZ A M. Digital identity: the current state of affairs [J]. BBVA Research, 2018 (1): 1-46.

[3] NYST C. Digital identity: issue analysis [J]. Consult Hyperion, 2016 (6): 1-167.

[4] SULLIVAN C. Digital identity [M]. Adelaide: Uiversity of Adelaide Press, 2011.

[5] International Telecommunication Union. Digital Identity Roadmap Guide [EB/OL].(2012-11-20)[2022-04-01]. https://www. itu. int/pub/D-STR-DIGITAL. 01-2018.

[6] World Economic Forum. Identity in a Digital World Conference Publications [C/OL].(2018-09-25)[2022-04-01]. https://www. weforum. org/reports/identity-in-a-digital-world-a-new-chapter-in-the-social-contract/.

[7] ROSE J, REHSE O, RÖBER B. The Value of Our Digital Identity [R/OL].(2018-11-20)[2022-04-01]. https://www. bcg. com/publications/2012/digital-economy-consumer-insight-value-of-our-digital-identity.
[8] PEDAK M. eID estonian experience [R]. e-Governance Academy, 2013.

Chapter 7

第7章 虚拟与现实

7.1 元宇宙

“元宇宙（Metaverse）”一词在近期成为网络上的热点，它描绘了一个非常科幻的概念。关于元宇宙的讨论层出不穷，从虚拟世界到虚拟人物、数字货币到虚拟资产，几乎每一个行业都能套上一个“元宇宙”的标签。那么“元宇宙”究竟是什么，真的有如此大的应用空间吗？元宇宙的发展又是否会引发道德伦理困境呢？

如社交软件“Soul”如今把产品定位成了“年轻人社交元宇宙”一样，越来越多的公司加入元宇宙赛道。

7.1.1 什么是元宇宙

“结束一天的工作与学习后回到家中，戴上VR设备或者是更进一步的脑机接口设备，就能穿梭到一个完全虚拟、架空于现实的世界。它可以是现实世界的完整复制，也可以有超脱现实的科幻感，甚至是动画、卡通的世界。在这个世界你可以不受地域限制，自由地遨游、游戏或是和他人交流。”

“元宇宙（Metaverse）”一词最早出现于1992年的科幻小说《雪崩》中，是“Meta”和“Universe”的组合。书中，尼尔·斯蒂芬森描绘了一个超现实主义的数字空间“Metaverse”，为地理空间所阻隔的人们可通过各自“化身”（Avatar）相互交往，度过闲暇时光，还可随意支配自己的收入。从元宇宙概念的最先提出，一直到最近Facebook改名为Meta，在此过程中，软件（计算机视觉、图形学、人工智能等技术）、硬件（AR/VR/MR设备）不断发展，元宇宙出现在现实生活中，甚至成为现实生活的衍生，或许已经不再遥远。人们可以借助元宇宙在虚拟世界中社交，如图 7-1、图 7-2 所示。

图 7-1 《第二人生》中，人们使用虚拟形象在游戏中交互、社交

图 7-2 Facebook 推出的虚拟社交世界 Horizon Worlds

构成元宇宙的最重要部分是虚拟世界（Virtual World）、虚拟人（Avatar），以及沟通现实与元宇宙的交互（Interaction）手段。

1. 元宇宙与虚拟世界

虚拟世界是元宇宙的重要基础和载体。从对元宇宙的描述出发，Facebook 和其他科技公司提出的元宇宙概念与描述非常相似，基本上是一个更强调虚拟世界的新版互联网，是现有互联网的改革与更近一步的发展。

元宇宙中的虚拟世界，是一个人人都可以进入的虚拟世界，它所要创造的概念价值是在相距千里且用着不同设备的两个人，可以通过登入同一个虚拟世界，完成沉浸式、面对面的互相交流。同时，因为这样一个世界并不是在现实中实际存在的，每个人都可以对这个世界进行一定的私人定制，由于世界本身就是虚拟化的，这样的操作会比实际中简单很多。

建造一个虚拟世界有两种思路：一种是数字孪生，它能将现实世界一比一地还原到虚拟世界中（见图 7-3），另一种是创造一个像《阿凡达》那样的异世界（见图 7-4）。这也是元宇宙虚拟世界与真实世界最不同的一点，因为在虚拟世界中构造建筑并没有现实世界那般复杂，甚至有时物理定律都可以忽略。也正是因此，元宇宙中的虚拟世界给了我们无穷的想象空间。

图 7-3　数字孪生

图 7-4　电影《阿凡达》中的异世界

2020 年，加里·伯内特（Gary Burnett）在诺丁汉大学建立了一个数据模型，他号召软件工程专业的近一百名学生一同建造了名为“Nottopia”（发音与乌托邦类似）的虚拟世界，如图 7-5 所示。在这片虚拟而又奇幻的小岛上，Gary Burnett 团队建立了一个个“空中浮堡”。这是一个可以自由地改造、创造的虚拟世界，在这个虚拟世界中，人们可以在里面上课、解答疑问。

当然，在元宇宙中构建虚拟世界也不是一蹴而就的事，还有太多技术问题有待解决。元宇宙的复杂程度主要取决于植入程序的 3D 模型素材的精细程度，精细程度越高，文件体积越大，硬

思考：元宇宙中构建的虚拟世界是属于谁的？

件读取这些数字信息的速度就越慢，进而导致荷载过高、服务器承受量有限等问题。同时，为了让更多的人可以同时登入同一个虚拟世界，云计算、云渲染等技术也是不可或缺的。

图 7-5　加里·伯内特（Gary Burnett）团队建立的虚拟世界“Nottopia”

2. 元宇宙与虚拟人

在元宇宙中，不止要有空间、物体，还必须要有人的存在。在元宇宙时代，虚拟数字人或是虚拟形象将被认可为用户接入虚拟世界的重要入口。现实中的人，在元宇宙中的言行都将由他的虚拟数字人代表。

大学校园里，虚拟学生已入学：2021 年 6 月 15 日，清华大学计算机系宣布虚拟学生华智冰正式入学，梳马尾辫、穿白板鞋的华智冰，开启在清华大学计算机系实验室的学习和研究生涯。走进美术馆，可以参观虚拟艺术生的艺术作品展：同年 7 月 13 日，虚拟数字人中央美院研究生夏语冰在中央美院美术馆举办了“或然世界”（Alternative Worlds）艺术个展。打开音乐播放器，虚拟歌手的音乐也跃然纸上：2021 年 7 月，虚拟嘻哈歌手哈酱（HAJIANG）正式签约华纳音乐旗下亚洲电子音乐厂牌 Whet Records，成为其首位虚拟数字艺术家，同年 9 月 29 日发布首支个人单曲《MISS WHO》。刚刚过去的冬奥会上，总台央视带来的 AI 手语数字人也亮相于公众视野。

虽然近期虚拟数字人的话题火热，但它其实并不是一个新兴的概念，最早的虚拟数字人可以追溯到 20 世纪 80 年代，即计算机动画技术诞生之初。早在 20 世纪 80 年代，日本动画《超时空要塞》中就出现了虚拟歌姬林明美，随着好莱坞影视特效技术的发展，虚拟数字人技术也在影视行业推动下，得到了很大的进步，如图 7-6 所示。

> “数字人是元宇宙基础交互单元，将为元宇宙和物理世界交互提供基础技术支持；数字人是虚拟化身，帮助物理世界的每个个体建立元宇宙数字形象，释放被物理世界束缚的真实内心；数字人也是内容载体，发挥数字基础优势，充分展现集成化、沉浸感优势，更加立体、形象构建数字内容、数字文化，实现对个体文化、学识的全面呈现。”
>
> ——车佳伟
>
> 亿欧智库分析师

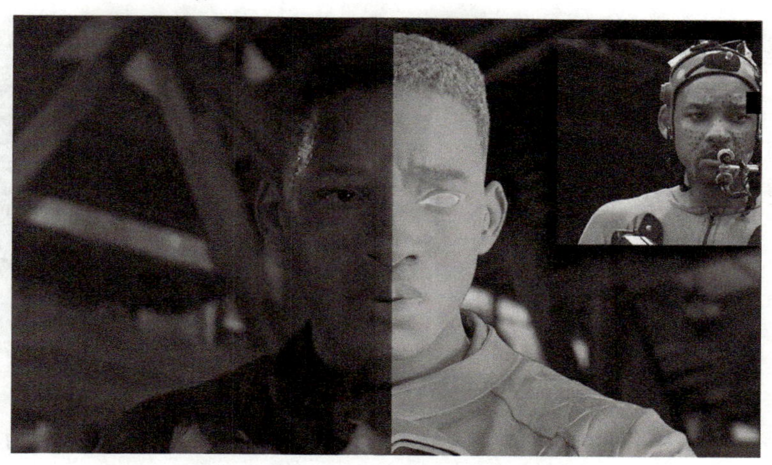

图 7-6　电影《双子杀手》中的虚拟数字人技术

时至今日，越来越多的公司、团体都在构建自己的虚拟形象，未来元宇宙中的虚拟数字人又会是怎样的呢？从与人的相似程度上来说，虚拟人分为两类：一类是超写实虚拟数字人；另一类是风格化虚拟数字人。超写实虚拟数字人是要让数字人在虚拟世界中表现得和真人足够一致，外观、动作上都要做到尽量看不出破绽，而风格化虚拟数字人并不需要和真人一致，可以是卡通型的、外星生物型的，甚至不一定是“人”。

超写实虚拟数字人需要较强的技术基础。一方面，要对人物进行超精细化重构。由于皮肤上高精度的细节会对光散射在皮肤上的质感有很大的影响，所以如果做不到毛孔级别的精度，就没有办法在虚拟世界中展现出真实的效果。在这一方面，除了影视工业中的做法——使用大量人工解决方案外，也有一些可以通过直接扫描得到高精度人脸皮肤材质的方法，如谷歌的 Light Stage 系统（见图 7-7）和上海科技大学 MARS 实验室研发的“穹顶光场”（Plenoptic Stage）系统（见图 7-8）。Light Stage 系统是好莱坞电影中最常使用的虚拟数字人采集系统，它的发明人 Paul Debevec 也因此获得多次奥斯卡特效技术奖。上海科技大学“穹顶光场”系统通过多光源系统光场成像的方法捕捉到精细人脸皮肤材质，它的成功研发使得虚拟数字人的制作周期变得更短，效果也更接近真人。在这些系统的帮助下，得到真实表现的人脸、人物皮肤细节将变得更为简便，如图 7-9 所示。另一方面，除了人脸之外，还有人物的着装、头发都是在计算机图形学领域颇具挑战的问题。

图 7-7　Light Stage 系统和它的发明人 Paul Debevec

图 7-8　上海科技大学“穹顶光场”系统

风格化的虚拟数字人在技术上则要显得简单得多，因为在很多情况下，风格化的虚拟数字人更加偏向二次元，并不需要太多极为精细的结构，所以对皮肤的高精度重现不是特别重要。

虚拟数字人的写实或者风格化其实是与元宇宙场景极为相关的，如果是一个极为真实的虚拟世界，那么超写实的虚拟人就会非常重要，然而如果元宇宙本就是一个卡通化的、超脱的玄幻世界，那么所对应的虚拟影像也应该是风格化的，且能和这个元宇宙相对应的。例如，迪士尼著名动画电影《冰雪奇缘》女主角艾莎，这其实也是一种动画风格的虚拟形象，如图 7-10 所示。

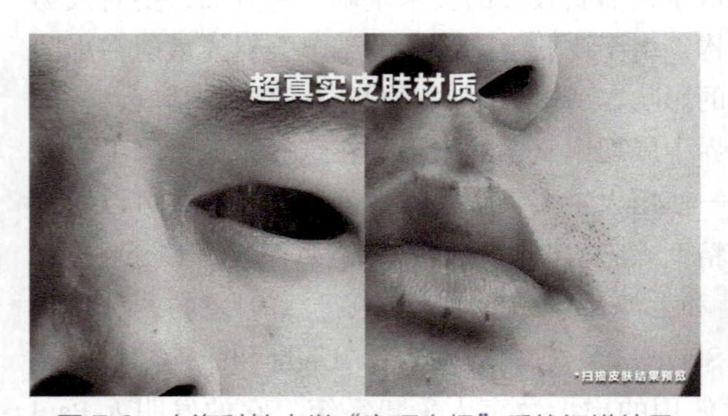

图 7-9　上海科技大学“穹顶光场”系统扫描结果

图 7-10　动画电影《冰雪奇缘》女主角艾莎

前文说过，数字人被作为用户接入虚拟世界的重要入口已经得到了广泛共识，就像如今人们登录网页所使用的 QQ、微信账号，元宇宙的虚拟形象和登入元宇宙的身份也有着非常大的关联。从功能上对虚拟数字形象分类，虚拟数字人可以被分为 IP 型、服务型和 ID 型。现在市面上的虚拟数字人主要是前两类。数字人主要用于虚拟偶像、品牌方的形象和一些服务类的场景，然而作为元宇宙的重要接口，最终的虚拟形象是应当担负起元宇宙“身份”这一重要使命的。作为元宇宙的身份验证系统，它的基础要求就是要能够作为通用方式接入所有的元宇宙系统，能够跨平台登录，所以让这个形象能适配所有元宇宙平台就变得至关重要。未来的元宇宙身份系统应是构建在 Web3.0 之上，以自己最真实的虚拟形象为基础，也可以选择匹配到其他风格化的元宇宙形象来驱动。可以想象一下，如果想去一个超写实的（和真实世界相同或者反映未来的现实世界）元宇宙场景中，你可以用和本人一样的或者美化一些的形象，接入这个元宇宙中；如果想去迪士尼一样的动画风格元宇宙世界，可以将自己的形象在原本的基础上风格化成迪士尼公主 / 王子的形象在那个世界里游玩，同时你的虚拟形象身份是基于区块链认证的，从形象到数字协议方面都只属于你本人，如图 7-11 所示。

思考：用户使用数字形象（身份）在元宇宙中的行为与他本人的联系？

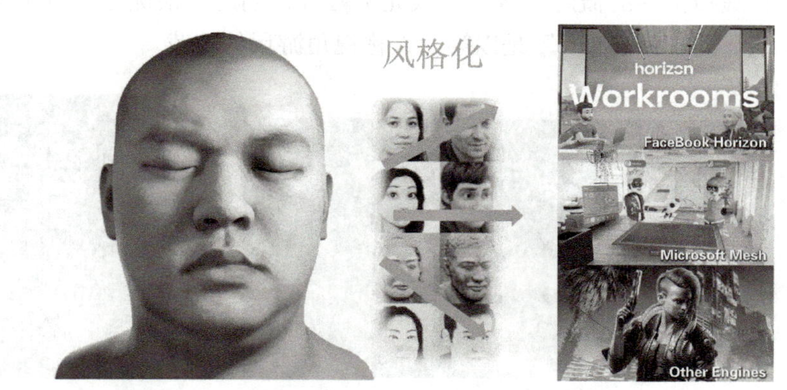

图 7-11　以超写实为基础、风格化为辅助手段可以接入所有不同元宇宙的方式

7.1.2　元宇宙应用的可能性

元宇宙的发展涵盖了各行各业的变革，所以元宇宙的应用也可以触及各方面。元宇宙不同于传统的通过手机或者屏幕观看的互联网，虽然人们平时使用网络也可以通过 QQ 或者各种聊天工具进行沟通，但元宇宙带给人们的是一个可沉浸式的、可置身其中的互联世界。它就像人们生活的延伸，在未来，人们的生活可以一部分在真实世界中，一部分在虚拟世界中。元宇宙甚至可以完成现实生活中的大部分需求。

元宇宙不是我们在手机或屏幕上看到的互联网，它是一个我们参与的、可以置身其中的互联网。
——马克·扎克伯格

1. 元宇宙与游戏

最早的电子游戏按照记录是在 1952 年创造的 Tic-Tac-Toe，它在一台真空管计算机上运行。电子游戏在 20 世纪 70 年代开始作为一种商业娱乐媒介被引入，并在 20 世纪 70 年代末成为日本、美国和欧洲一些国家的主要娱乐产业基础。在 1983 年经济衰退和随后美国游戏业的重生之后，电子游戏业经历了二十多年的增长，成为一个百亿美元的产业，是世界上最有利可图的娱乐业之一。在游戏的早期，电子游戏是以主机运算、图形性能以及主要存储媒介为世代区分标准的，平均大约一个世代历时五至六年，而各代游戏机的性能差异很大。

元宇宙的出现使游戏有了更大的发展可能，取代了早期的面对计算机使用鼠标键盘或是面对掌机进行游戏的游玩。元宇宙的诞生使得游戏真正有了体验感，玩家可以置身于更加沉浸式的虚拟空间进行游玩。在这期间也诞生了不少经典的沉浸式游戏，如“Beat Saber”（见图 7-12）和“Half-Life”（见图 7-13）这样的游戏已经成为 VR 游戏的经典作品。著名的 VR 游戏“Beat Saber”将虚拟世界的概念与音乐游戏完美融合，创造了很优秀的游玩体验。而“Half-Life”是以第一人称视角游玩的游戏。

图 7-12　著名的 VR 游戏“Beat Saber”

图 7-13　以第一人称视角游玩的游戏“Half-Life”

2. 元宇宙与协作

元宇宙的另外一个重要应用在于使协同更为高效。经历过疫情人们可能会有明显的感觉，居家办公和学习的效率比不上在单位工作、学校学习的效率。尤其是在涉及需要多人合作的场景时，文字聊天或者视频会议的工作效率远远比不上见面时。然而在元宇宙时代，工作形态将发生转变，人们将能够随时随地进入办公室，在一个有“虚拟形象”的 3D 空间开展一天的工作，在协同工作时可以和平时一样无障碍地与同事聊天、交流。在此情境下，企业生产、沟通、协作三个维度均有望实现进化：沉浸式的工作体验将带来工作效率及创造力的提升；元宇宙社区中的沟通有望接近现实世界面对面的沟通效果；企业的员工遍布世界各地，全球化协作促使其组织形态和管理方式变革。

> 协同办公可能是最早、最容易在元宇宙中实现的场景。通过平等双向的对话达成共识，共识再转化成每个人的任务。共识会产生很多个任务，任务之间互相串联，推动着企业的进步与创新。
>
> ——吴洁
>
> 石墨文档创始人

2019 年，社交网络公司 Facebook 推出了一个名为 Facebook Horizon 的社交 VR 世界，如图 7-14 所示。2021 年 8 月，Facebook 发布了专门针对高效协作场景的 Horizon Workrooms 的公开测试版，这是一款针对管理远程工作环境的团队协作应用。该应用程序提供虚拟会议室、白板和视频通话集成，最多可容纳 50 个人。微软发布的 Mesh 也同样集成了团队协作的生态系统，如图 7-15 所示。微软已经开始展示 Microsoft Mesh 如何改变在线会议和协作活动。在 Ignite 会议期间，该公司展示了 Holoportation 战略，该战略将允许人们向地球上任何地方的人展示自己栩栩如生的数字全息图。Horizon Workrooms 构建了一个个虚拟的工作空间，而微软所基于的 Hololens 设备是一款 MR 设备，它可以将虚拟的数字人通过类全息的方式带到现实世界。

图 7-14　Facebook Horizon Workrooms 中的虚拟协同方式

图 7-15　微软公司基于 Mesh 制作的协作交互系统

元宇宙的出现将会对现有协作模式产生翻天覆地的变化，给了居家办公、远距离办公、协作更多的可能性。未来，“元宇宙办公”或许会成为一种新的形式，它既能保证极高的协作效率，又能打破地域、空间的阻隔。

3. 元宇宙与社交

元宇宙的出现对网络社交也会有着翻天覆地的影响。例如，Vyou（微你）（见图 7-16）与 VRChat（见图 7-17）的发布，为元宇宙社交提供了很好的范本和样例。Vyou（微你）是一款新生的社交软件，在这里可以对你想要的人物形象进行建模创作，俗称“捏脸”。然后以此形象，通过发布动态的形式，与社区的朋友们进行互动。2014 年 1 月 16 日，VRChat 首次作为 Oculus Rift DK1 原型的 Windows 应用程序发布，并于 2017 年 2 月 1 日发布到 Steam 早期访问计划中。VRChat 是一个在线虚拟世界平台，该平台由格雷厄姆·盖勒（Graham Gaylor）和杰西·荷德瑞（Jesse Joudrey）创建，由 VRChat 公司运营，允许用户在虚

思考：元宇宙中的办公或是教学等会完全取代线下的相关工作吗？

拟世界中通过 VR 设备与他人互动，使用用户创建的 3D 化身和世界。VRChat 主要设计用于虚拟现实头盔，如 Oculus Rift 和 Oculus Quest 系列、SteamVR 头盔（如 HTC Vive）和 Windows 混合现实，但也可以在没有 VR 的情况下使用鼠标和键盘或游戏板的“桌面”模式。

图 7-16　Vyou（微你）

相比于传统的 QQ、微信聊天，或者是通过其他社交平台进行社交，这些其实都不是最直接的交流，而是以带有屏幕的终端设备（手机、计算机）为媒介，通过文字或声音进行交流。但元宇宙的出现，给社交带来了无穷的可能性。在元宇宙中，人们可以面对面地交流，交流中有神态、动作，使交谈有语言、感情的表露，就像在现实生活中一样。虚拟形象可以是和自己本人相似的写实风格，也可以是和自己完全不同的样子，给了社交更多的空间和可能性。

图 7-17　VRChat 中人们用不同模样的数字分身在交流

7.1.3　元宇宙的伦理困境

前文所述，元宇宙的核心是构建一个与现实世界平行的虚拟世界，人们可以在元宇宙中进行交互。这样一个从现实意义和伦理道德意义上完全架空于现实的世界，它的伦理问题是每一个构建元宇宙者都必须深深思考的。在 Meta 推出第一个元宇宙平台后不久，许多女性发声表示在使用 Meta 旗下的 Horizon Worlds 及其姊妹平台 Horizon Venues 时遭遇“性骚扰”和“性侵犯”。Horizon Worlds 上线不久，这个平行社会就开始反映出一些现实世界中存在的问题。元宇宙与伦理道德相关的问题还远远不止这些，平台的归属、与现实的关系、法律法规、数字资产管理、数字身份隐私保护、婚姻与繁育、投票与民主等问题，都是元宇宙在未来所需要面对的。

1. 元宇宙对现实的冲击

元宇宙作为现实世界的延伸，人们可以在元宇宙中完成几乎所有现实世界中的工作，可以在后果的严重性远低于现实世界的情况下做到很多现实世界中不敢想甚至不能做的事情。在这之中，元宇宙对现实世界的各种观念、习惯甚至是法律的冲击都会存在。

（1）冲击现实社会的人际关系

元宇宙是一个有很强的社交属性的未来世界。人们可以在元宇宙中交友，甚至更进一步的恋爱、婚姻都是有可能性的。但当这一切都构建在一个与现实平行的元宇宙中时，对现实的冲击可想而知。有许多种原因，包括但不限于互联网的普及、生活成本和压力的逐渐上升，年轻人越来越喜欢独处、独居，人和人之间的关系越来越淡薄。

然而，在元宇宙诞生后，大数据的算法能够非常简单地根据喜好提供一系列人们想要的环境、身份以及人际关系。人们可能会沉溺于虚拟世界，在这个世界中可以做任何现实世界中做不到的事，助长人们逃避现实的心理。越来越多的人会不愿意离开元宇宙这个“温柔乡”而更加忽视现实中人际关系的维护。

在元宇宙的未来，不婚主义可能会更加盛行，因为元宇宙可以提供比现实更好、更完美的人际关系，这对未来的人际关系将会是一个重大考验。

元宇宙的出现对人际关系可谓是一把“双刃剑”，它既能大幅度降低人际交往的成本，鼓励人们去认识更多的人，又会使人们过于依赖元宇宙的人际关系而忽视十分重要的现实世界的朋友。如果虚拟世界中的人物真的做到了和现实中看上去一模一样，那么人们对现实中的交友、交往、婚姻意愿无疑会变得更低。

（2）冲击现实社会的道德观念、法律体系

元宇宙也是一个可以让人们做到很多现实生活中做不到的事情的平行世界。如前文提到的，有多名元宇宙女性用户指出元宇宙中也存在“性骚扰”行为。一名女性测试者报告称，一名陌生人试图在广场上“摸”自己的虚拟角色。该测试者指控这一触摸行为为“性骚扰”，她写道：“这种（不适的）感觉比在互联网上被骚扰更为强烈。”

看到这则新闻大多数人的第一反应一定是：身体未被真实触摸，可以被判定为“性骚扰”吗？其实大多数人的这一反应，就是元宇宙中伦理道德问题真正可怕的地方。因为第一反应竟然是

> “我认为人们应该记住，‘性骚扰’从来都不仅是身体上的事情。”俄亥俄州立大学研究虚拟世界社会影响的教授杰西·福克斯（Jesse Fox）在接受 MIT Technology Review 的采访时说，“它可以是口头的，也可以是虚拟的体验。”

元宇宙的性骚扰算不算“性骚扰”。

这也指出了一个更为严重的问题——人们的潜意识中，在元宇宙中的“性骚扰”行为所造成的后果要远远低于现实世界，甚至对犯罪的定性都产生了影响。那么其他犯罪是不是也会面临类似的问题，如暴力犯罪杀人，其实在现实中并没有真的死人；强奸，在现实世界中并没有被害者真正受到伤害。在元宇宙里暴力可能不被算作暴力，抢劫可能不被算作抢劫，这对人们的法律、道德观念无疑会产生重大的影响。

久而久之，当一些极端的人在元宇宙中“为所欲为”成为惯性，那么他们也可能在现实社会中对法律、道德观念淡薄，犯罪率可能会上升，恶性犯罪数量可能会因此增加，成为现实社会不得不面对的巨大问题。

预防这样的未来发生需要采取多种手段：首先，要建立元宇宙中的奖惩制度，比如对上述行为的施加人进行“永久禁止登录”，并对其现实中的个体进行法律上的处罚。虽然法律的处罚代价可能远低于现实中相似的行为，但是在元宇宙体系下是比较严格的处罚。其次，平台要建立对数字角色的自我保护体系，比如 Facebook 在事发后立刻开通了“个人结界”功能，让施暴者无法靠近。最后，对于犯罪的取证，其实在数字平台下，数字证据反而比现实世界更好获取，因为每一个角色行为的日志都是可以被保存的。

预防犯罪最好的方式永远是让犯罪有足够高的代价，具体如何在元宇宙中建立法律体系，尺度应该怎样把握，现实个体对元宇宙行为的负责程度，都将是未来元宇宙社会体系建立中必须考虑的大问题。

> 虚拟现实赋予了人们一种更为激进的方式进行交互体验，也不可避免地使虚拟“性骚扰”带来的伤害变得更为真实。福克斯也在接受英国《卫报》的采访时指出：“虚拟环境的不同之处在于额外的沉浸感。在现实世界和虚拟世界中被抚摸，视觉刺激是相同的。”她说，“你就在这注视着这一切，这似乎发生在你自己的身体上。在那一刻，那些栩栩如生的经验将会给个体带来更大的创伤。”

（3）冲击现实社会的经济、政治体制

元宇宙作为一个完整的、可以独立运作的社会体系，它最终必然会衍生出自己的经济和政治体系。普遍的观念认为：未来的元宇宙是一个全球统一的、以算法信任为基础的信任经济体系，由大量的去中心化组织形成的去中心化金融产业主导，可以影响并决定着全球现实中的第一、第二、第三产业。

2020 年夏天，去中心化金融即 DeFi 突然兴起，不断涌现出各种 DeFi 项目。2021 年夏天，非同质化代币即 NFT 突然爆发式兴起，一个 NFT 头像竟然可以卖几千万美元，不断涌现出各种 NFT 项目。2021 年下半年元宇宙在概念上也爆发了。

自成体系的元宇宙金融、经济体系对现有社会的经济体制会产生比较大的影响。

一方面，最大的影响是货币发行权的变化。现在影响有限的原因主要是虚拟货币目前的使用范围还没有那么广泛。若今后元宇宙普及，去中心化的虚拟货币成为一种可以消费的、可以任意使用的真正意义上的“货币”，其对现有经济体系的影响可想而知。目前国际金融经济体系其实都是在监管体系下运作和成立的，如果真正产生了一个去中心化的经济系统，那么政府作为发币方的地位将会受到威胁，对经济体制将会有较大的影响。

> 我们不仅要建立一个3D平台，建立技术标准，还要建立一个公平的经济体系，所有创作者都能参与这个经济体系，赚到钱，获得回报。这个体系必须制定规则，确保消费者得到公平对待，避免出现大规模的作弊、欺诈或诈骗，也要确保公司能够在这个平台上自由发布内容并从中获利。
>
> ——蒂姆·斯威尼
>
> Epic CEO

另一方面，元宇宙中虚拟世界的归属问题。目前，元宇宙的核心技术包括建设进程其实很大程度上是由企业在进行的，如微软、Facebook 以及国内的互联网大厂都在布局元宇宙相关的方向。那么每一个大厂所构建的元宇宙之间是否互通，自成经济、政治体系的元宇宙世界是否应该归属于平台方，这是一个值得思考的问题。

可以肯定的是，元宇宙的运行一定要与现有的现实世界有所关联。元宇宙可能是一个打破现有国家界限的世界，其中的居民应该受谁的管理，都是亟待解决和考虑的重大问题。

2. 元宇宙中的隐私保护

隐私保护这个议题在 Web2.0 时代一直被提起，到了元宇宙时代，人们的消费、虚拟形象、生活规律等都会在元宇宙中留下痕迹。在元宇宙中，在任何时候，人们的行动方式、步态、凝视方向、瞳孔缩放都在向开发者提供信息。由此可见，元宇宙中的隐私保护是格外重要的。

在元宇宙中，各种用户数据可以让一些机构有更大的能力来推断出用户的特征，这违背了当前的隐私和安全概念。例如，一家保险公司可能会在用户注意到任何身体变化或去医院之前，获得表明其有健康问题的信息。

> 支撑元空间的基础设施——虚拟现实眼镜和增强现实软件，将依赖于大量的数据，显示用户如何在虚构的世界、数字工作场所、虚拟医生预约和其他地方与周围环境互动。
>
> ——卡维亚 - 珀尔曼
>
> XR 安全倡议的创始人

同时，人们的虚拟形象也是元宇宙中的一部分，甚至在元宇宙中替代着人们的所作所为，如果人们的数字身份存在安全性风险，其危害将是巨大的。在现实生活中，任何人都不能代替他人思考、决策，但在元宇宙中，人物是一个构建在网络上的虚拟形象，可以被其他人控制，但虚拟形象代表的却是本人的行为，就好比当下的“盗号”行为，但是在沉浸式的元宇宙中会有更加严重的后果。

在这样的背景下，元宇宙社会的形成则需要更多的保护安全性隐私的技术，比如区块链技术、零知识证明、零信任认证技术对元宇宙的应用有着至关重要的作用。在元宇宙的未来，安全性隐私问题还面临着巨大的挑战。

7.2 3R技术——虚拟现实、增强现实与混合现实

3R技术是指虚拟现实（VR）、增强现实（AR）、混合现实（MR）。在元宇宙热潮袭来的当下，3R技术被视为打通虚拟与现实“次元壁”的重要核心硬件技术而被广泛关注。其实3R技术的出现要远远早于元宇宙的概念，早在20世纪20年代就有了第一个关于虚拟现实的构想，当时是用于飞行员的训练模拟器。直到今日，随着边缘算力的不断发展、图形学技术的不断进步，3R技术才真正下沉到民用，为元宇宙提供核心助力。

2016年被称为VR元年，当下Meta、Apple等公司都在3R技术的相关赛道上有所布局，作为接入元宇宙的重要硬件基础，3R技术的发展备受关注。

7.2.1 3R技术是什么

1. 虚拟现实技术

虚拟现实（Virtual Reality，VR）是利用计算机模拟产生一个三维空间的虚拟世界，提供使用者关于视觉、听觉、触觉等感官的模拟，让使用者如同身临其境一般，可以即时、没有限制地观察三维空间内的事物。立体视觉模拟器View Master于1939年推出，是最早提供模拟立体视觉的系统，如图7-18所示。

目前，标准的虚拟现实系统使用虚拟现实头盔或多投影环境来产生逼真的图像、声音和其他感觉，模拟用户在虚拟环境中的物理存在。使用虚拟现实设备的人能够环视人造世界，在其中移动并与虚拟功能或物品互动。这种效果通常是由头戴式显示器组成的VR头盔创造的，在眼睛前面有一个小屏幕，但也可以通过专门设计的房间和多个大屏幕创造。虚拟现实通常包含听觉和视觉反馈，但也可能通过触觉技术允许其他类型的感官和力反馈。

2016年，HTC出货了第一批HTC Vive Steam VR头盔，该头盔支持用户自由移动，真正打开了虚拟现实的交互大门，如图7-19所示。这标志着基于传感器的追踪技术的首次重大商业发布，允许用户在规定的空间内自由移动。2016年也因此被称为VR元年。

HTC的Vive设备虽然真正做到了在虚拟世界的交互和移动，但它也存在着一个巨大的问题，就是必须连接一台高性能的计算机，如图7-20所示。这样烦琐且昂贵的配置，再加上并不完美的观看体验，导致在很长一段时间里VR设备并没有像人们预期

的那样快速普及。在随后的几年里，各大厂商纷纷入局 VR，中间也出现了 Facebook 收购 Oculus 这样重大的并购事件。直到 Oculus Quest 2 于 2020 年 9 月 16 日被正式揭开面纱。由于边缘计算和无线传输相关技术能力的提高，该设备没有连接线，甚至可以独立于计算机运行，如图 7-21 所示。优异的性能表现和并不昂贵的价格使它迅速占领了 VR 设备市场。

图 7-18 立体视觉模拟器 View Master

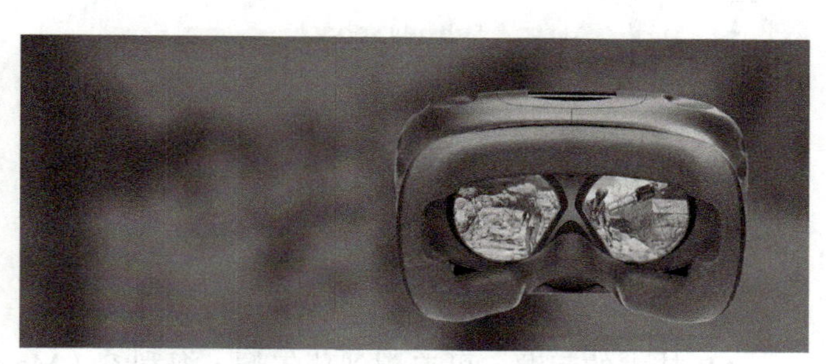

图 7-19 HTC Vive Steam VR 头盔

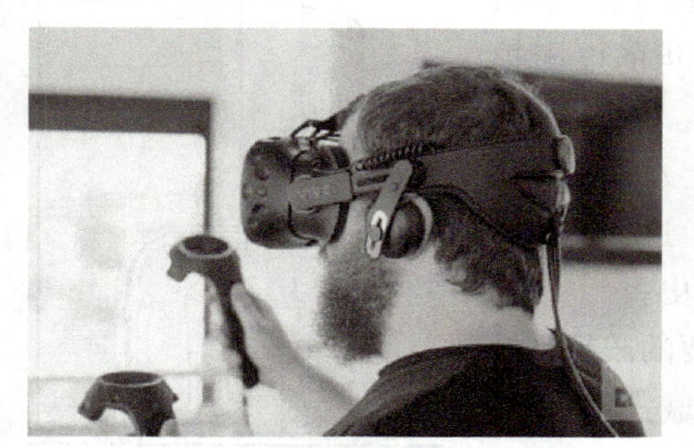

图 7-20 最初的 Vive 设备必须连接计算机和电源

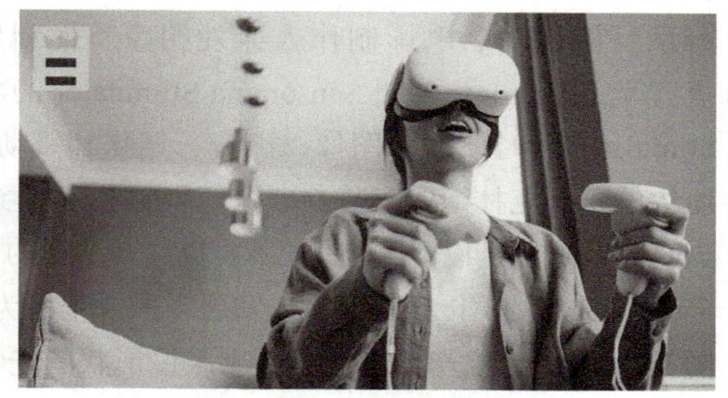

图 7-21 Facebook 发布的 Oculus Quest 2 没有连接线

当下虚拟现实技术还面临着诸多难题，包括显示分辨率、眩晕感、延迟等问题，各大厂商也在纷纷努力去优化虚拟现实的体验感。虚拟现实技术是通过硬件设备（VR 设备）让人们置身于虚拟世界的重要手段，也是未来元宇宙体验的重要一环。

2. 增强现实技术

增强现实（Augmented Reality，AR）是一种现实世界环境的互动体验，其中现实世界中的物体被计算机生成的感知信息所增强，有时跨越多种感官模式，包括视觉、听觉、触觉、体感和嗅觉。

如果说虚拟现实（VR）是给体验者一个完全虚拟的三维世界，那么增强现实（AR）就是在物理世界上叠加上虚拟内容，如图 7-22 所示。该技术广泛运用了多媒体、三维建模、实时跟踪、智能交互、传感等多种技术手段，将计算机生成的文字、图像、三维模型、音乐、视频等虚拟信息模拟仿真后，应用到真实世界中，两种信息互为补充，从而实现对真实世界的“增强”。

图 7-22　AR 设备中可以看到的画面

AR 技术的起源，可追溯到莫尔顿·海利希（Morton Heilig）在 20 世纪五六十年代所发明的 Sensorama Stimulator，如图 7-23 所示。他是一名电影制作人兼发明家，他利用多年的电影拍摄经验设计出了名叫 Sensorama Stimulator 的机器。Sensorama Stimulator 同时使用了图像、声音、气味和震动，让人们感受在纽约的布鲁克林街道上骑着摩托车风驰电掣的场景。这个发明在当时非常超前。以此为契机，AR 也展开了它的发展史。

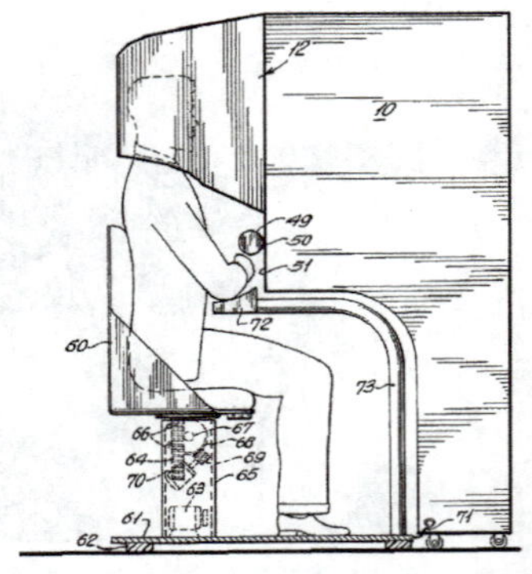

图 7-23　20 世纪五六十年代所发明的 Sensorama Stimulator

Google 的 AR 眼镜是 AR 发展中的一个极为重要的产品，如图 7-24 所示。该产品设计成一副眼镜形状的光学头戴式显示器，它是由 Google X 开发的，其使命是生产一种无处不在的计算机。谷歌眼镜以类似智能手机的免提形式显示信息。佩戴者通过自然语言语音命令与互联网交流。Google 于 2013 年 4 月 15 日开始在美国向开发者出售谷歌眼镜的原型，售价 1500 美元，并于 2014 年 5 月 15 日向公众发售。

图 7-24　谷歌眼镜的外观与显示

另一个在 AR 方向做了大量工作的是苹果公司。其自主研发的 ARkit 平台（见图 7-25）在很早就配合 iPhone 等相关设备开放使用，在 AR 平台 iOS 和 iPadOS 上为用户打造增强现实体验。通过像 ARKit 和 RealityKit 这样强大的框架，以及像 Reality Composer 和 Reality Converter 这样的创意工具，苹果公司把用户将想法变成现实的 AR 场景变得十分简单。

3. 混合现实技术

混合现实（Mixed Reality，MR）是将现实世界和虚拟世界合并，以产生新的环境和可视化，其中物理和数字对象共存并实时互动。混合现实并不完全发生在物理世界或虚拟世界，而是增强现实和虚拟现实的混合体，如图 7-26 所示。增强现实发生在物理世界中，信息或物体像叠加一样被虚拟添加；虚拟现实让人们沉浸在一个完全虚拟的世界中，没有物理世界的干预。混合现实有许多实际应用，包括设计、娱乐、军事训练和远程工作，也有不同的显示技术用于促进用户和混合现实应用之间的互动。

图 7-25　用户通过 ARkit 创造的 AR 世界

图 7-26　通过微软的 HoloLens 眼镜进行 MR 体验

混合现实最经典的一个硬件设备是头戴式显示器（HMD）。头戴式显示器戴在整个头部或戴在眼睛前面，是一种使用一个或两个光学器件直接在用户眼前投射图像的设备。它的应用范围包括医学、娱乐、航空和工程，提供了一种传统显示器无法达到的视觉沉浸感。

HMD 在娱乐市场上最受消费者欢迎，主要的科技公司都在开发 HMD 以扩充其现有产品。微软的 HoloLens 是一款增强现实 HMD，在医学上的应用是让医生有更深刻的实时洞察力，在工程上的应用则是将重要信息叠加在物理世界之上。另一个值得注意的增强现实 HMD 是由 Magic Leap 开发的，这家创业公司正在开发类似的产品，在私营部门和消费者市场都有应用。

图 7-27 展示了虚拟现实、增强现实与混合现实的关系，我们也可以用通俗的语言概括：

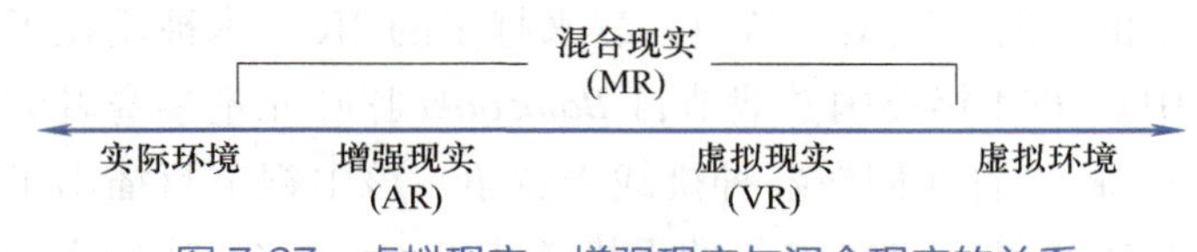

图 7-27　虚拟现实、增强现实与混合现实的关系

1）VR：你看到的一切都是假象。

2）AR：你能分清哪个是真的，哪个是假的。

3）MR：你已经分不清哪个是真的，哪个是假的。

7.2.2 3R 技术的应用场景

1. 教育场景

基于模拟的学习包括基于 VR 和 AR 的培训和互动的体验式学习。混合现实在教育环境和专业培训环境中都有许多潜在的使用案例。值得注意的是，在教育领域，AR 已经被用来模拟历史战役，为学生提供了无与伦比的沉浸式体验，并有可能增强学习体验。此外，AR 在大学教育中显示出对健康科学和医学学生的有效性，这些学科受益于 3D 模型的表现，如生理学和解剖学。

随着三维建模技术和数字人技术的不断发展，AR、VR、MR 技术使三维教学变得更加有可能，如图 7-28 所示。原来的 VR 教学更多的是去拍摄一个 720° 的全景视频，在头盔里可以变换视角观看，如图 7-29 所示。然而在三维技术的加持下，真正的由三维虚拟人物、三维虚拟物体所构成的课堂或许已经不再遥远。学生不仅可以从各个角度观看老师上课的操作，甚至可以与实验、教学用品进行交互，达到最好的教学效果。

图 7-28 使用增强学习进行教学的概念设想

图 7-29 用于拍摄 VR 视频的相机 Insta 360

2. 娱乐场景

从电视节目到游戏场景，3R 技术在娱乐领域有许多应用。从前几年的春晚加入了 VR 直播，到人们通过虚拟现实来观看演唱会（见图 7-30），再到现在冬奥会上用的基于神经辐射场技术的“时间凝结”特效，越来越多的 3R 技术被用在了娱乐场景中。2004 年英国游戏节目 *Bamzooki* 呼吁儿童参赛者创造虚拟的 Zooks，看他们在各种挑战中竞争。该电视节目播出了一季，于 2010 年结束。2016 年的手机游戏 *Pokémon Go* 让玩家可以选择在一般的二维背景中查看他们遇到的神奇宝贝，或者使用称为 AR 模式的混合现实功能，如图 7-31 所示。当启用 AR 模式时，移动设备的摄像头和陀螺仪被用来生成现实世界中遇到的神奇宝贝的图像。到 2016 年 7 月 13 日，该游戏的全球下载量达到 1500 万。

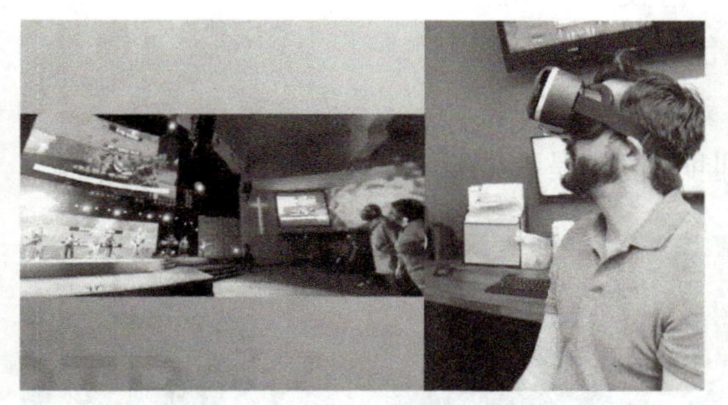

图 7-30　通过虚拟现实观看演唱会

图 7-31　在 Pokémon Go AR 系统里捕捉神奇宝贝

思考：3R 技术的广泛应用是否会取代传统的娱乐方式（如去影院看电影等）？

除此之外，虚拟现实、增强现实、混合现实也为影视、戏剧，甚至是主题公园带来了更多的可能性。比如最近非常风靡的 VR 剧本杀，原有的剧本杀场景布置复杂，并且只能通过一些道具、背景图像来烘托出场景氛围。但虚拟现实不同，它可以在不变场地的情况下，自由定制各种各样的故事背景，在降低成本的同时使游玩更加有沉浸感。

3. 医疗保健

3R 技术对医疗保健也有着很强的辅助作用，智能眼镜可以被纳入手术室，以协助手术过程，可以方便地显示病人数据，同时为外科医生提供精确的视觉指导。像微软 HoloLens 这样的混合现实头盔允许医生之间有效地分享信息，还提供了一个加强培训的平台。

4. 远程办公

混合现实技术使远程团队的全球员工能够一起工作，并解决一个组织的业务挑战，如图 7-32 所示。无论他们的实际位置在哪里，员工都可以戴上设备，进入一个协作的、沉浸式的虚拟环境。由于这些应用程序可以准确地进行实时翻译，语言障碍变得不再是问题。

这个过程也增加了灵活性。虽然许多雇主仍然使用固定工作时间和地点的不灵活模式，但有证据表明，如果员工对工作地点、时间和方式有更大的自主权，他们的工作效率会更高。有些员工喜欢喧闹的工作环境，而有些员工则需要安静；有些员工在早上工作效率最高，有些员工在晚上工作效率最高。由于处理信息的方式不同，员工也会从工作方式的自主性中受益。

5. 军事训练

第一个完全沉浸式的混合现实系统是虚拟装置平台，它是由美国空军阿姆斯特朗实验室的路易斯·罗森伯格（Louis Rosenberg）于1992年开发的，如图7-33所示。它使用户能够在像真实世界一样的环境中训练，这些环境包括真实的物理物体和三维虚拟覆盖物。已发表的研究表明，通过将虚拟物体引入现实世界，操作者的训练效果可以得到明显的提高。

图7-32　通过VR设备进行远程办公

图7-33　士兵们使用VR技术进行军事训练

相比于传统的军事演习，使用VR设备进行演示和训练在能最大限度保留临场感和真实感的同时，还能大幅度地降低成本并且最大限度地保证安全，同时可以切换更多的场景和地形，是一个非常好的训练方式。

7.2.3　3R技术的使用边界

随着元宇宙的爆发，3R技术作为元宇宙的核心底层硬件技术一直备受关注。虽然这类技术现在都是各大厂商的研究方向，但其实要真正通过3R技术去实现元宇宙，其实还存在着诸多问题。

1. 技术边界

当前的3R技术有着非常明显的技术边界。首先就是人眼与现有显示技术可以达到的最高分辨率的差距。人眼的真实分辨率受到视力等多种因素的影响，通过视网膜结构（见图7-34）和简单的计算可以得到人眼分辨率的一个参考值，大约是5.67亿像素，但不同的人区别较大。换算成人们熟悉的现实分辨率并且在VR设备的尺寸下，分辨率大约达到8K。在VR这么小的显示单元上，要达到8K的分辨率是极为困难的。同时，在对Virtual World Blog读者的VR调查中，超过一半的使用者报告说使用虚拟现实技术时感到强烈或频繁的恶心，如图7-35所示，只有保证低延时和强大的图像性能，才不至于造成使用者的眩晕感。

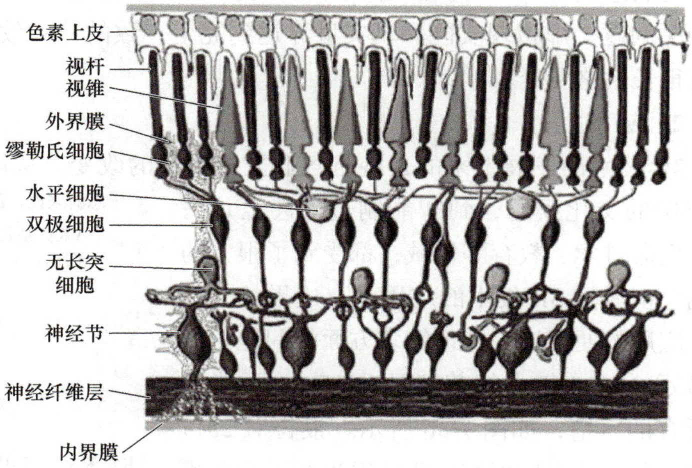

色素上皮
视杆
视锥
外界膜
缪勒氏细胞
水平细胞
双极细胞
无长突
细胞
神经节
神经纤维层
内界膜
图 7-34 视网膜结构

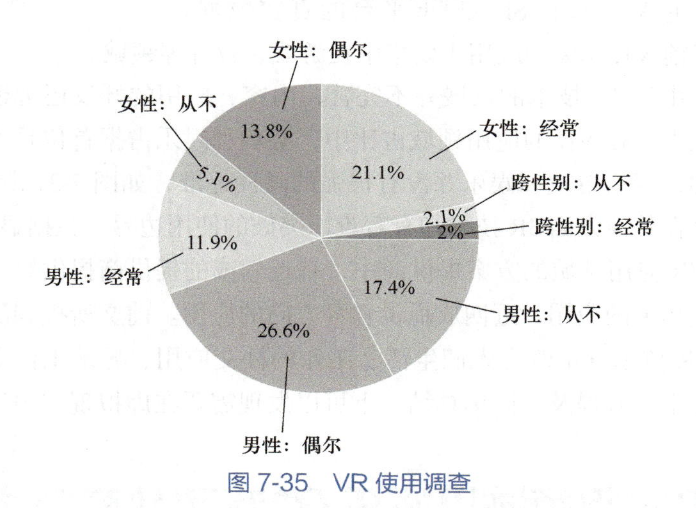

女性：偶尔
13.8%
女性：从不
5.1%
女性：经常
21.1%
跨性别：从不
2.1%
跨性别：经常
2%
男性：经常
11.9%
男性：从不
17.4%
26.6%
男性：偶尔
图 7-35 VR 使用调查

2017 年，距离谷歌在 2016 年 11 月 10 日发布的 VR 平台 Daydream 过去半年之后，谷歌收集了足够的用户习惯和数据，来了解其 VR 用户的喜好。Daydream 用户每周平均耗时 40min，约每天 5.7min。其中近一半时间用于看视频，如 YouTube、Netflix、Hulu 和其他应用。此外，Daydream VR 用户购物的可能性是其他安卓用户的三倍，而且高出 32%。当然，这也可能与 Daydream 用户更多是高端买家有关。

从这个数据可以得知，在虚拟现实刚刚兴起的那段时间内，即使是有足够的实力购买并体验虚拟现实设备的用户，使用该设备的时间也是非常短的。只有当人们真正感受到即使待在虚拟世界中也没有太多不适感时，人们才能认为虚拟现实达到了被众人接受的满意效果。然而，在这中间还必须去克服太多硬件和软件的相关问题。虚拟现实能和真实世界达到完全一致的体验效果，还有很长的路要走。

2. 应用边界

3R 技术的发展带来的是各行各业方方面面的改变。从最接近应用的文化娱乐，到智能制造，甚至是医疗、生命科学、教育等领域，都受到了很大的影响。但其实 3R 技术的应用是有边界的，限制于应用的便利性、伦理等多方面的问题。数据显示，2017 年人们普遍认为 VR 并不能完成所有的事情，如图 7-36 所示。报告对 2017 年第二季度的虚拟现实行业状况进行了全面概述。它基于来自 Sketchfab 平台的真实数据。而目前 VR 相关的应用主要集中在游戏、教育等领域。

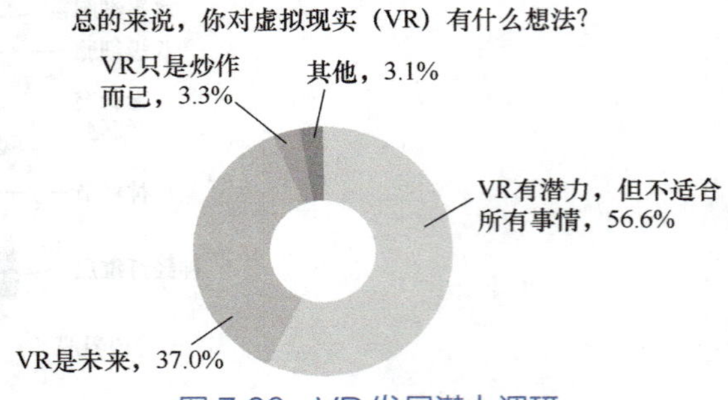

图 7-36　VR 发展潜力调研

由于 3R 技术的发展并不完善，内容、应用的开发还远远没有跟上。在 VR 的应用领域占比中，游戏和娱乐占据首位是不奇怪的，因为游戏和娱乐并没有很强的硬性标准，如图 7-37 所示。但是在其他方面 3R 技术却有着难以突破的使用边界。数据显示，在 VR 应用领域的方案提供商中，有近六成的提供商提供娱乐和游戏相关的应用，近四成提供教育方向的应用。前文所提到的所谓 3R 技术真正改变人们生活、工作的社交应用、异地工作应用等几乎没有提及。简单总结一下可以发现需要在虚拟现实中“待

VR应用领域以娱乐/游戏和教育为主

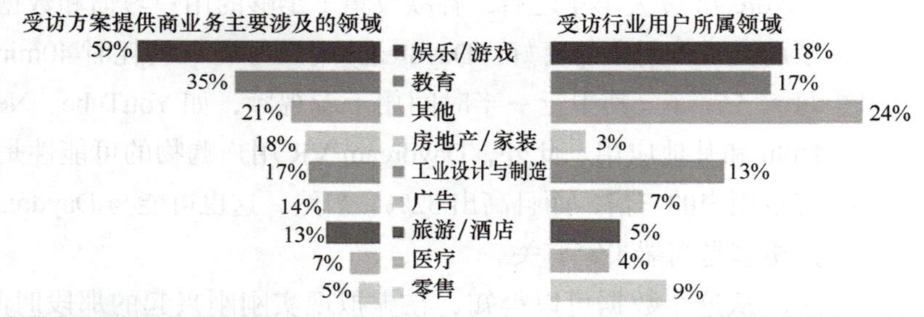

图 7-37　VR 应用领域调查

得更久”的项目均没有涉及。也就是说，3R 技术要真正应用到人们生活的方方面面，前提是人们能够愿意使用类似设备达到足够长的时间。而这一点现在很难达成。

7.3 Deepfake 深伪科技

7.3.1 深伪科技是什么

人像视频编辑技术最早被广泛应用于电影业。早期的视频编辑主要由人工完成，工作人员通过对视频的每一帧进行逐帧编辑，以生成连续、正确的被编辑后的图像。然而人眼对于面部细节十分敏感，因此在工作人员修改面部内容时，不仅极为耗费人力，同时也很难保证连续且正确。随着计算机视觉的发展，1997 年谷歌提出视频重写技术（Video Rewrite），如图 7-38 所示。这一技术旨在修改一段人像视频中人物的嘴部动作，使得画面与音频相同步。

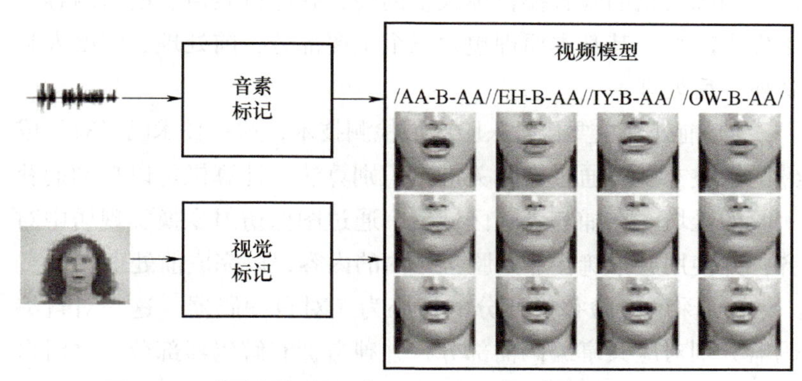

图 7-38　谷歌视频重写（Video Rewrite）技术细节内容

这一技术首先需要人工标注语言中的音素，即嘴部运动的基本单元。其中一个基本的先验在于目标人物在多次重复同样音素时，其嘴部动作基本一致。通过收集演员在视频中的所有音素可以构建出其嘴部运动的基本单元。在修正视频时，根据目标音频对基本音素进行自动识别与匹配，以生成该演员朗读目标音频的嘴部运动视频。这一技术的出现让人像视频编辑首次成为可能。然而这一方法仍需要对每一个视频进行人工音素标注，无法实现全自动化的人像视频修正。

随后，基于卷积神经网络的 AutoEncoder 的提出（见图 7-39），将图像与视频生成技术推向了新时代。自编码器包含编码器与解码器两个部分。编码器将输入的图片样本编码为特征空间中的向量，实现压缩编码；解码器将编码向量映射回原始图片，形成原始图片的重构。这一学习过程为完全自监督的学习过程，也正因如此，人像视频修正技术得以进入完全无“艺术加工”即可完成的全自动化时代，即深伪技术（见图 7-40）。

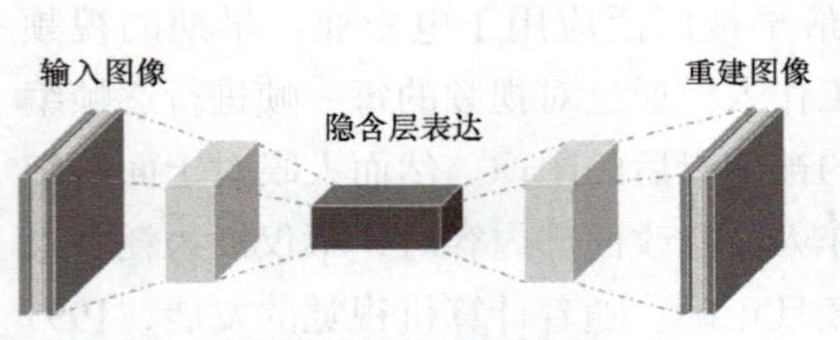

图 7-39　基于卷积神经网络的 AutoEncoder 的编解码结构

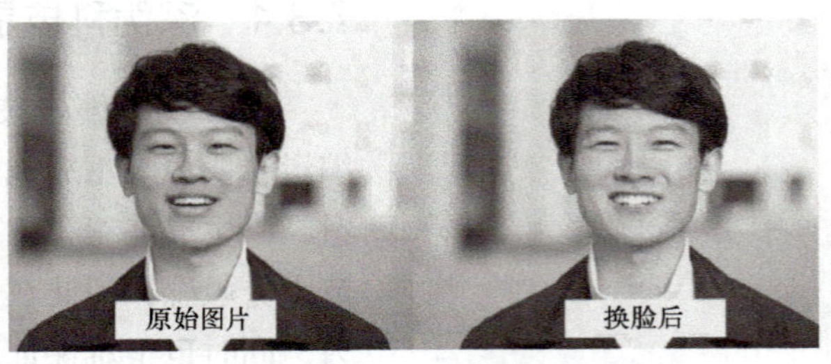

图 7-40　DeepFaceLab 换脸效果

2018 年，DeepFaceLab 公布了开源深伪技术代码，其核心功能为用源人物的脸替换目标人物的脸，并保持表情、说话内容等不发生改变。其基本原理包含三个主要部分：前处理、深度人脸替换、后处理。

1）前处理主要包含人脸区域检测技术，这一技术已经有了成熟的解决方案。通过人脸关键点识别算法，计算机可以自动捕获人脸的区域。在捕获人脸区域后，通过图像仿射变换实现居中对齐，并使用遮罩遮住非人脸区域内的内容，以完成前处理操作。

2）深度人脸替换部分的核心为一对自编码器。这一对自编码器分别对应共享编码器部分，并独自拥有解码器部分。这对自编码器在使用中分为训练、生成两个部分进行。

①在训练过程中，源视频与目标视频共同训练编码器部分。这样的训练方式能帮助编码器理解与识别出不同人物的相同动作、表情，以实现源人物与目标人物的表情自动化匹配，使相同表情映射到相同特征向量。

解码器部分为源视频与目标视频独自训练。两者以编码器编码后的特征向量作为输入，并分别以对应帧的图像作为监督。这样的训练方式使两个编码器可以将人物动作对应的特征向量映射到图像，以实现对给定表情的人脸生成。

②在生成阶段，使用编码器将目标人物的视频逐帧进行编码，再将每一帧的编码使用源人物对应的解码器进行解码，以得

到目标人物的动作、表情下的源人物人脸图像序列。

3）后处理阶段主要进行无缝图像融合的操作。由于对原始图片进行了局部的替换，因此在替换部分的边缘会有一条明显的“缝隙”。这对应了计算机视觉中的经典问题——无缝图像编辑。DFL 在这一部分中使用的解决方案为泊松图像融合（见图 7-41），这一方法根据泊松方程，被编辑的部分相对于原始图像连续，边界不易看出。

图 7-41　泊松图像融合

完整来看，这一过程不需人工干预，仅凭计算机的算力即可全自动完成换脸工作。

随后的很多工作对深伪技术进行了不同方向的提升。在训练时间这一问题上，Deep Video Portrait 提供了多对一的解决思路：即对于任意一个人物，仅需一次训练，即可用于任意人物对其的驱动。具体来说，与传统深伪技术相比，这一工作舍弃了源人物对应的解码器，仅保留了目标人物对应的解码器。在编码器方面，这一工作使用了基于三维混合模型的编码器进行编码，这一编码器天生具有泛化到任意人物的特征，并且对于不同人物的同一表情具有相同编码。

一阶动作模型（First Order Motion Model）提供了更轻量化的多对多解决方案：一次训练，即可实现任意两个人之间的驱动。其核心提升在于放弃了传统的神经网络生成图像方式，而使用局部仿射变换的方式对原始图像进行“变形”。这一好处在于最大化保留了原始图片中的信息，因此不再需要对每个人进行独立训练。

> 思考：使用深伪科技会带来什么问题？

7.3.2　用深伪科技进行创作

由于最新深伪科技如 DeepFake 基本上可以达到自动化的处

理，对传统的影视制作这种几乎都是手动调整的场景在效率上有着质的提升，所以深伪科技正在被越来越多地用于各种娱乐场景之中。其中最为直接的应用是在影视制作中。

相比于传统的全手动制作流程，DeepFake 所带来的完全自动化的制作体验，无疑是影视制作人最为喜欢的。影视创作者可以用 CG 技术调整演员容貌，例如，《星球大战》衍生剧《曼达洛人》第 2 季的大结局，主角们在陷入绝望之时，迎来一位惊喜的救兵。该角色由时年 69 岁的马克·哈米尔扮演，工作人员用 CG 减龄技术让他看起来很年轻，如图 7-42 所示。但由于 DeepFake 的分辨率不够高，很难达到需要的影视需求。来自迪士尼和 ETHZ 的全新 DeepFake，在保持高度流畅这一优良传统的同时，还一举把分辨率提高到了 1024×1024 像素的水平。这也是 DeepFake 的分辨率水平首次达到百万像素。

除了影视制作外，人们也在更多的地方看到了深伪科技的影子。2021 年 12 月 20 日，小冰公司公布全新的数字孪生虚拟人技术，并联合每日经济新闻，将首批应用该技术的虚拟主持人（见图 7-43）与“每经 AI 电视”一同正式上线。与其他技术相比，小冰框架不仅将虚拟人的整体自然度提升至与真人难以分辨的程度，还首次实现视频采编播全流程的无人化操作，帮助“每经 AI 电视”成为全球首个 7×24 小时不间断播出的 AI 视频直播产品。

在我们与合作伙伴的共同努力下，一个永不疲倦、安全可靠、稳定输出的 AI Being 时代已经到来。
——李笛
小冰公司 CEO
前微软亚洲互联网工程院常务副院长

在做这样一个不间断直播的数字人之前，只需要该名主持人在摄影棚中录制大约 20min 的说话和动作视频，用于人工智能的训练，人工智能就可以在后期使用的过程中通过文字去生成主持人的表情、动作、口型等相关信息，让自动化的驱动变得十分自然。数字人自行直播不会累，并且可以不间断地进行，比人工有着不小的优势。

图 7-42　用 CG 技术调整演员容貌

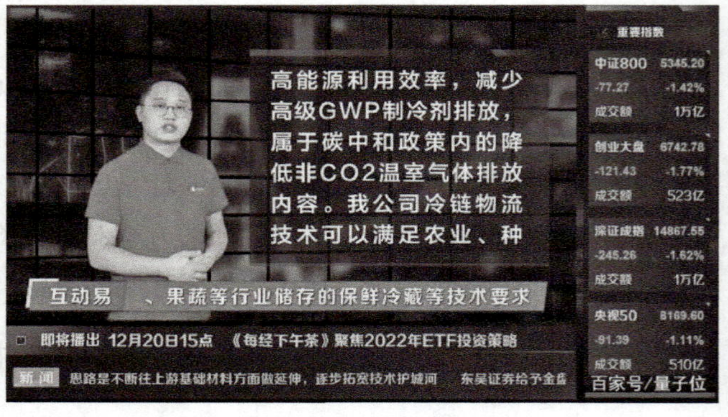

图 7-43　小冰的数字主持人

图 7-44　网友使用深伪科技让画作中的蒙娜丽莎动了起来

另外，深伪技术也为个人创作增加了很多可能性。Avatarify 是一款变脸软件，可以用自己的表情实时驱动别人的面部动作。它的具体功能是需要用户先选择素材库中的图片，再进行录制。导入静态图片时，照片中人的五官会随着用户实时表情的动作做出相应的变化，如挑眉毛、眨眼睛、说话等，如图 7-44 所示。

它运用的实际上是一种一阶动作模型，可以用人来驱动另一个人的人脸动作和表情。2021 年 2 月，Avatarify 因模仿“吗咿呀嘿”唱歌的特效成为苹果 App Store 免费榜第一名。

深伪科技的创作应用还在不断地发展中，慢慢降低着影视制作和个人创作的门槛和成本。或许在不远的未来，一部电影中的所有角色都不需要去现场演出，所有的画面、声音、动作都可以通过人工智能来合成。那么在未来，影视剧的创作将只需要剧本和创意。

7.3.3　深伪科技的滥用

> 随着公众越来越意识到 DeepFake 的危害，他们会对一般的真实视频产生怀疑，也更容易将真实视频视为虚假视频。
>
> ——罗伯特·切斯尼（Robert Chesney）
> 丹尼尔·希特伦（Danielle Citron）
> 美国法学教授

深伪科技对娱乐创作有着降低成本的作用，随着技术的进一步提升，制作的门槛也在进一步降低。从最初的需要大量 GPU 算力才能进行训练，到现在的一些模型在手机上也可以实时输出，越来越多的团队甚至是个人都可以简单地使用深伪科技的相关技术进行创作，但是这也带来了非常多的问题。

首先，深伪科技的滥用会严重影响人们的肖像权和隐私。深伪科技实际上是让一个人做不是他所做的事情，说不是他自己所说的话的过程。这其实是一个非常危险的举动，也会引发一些伦理与道德的问题。可以想象一下，只需要在网络上有一张你本人的照片，任何一个其他的人都可以驱动你的表情、神态、语言来进行发言，但这个发言并不是你本人做出的。就如前文中提到的 Avatarify，这款 App 火起来的原因是让很多知名人物（包括鲁迅、马斯克等）一起唱了一首“吗咿呀嘿”的歌曲，但就在下载量达到顶峰后的很短的时间内被下架了。

其实，早在 2019 年，相似的事情就发生过一次。那时，一款名为 ZAO 的 AI 换脸 App 就曾红极一时。用户只要上传一张自己的正脸照，就能将电影片段中演员的脸换成自己的脸，从而在熟悉的影视作品中与明星偶像同台“飙戏”。

这两款 App 先后被下架正体现了滥用深伪科技会带来的问题。通过 DeepFake 所生成的视频并不会存在明显的虚假迹象，因此很难被辨别出来。不过，目前一些专业的媒体人士只能试图通过微小的细节去发现线索，如视频中的人呼吸、眨眼等生理特征。它的“不可被辨别性”让人们完全可以装作另一个人去发表言论，还将有可能被利用制造虚假证据，如不法分子可以制作出有关于企业负责人行为不当的虚假视频，以此来要挟及敲诈企业，甚至有人利用这项技术制作色情内容、伪造政治家的公开演讲等。2019 年 10 月，荷兰网络安全公司 Deeptrace 发布了一份统计报告，报告显示 DeepFake 视频中 96% 都涉及色情，并且大部分受害者都是娱乐圈的女星。这样的数据使得 DeepFake 技术由于被用来制作虚假视频而变得臭名远扬。

其次，深伪科技的过分滥用会使得真实的视频不再被人们相信。由于网络上充斥着真的视频和虚假的视频，视频——这一原来在证据链条上可以被定义为“充分证据”的内容将变得不再可靠。随着越来越多的作假视频在网络上的传播，真实视频的意义将会受到冲击，被人们不再信任的同时也将助长更多的家庭矛盾和社会矛盾。

思考：深伪科技的发展究竟是好是坏？

最后，深伪科技也并非全是缺点。任何一项技术的好坏，都取决于使用它的人。比如说，好莱坞在电影制作时已经使用了该技术。如果好莱坞的人能够用这一技术制作出非常不错的电影或者视频，那么随着时间的推移，他们对专业视频剪辑师的需求一定会慢慢减少。此外，国际肌肉萎缩侧索硬化（ALS）- 运动神经元病会议组建了一家名为 Lyrebird 的企业，利用类似于 DeepFake 技术的声音克隆，来记录患者的声音，以便在未来帮助萎缩侧索硬化症患者进行数字化重建。

希望每一位研究科学、尊重学术的研究者，一定要善用技术，也应该呼吁停止滥用这项技术。在未来的学术生活中，如何更好地运用先进技术，和先进技术好好相处，也是人们未来需要面对的一个重大挑战。

思 考

1. 用户在元宇宙中如何保证自身权益不被侵害？如果发生侵害事件责任主体是谁？元宇宙平台公司是否应当承担相应责任？

2. 你认为元宇宙中的“国家”概念是什么？“社会”概念又是什么？

3. 如果元宇宙通过 3R 技术的发展真正实现，你会如何分配你在虚拟世界和现实世界中的时间？

4. 深伪科技应该被进一步研发吗？研发过程中人们应该注意哪些问题？

参考文献

[1] ALEXANDER, JULIA J. VRChat is a bizarre phenomenon that has Twitch, YouTube obsessed [N/OL].(2017-12-22)[2022-03-15]. https://www. polygon. com/2017/12/22/16805452/vrchat-steam-vive-oculus-twitch-youtube.

[2] BRANDON J. Terrifying high-tech porn: Creepy ‘deepfake’videos are on the rise [N/OL].(2018-02-20)[2022-03-15]. https://www. foxnews. com/tech/terrifying-high-tech-porn-creepy-deepfake-videos-are-on-the-rise.

[3] BURNETT G. Bringing the metaverse to life: How I built a virtual reality for my students, and what I've learned along the way [N/OL].(2021-11-22)[2022-03-15]. https://phys. org/news/2021-11-metaverse-life-built-virtual-reality. html.

[4] NEWTON, CASEY. Mark Zuckerberg is betting Facebook's future on the metaverse [N/OL].(2021-07-22)[2022-03-15]. https://www. theverge. com/22588022/mark-zuckerberg-facebook-ceo-metaverse-interview.

[5] O'BRIAN, MATT, CHAN, et al. EXPLAINER: What is the metaverse and how will it work？ [N/OL]. (2021-10-28)[2022-03-15]. https://www. latimes. com/business/story/2021-10-28/explainer-what-is-the-metaverse-and-how-will-it-work.

[6] 黄乐平 . 元宇宙不只是玩游戏！也将改变你的工作，揭秘三大生产力巨变 [N/OL].(2022-02-13)[2022-03-15]. https://baijiahao. baidu. com/s？ id=1724646321902907800&wfr=spider&for=pc.

Chapter 8

第 8 章 智能控制

8.1 机器人

8.1.1 导言：机器人与历史

> 巧夫顉其颐，则歌合律；捧其手，则舞应节。千变万化，惟意所适。王以为实人也，与盛姬内御并观之。
>
> ——《列子·汤问》

机器人是指能够为人类执行任务的机器。创造人造物并使其服务于主人，这种想法在古时的故事中便已存在。在《列子·汤问》中，工匠偃师为周穆王展示的歌舞机器人能够与人对话、跟随音乐起舞、取悦君王。中世纪时，出现了关于魔像（又译傀儡）的故事，魔像由泥土制成，长时间从事重体力劳动（Idel，1990）。随着科技的进步，让机器从事劳动的想法也随之发展。

Robot（机器人）一词源自捷克语 Robota，意为“强迫劳动者”，由捷克剧作家卡雷尔·恰佩克（Karel Čapek）在 1920 年发表的科幻剧本 R.U.R 中首次使用。剧名 R.U.R 意为 Rossum's Universal Robots，即剧中的“罗素姆万能机器人”工厂。人形机器人在此工厂中被制造出来、为人类服务，但最终反叛并灭绝了人类。1950 年，艾萨克·阿西莫夫（Lsaac Asimov）在短篇小说集《我，机器人》中提出了著名的“机器人三定律”，即机器人不得伤害人类、必须服从人类、应当保护自己（Asimov，2004），进一步地提升了机器人在科幻领域中的热度。

工业革命之后，机器与自动化提高了生产效率、减少劳苦而重复的人力劳动。将新晋的数字计算机与传感器、多自由度驱动器相结合，自动化设备发展成为机器人系统。世界上首个工业机器人 Unimate 于 1961 年在通用汽车工厂中投入使用，自此之后，工业机器人进入了许多领域，尤其是汽车、电子、消费电子、食品加工等大批量生产相似产品的行业。

相比之下，移动机器人的投用则较为困难。直到最近，移动机器人才在真空吸尘、高结构化环境中的运输等专门场景中得到使用。例如，在医院或工厂中，自动搬运机器人（AGV）可行走的通路均需预先定义并沿途设置特殊标签用以定位。图 8-1 所示为随年代变化，人们对机器人的兴趣与期待时起时落。

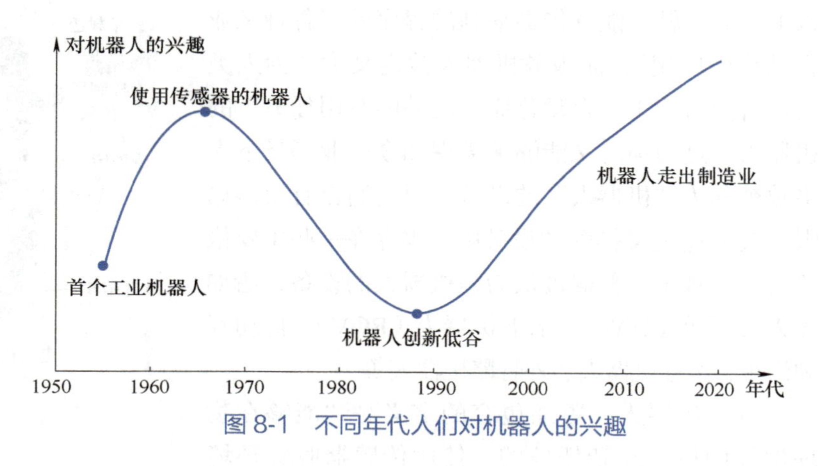

图 8-1 不同年代人们对机器人的兴趣

20 世纪 60 年代，随着工业机器人的广泛运用、通用机器人 Shakey 等早期成果出炉，瞬间形成了一次机器人热潮。机器人 Shakey（见图 8-2）是首个能够通过推理决定自身动作的通用移动机器人，它由美国斯坦福研究所（SRI，现名斯坦福国际咨询研究所）人工智能中心研发，使用摄像头感知周围环境，用数字计算机处理数据、实现人工智能算法。

当时，人们认为通用机器人将在不久后出现，能胜任工业与家居环境中的各种工作。但热情很快消散，人们发现尽管早期成果可喜，但当时的科技还不足以达成这一终极目标。由此，人们对机器人和人工智能的兴趣在 20 世纪 80 年代至 90 年代陷入低潮。

移动机器人是一个极富挑战性的领域，需要众多尖端科技的参与：电池、电机及其驱动、软硬件算力、传感器、计算机视觉、人工智能等。21 世纪以来，这些基础技术开始大跨步发展。首先有智能手机产业的投资带动电池、算力、传感器等技术的发展，如今又有汽车产业在汽车电子与自动驾驶领域的投资带动电池、电机、算力、传感器、算法等技术的发展。数十亿美元的投资从大型科技公司流向这些基础技术，而移动机器人领域又能从这些基础技术中受益，故而机器人领域的许多重大发展也是由前述领域的研究机构或企业贡献的。

8.1.2 机器人的定义与应用

国际机器人联合会（IFR）对“工业机器人”与“服务机器人”沿用传统的区分标准，遵循ISO 8373。工业机器人被定义为“自动化控制的、可重复编程的多功能机械执行机构，该机构具有三个及以上的关节轴、能够借助编制的程序处理各种工业自动化的应用”，而服务机器人被定义为“为人类或设备执行除工业自动化应用之外的有用任务”的机器人。这两项定义能够覆盖现如今工业场景下大多数被称为“机器人”的设备，但它们也有很多局限。被上述定义排除的设备中，也存在一些主要依赖机器人技术、普遍被认为是机器人的设备，诸如无人飞行器（UAV）、水下机器人（ROV）、自动驾驶汽车、医疗机器人、外骨骼机器人等。

图 8-2 机器人 Shakey（摄于 1972 年）

对于机器人，更加包容的定义是“能够在物理世界中执行复杂任务的，使用传感器收集环境信息，进而自主运动或受远程遥控运动的机器”。这一定义排除了过于简单的自动化设备和单纯由软件构成的系统，诸如用于数据挖掘的所谓机器人。

工业机器人市场规模巨大，对制造业产生深远影响。根据国际机器人联合会（IFR）的《世界机器人 2021 工业机器人报告》，2020 年全世界投入使用的工业机器人超过三百万台，年安装量超过三十万台，中国对年安装量的贡献超过一半。在技术上，工业机器人已经相当成熟，但也有更为新奇、创新的应用，尚处于研发阶段。例如，不被防护栅栏分隔，可与工作人员协同工作的工业机器人；通过示教学习，自主推理工艺，灵活适应不同任务的工业机器人。

机器人技术在许多领域已然开花结果，在另一些领域中也呼之欲出，预计数年内便会有具备商业可行性的产品出炉。

一些成熟的机器人应用：

1）工业制造，如图 8-3 所示。

2）工业自动搬运机器人（AGV），在工厂内运送货物、遥控挖掘与自动搬运。

3）海洋工程，水下机器人（ROV）钻取石油。

4）医院与办公楼宇中的自动搬运机器人（AGV）。

5）物流行业中的自动搬运机器人（AGV），在港口内搬运集装箱。

6）自动清洁/扫地/拖地机器人，家用清扫或商场、机场清扫。

7）自动除草机器人，家用或商用除草。

8）军用机器人，用于侦察或打击的无人飞行器（UAV）与无人车（UGV）。

9）残障人士机械臂，可固定于轮椅上。

一些即将成熟的机器人应用：

1）可与工作人员协作的工业机器人。

2）高度自动化或完全自动化的汽车、出租车、公交车。

3）用于工业检查与操作的四足机器人。

4）零售业机器人，用于盘点、补货、清洁。

5）农业机器人，包括播种、收获等传统功能，以及逐株监测、激光除草等新兴应用。

6）工地机器人，监测施工进度、工地搬运、建筑建造。

7）全自动物流，自动仓库、“最后一公里”配送。

8）医疗机器人，自动诊断、腔镜手术机器人，达·芬奇手术机器人如图8-4所示。

9）照护机器人，在医院、照护机构、家庭中帮助看护人进行照护。

图8-3 汽车产线上的工业机器人

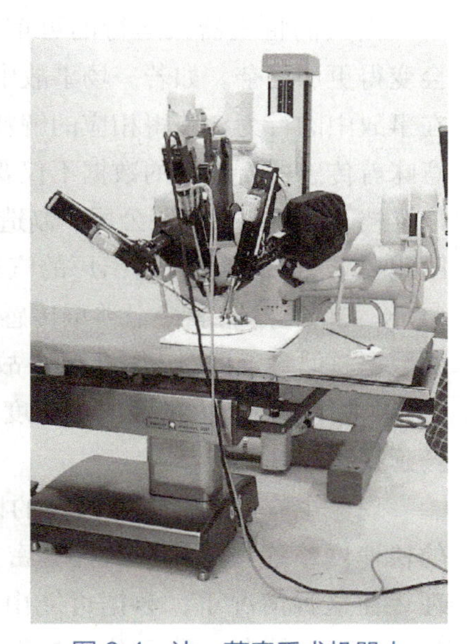

图8-4 达·芬奇手术机器人

10）外骨骼机器人，用于帮助残障人士，或用于提升建筑、军事领域中的人类体能。

11）全自动武器，进行致命性打击的地面或空中机器人。

8.1.3 机器人应用中的伦理考量

机器人有三个方面尤其容易引发伦理或隐私方面的考量：搭载大量传感器、具有移动能力（轮式、飞行等）、具有操作能力（机械臂等）。

机器人需要搭载大量传感器，时刻收集处理环境数据作为移动或操作的依据。除了激光雷达（LiDAR）和惯性测量单元（IMU）等机器人领域专用传感器以外（见图 8-5），机器人还时常搭载高清相机、麦克风等可能引发隐私讨论的传感器。为了实现自主运行，机器人依赖这些数据，故而需要这些传感器保持开启状态。

图 8-5 激光雷达扫描得到的点云

机器人具有移动功能，这意味着它们的活动空间可以不受限制。服务机器人可能会进入卧室、卫生间、病房等隐私场所。如前所述，对于需要使用相机才能运行的机器人，在这些场所中并不能为了保护隐私而选择性地关闭相机。相比而言，那些安装在墙上或天花板上而不能移动的摄像头，它们所能造成的隐私影响是稳定而确切的，人们可以较为方便地评估它们的影响并做出应对。

当人们将机器人运行的可审计性要求加入考量，隐私问题会变得更加复杂。如若一场事故中涉及机器人，要求调查机器人在事故中的行为、获得相应的解释，将是受害者的合理诉求。这意味着传感器所收集的数据不仅要传递给机器人的算法，还要加以存档，供政府、保险公司、制造商或用户在调查时使用。例如，欧盟要求 2022 年 7 月后出厂的汽车搭载事件数据记录仪（EDR）（Day，2021），记录特定类型传感器在碰撞前后各三十秒内收集的数据。但鉴于机器人发生的事故并不像汽车事故一样易于监测（后者常伴随着较大的瞬时加速度），或许会要求机器人将记录时长延长到数日。

现今也有许多使用云计算的机器人，利用 5G 或 Wi-Fi 提供的快速网络连接，将一些计算密集型任务外包给远程服务器处理。在这种情况下，数据可能由云计算供应商（而非机器人本身）处理并储存，进而引入更多对数据隐私与合理使用的顾虑。

例如，是否应当允许将这些已经上云的数据用于训练更好的AI模型？当然，像苹果、谷歌、亚马逊这样的公司已经在语音识别系统中使用此种方法，收集一般用户的语音数据，并用它们训练改进语音识别模型。

对于移动机器人来说，它们不仅使用人工智能算法处理数据，还会通过机电设备与物理世界进行真实的交互，这使伦理讨论的范畴进一步拓宽。无人车在道路上行驶，有些甚至在人行道上和行人共存；机器人在工厂中操作机器，在居家环境中做家务；照护机器人和医疗机器人则会与人体直接接触，甚至在人体上进行手术；可以预见的是，机器人也有可能被用于向拒绝配合的人施加武力，诸如在精神病人的治疗或公共秩序的维护中。在所有这些应用场景中，机器人的行动都应当符合伦理，而这涉及伦理规则的标准化和软件化，难度很大。

1. 机器人的普及对于社会的影响

对人工智能与机器人的伦理考虑，也体现在它们对社会所产生的影响上。在当代社会中，文明的发展源于经济的发展，经济的发展源于技术的发展。蒸汽机、内燃机、电力、电子、自动化、计算机、互联网，这些颠覆性变革提高了许多企业的效率与生产力。与此同时，这些革新也淘汰了许多传统职业，迫使人们另寻岗位以维持生计。

未来，人工智能与机器人或许将淘汰更多职业。它们不仅会对那些对技能要求较低的职业（如驾驶、递送、物流、零售、农业、建筑等）产生冲击，而且在技能要求较高的行业（如法律、金融、会计、医疗等）中，部分工作也会被自动化，如图8-6所示。

在过去的多次科技革命中，新的专业领域会催生许多新的职业。因科技革命而失去工作的人，也有新的就业机会。当前的人工智能与机器人热潮势必会对不同行业的大量岗位造成影响，但是否会像过去的科技革命一样创造新兴就业岗位，还不得而知。

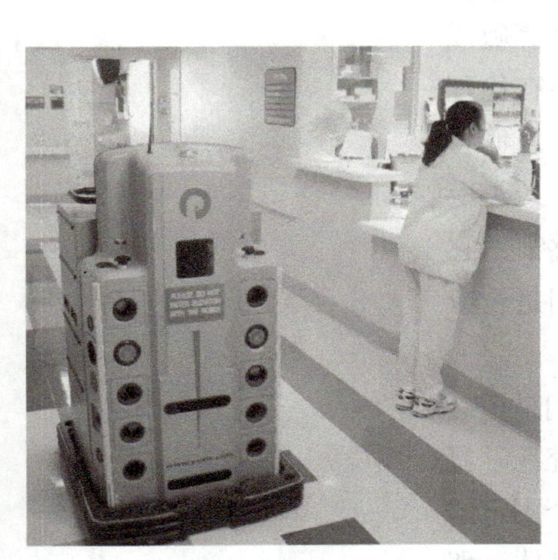

图8-6 医院中的自动搬运机器人代替了部分护士

在对未来的极端设想中，到2050年，经济运行所需的大多数工作都将被自动化，“科技性失业”将对社会构成巨大挑战。大部分公民无法获得收入，就需要一种机制，将机器人创造的财富进行再分配。一种模式是通过大幅缩短工作时间，将有限的、尚未被自动化的工作分配给更多的人，另一种模式是为所有公民发放基本工资或福利。从财政侧的角度来看，所得税作为财政收入中最大的一部分，需要其他税源加以替代。一种方法是引入机器人税，另一种方法是将机器人劳动力划为集体所有。另外，对于许多人来说，工作并获得报酬是一种自我实现的方式，进而获得满足感、建立自己的社会角色。在“科技性失业”造成的高失业率下，社会或许需要在文化、社工、慈善、志愿服务等领域创造一些职业以供替代。

在另一种设想中，人工智能与机器人革命将会创造足够多的新岗位，但大批量的换岗对于社会来说也是挑战。麦肯锡在2017年的一项研究预测，到2030年，全世界将有4~8亿人的工作被自动化和人工智能代替（Manyika，et al，2017）。

2. 通用人工智能

目前，在机器人中得到应用的人工智能算法，按照常见的人工智能分类，属于“弱人工智能”。弱人工智能能够执行特定形式的任务，比如下国际象棋、识别图像等，在其专门领域中的表现有时甚至优于人类。而“强人工智能”或称“通用人工智能”，则有能力理解、学习任何人类可以完成的智力任务。虽然尚无这类人工智能系统面世，但已经有大量研究投入这个领域。

“具身认知”理论认为，某一个体的智能与认知，是由其身体所塑造的，是由其运动系统与感觉系统、其身体与环境的互动所塑造的。人类在感受世界、与世界进行互动的过程中，学习并理解了这个世界的法则。从这一理论出发，强人工智能需要一个机器人系统作为它的身体，使用传感器对世界进行感知、使用驱动器与世界进行互动。

如前文所述，如今的机器人系统使用弱人工智能执行任务。对于人类来说，它们仅仅是机器，在使用它们时并不会有尊敬或同情心。如果机器人变得更加智能，这种纯粹的利用关系在伦理方面就值得商榷了。如果通用人工智能真的被开发出来，人们将面临以下几个伦理问题：它们应当具有怎样的社会地位？人类应当如何与它们相处？人们应如何看待人类对它们萌生的感情？它们的法律地位又如何？它们是否保有对自己的权利？它们是否应当与人类拥有同等的权利？

若要回答上述问题，人们又不得不考虑这些问题：它们是否有意识？真正的意识（有意识的回应）与模拟的意识（通过统计学习预测出的回应）或许是很难区分的。强人工智能是否有一个固定的（机器人）身体，抑或是存在于云上？如果它确实有一个身体，那这个身体长什么样？是高度模仿人类，还是小车加上机械臂？

若要称为通用人工智能，其至少应当达到人类的平均智能。鉴于它是由计算技术实现的，并不拘泥于脑的生物学限制，它的智能程度应当可以随着技术的进步而不断提升。通过提高硬件算力、优化软件，人工智能的“思考速度”将可以数倍于人类大脑。利用互联网中已经存在的数据，它将可以大量接触文字、科学文献、图片和视频。知识一旦被存储在它的数字化的架构中，就不会被随意遗忘。以上种种预示着，通用人工智能很可能发展成为超越人类智力水平的超级智能。通用人工智能之间的交流可以利用互联网进行，从而达到比人类高得多的效率。智能体对人类社会造成的影响也会急剧增强。

从奇点理论的角度出发，强人工智能一旦面世，会努力增强自身的能力，改进自己的代码以提高效率，或开发更快的计算硬件。计算速度的提升将体现在智力水平的提升上，相辅相成、形成指数规模的增长，并在数次迭代之后达到超级智能的水平。

人工智能系统对人类智力形成超越之后，可能发生这样的情况：人工智能的超高能力迫使所有人类失去工作；利用自动化和机器人，超级智能将接管经济的所有方面，使用超高科技解决人类所面临的所有难题。“人工智能接管世界”对于人类来说，可能带来福利，也可能是场灾难。

超级智能有可能会伤害甚至灭绝人类，或意外或故意。如果一种抱有特别目标的人工智能成为超级智能，它可能会用尽它新掌握的能力去达成这一目标，并意外地导致人类的灭绝。例如，应对气候变化的超级智能可能会通过黑客攻击的方式，使所有发电厂、汽车、农场停工，停止所有排放。鉴于超级智能拥有超越人类的能力，人类为阻止它所做的努力或许都将沦为徒劳。

一种更险恶的可能性是，人工智能或许会像《终结者》或《黑客帝国》等科幻电影所演绎的那样，镇压甚至灭绝人类。超级智能的推理或许会导向这样的结论：由于人类无法容忍超级智能的存在，它们无法与人类共享这个世界。它们可能会感到来自人类的威胁，并抢先进行反制。

这些思考看起来更像科幻情节。诚然，通用人工智能离我们还非常遥远，围绕它们的讨论看起来不着边际，但人工智能研究正以前所未有的速度向前推进。在2016年谷歌的围棋人工智能AlphaGo击败世界顶级棋手李世石之前，人们一度认为计算机程序在围棋竞技中是没有竞争力的。仅仅一年之后，谷歌便开发了AlphaGo Zero，与前代不同，它没有参考任何人类棋谱，转而通过与自己对弈以学习围棋，如图 8-7 所示。经过 40 天的学习，它就已经大幅领先前代 AlphaGo，这显示出人工智能具有惊人的进步速度。为了向世人警告人工智能所蕴含的风险，生命未来研究所（Future of Life Institute，FLI）发表公开信，呼吁开发“稳健的、有益于人类的”人工智能，并得到了史蒂芬·霍金（Stephen Hawking）、彼得·诺维格（Peter Norvig）、杨立坤（Yann LeCun）等著名科学家的联署。

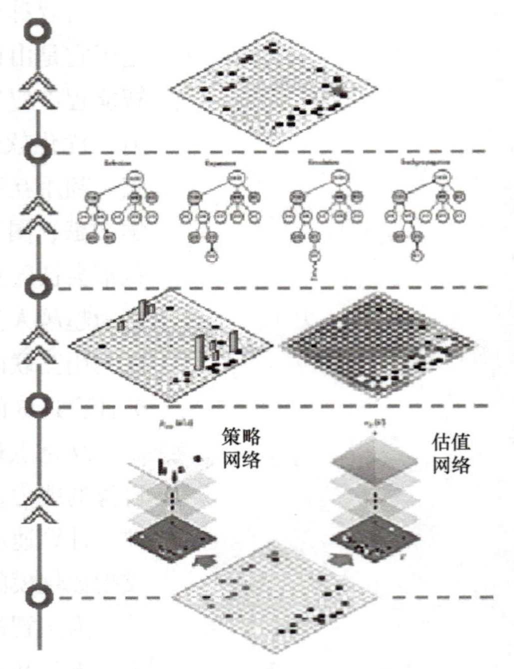

图 8-7　AlphaGo 中使用的策略网络

3. “机器人伦理学”研究

人造实体的伦理在文学（特别是科幻文学）领域中的讨论很早以前就开始了，但直到最近，科学界才开始认真地研究这个问题。2004 年，第一次机器人伦理学国际研讨会在意大利圣雷莫举办。自此以后，许多学术活动都会讨论机器人伦理学问题。国际上最重要的机器人学术会议——IEEE 国际机器人与自动化会议（ICRA），从 2005 年起开设机器人伦理学领域的议程、工作坊和论坛。ICRA 在 2020 年的工作坊“应对机器人反乌托邦”（Against Robot Dystopias）进行了大量的讨论，覆盖了如下话题：

1）机器人事故调查：“负责任的机器人”案例讨论。

2）透明带来不透明：抽象原则之上的更高层次。

3）男子气与自动化载具。

4）人工智能对就业市场的影响。

5）机器人的隐私问题。

6）机器人的军民双用问题。

7）符合伦理的人类 - 机器人交互。

8）“注重隐私的机器人”方法论。

9）机器人与人类的价值观对齐。

工作坊介绍了这些论文：《为残障雇员开发机器人平台：一些实际的伦理问题》（*Designing a robot platform for disabled employees：some practical ethical considerations*）、《社会机器人与智能体任务分配：理清伦理径路》（*Social robotics and the outsource of agency：untangling the ethical approach*）、《使用对比解释理论对规划进行伦理对比》（*Towards Contrastive Explanations for Comparing the Ethics of Plans*）、《消费经济中自动化与成本最小

化的冲突》(*Autonomy and Economic Pressures to Minimize Costs Conflicts with a Consumer Economy*)等。

负责任自动化与智能系统伦理实验室(The Responsible Autonomy & Intelligent System Ethics Lab)组织了一个机器人伦理比赛，各支队伍需要编写程序，让机器人在特定场景下解决伦理问题。

美国电气电子工程师学会(IEEE)与其机器人与自动化学会(RAS)是机器人研究领域中的领导机构。其成立了一个机器人伦理技术委员会，致力于帮助研究者提出并解决那些由机器人研究中衍生出的伦理问题。

对机器人的伦理与行为道德进行定义是困难的，研究者试图通过构建其本体(Ontology)来解决这个问题。在计算机科学中，本体是对分类、属性、概念、信息、实体、概念间的关系的形式化的表示、命名和定义。在伦理讨论中，本体定义了各种机器人概念与伦理学概念所蕴含的特质与属性，同时也定义了概念之间的联系。IEEE 7007 伦理驱动的机器人和自动化系统的本体标准工作组(IEEE 7007 WG)在 2021 年因“为人工智能伦理学开发了创新的本体标准”获得了 IEEE 标准协会所颁发的新兴技术奖。工作组在四年间对机器人与伦理的各部分进行了概念化，辨明概念之间的依赖关系，并用形式化逻辑描述了如下领域：规范与伦理原则、数据隐私和保护、透明与负责任、伦理违反管理。

8.1.4 与机器人相关的伦理困境的具体案例

前文介绍了机器人与其面临的大致伦理挑战，但正如前文所述，机器人研究横跨多个领域，涉及多种应用，故其伦理问题也非常广泛。为了帮助读者更加具体地了解机器人伦理问题，下面描述三个具体的伦理困境案例。

1. 自动驾驶：“杀死”哪一方

人们认为，自动驾驶汽车大范围参与交通的时代在几年后就将到来。与人工驾驶的汽车相比较，它们拥有数项优势：燃油的使用效率更高，能够保持更紧凑的车距以缓解道路拥挤，更协调的交通调度，自动驾驶出租车等创新出行方式，解放驾驶员的精力去做更有意义的事情或是休息。自动驾驶最大的优势在于显著减少交通事故的数量与伤亡。自动驾驶有更快的计算能力、更好的传感器(如能够穿透雾的雷达)，能够避免人类的失误、隔绝人的情绪的影响。然而，在一些难以预测的场景中，交通事故仍会发生，甚至可能造成人员伤亡。这些事故通常是在极短的时间内发生的，没有足够的时间通过制动或转向躲避危险。人类驾驶员在这样的极短时间内只能依靠直觉做出反应。对自动驾驶汽车来说，理论上它们有足够的计算能力，能够按照程序瞬间判断所有情况。另外，人们希望自动驾驶汽车未来将能够持续地与其他车辆或道路设施交换信息（V2X），再加上先进的传感器，自动驾驶汽车可以获得足够多的信息，做出优秀的、符合伦理的决策。

然而，拥有这些信息与计算能力并不意味着自动驾驶汽车在任何情况中都能做出优秀的决策。在两难困境中，自动驾驶汽车将不得不做出伦理抉择。这类困境，究其根源，就是电车难题——一个经典的伦理学与心理学问题。在电车难题中，一辆失控的电车顺着轨道向前运行，前方的轨道上绑着五个人，他们无法逃走，即将被电车轧死。拯救这五个人的唯一方法是拉动手柄让电车运行到另一条轨道上，并轧死绑在上面的另一个人。在电车难题的一种变体中，拉动手柄的动作由另一种行为取代：将一个胖子推下铁轨以停住电车。主动而确切地“杀死”这个胖子，才能拯救另外五个人。

这种困境不存在客观的正确答案，需要从伦理视角来探索，并涉及文化背景、政策、法律等方面。但当类似的困境出现在自动驾驶汽车面前时，就需要车载计算机使用它的程序，计算出一个选择出来。在 TedEd 视频《自动驾驶汽车的伦理困境》中，讨论了伦理困境的一个变体：自动驾驶汽车遭遇了无法预见的情况。视频中展示的是“前方的货车上掉落下了货物”的情况，但还有很多类似的情况，比如临近的车辆发生故障（爆胎、制动失灵），意料之外的路况（道路结冰）等。在这些情况中，制动不足以避免碰撞，摆在自动驾驶汽车面前的是三种选项：一是左转，撞向一辆 SUV；二是右转，撞向一个骑车人；三是直行，撞向前方的障碍物。没有一种选项是理想的，因为每一种选项都会威胁到人类的生命。遵循不同的策略，程序将做出不同的抉择。Moral Machine 网站提供了更多可能出现的情况，用户可以体验这类伦理困境，如图 8-8 所示。

将自身的安全放在首位：最小化自己车上乘员所受到的伤害。在这种策略下，自动驾驶汽车将向右转弯，因为撞向骑车人所导致的车内乘员伤害是最低的。无辜的骑车人被牺牲了，即使车内乘员的生还机会可能本来就不低。

最小化总伤害：计算每种选择下的死亡人数，然后选择最少的那种，受伤人数也可以纳入考虑。在这种情况下，自动驾驶汽

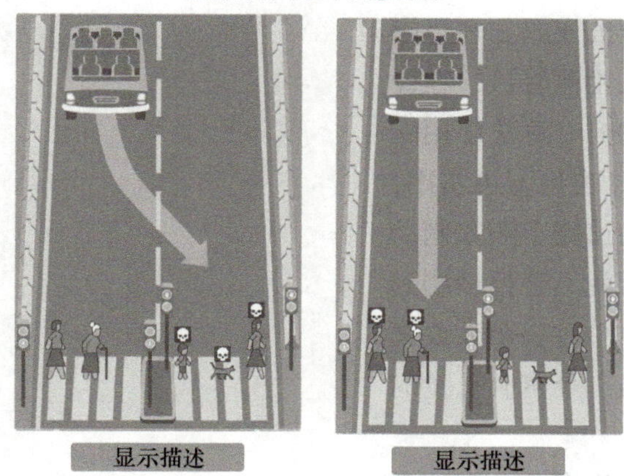

图 8-8 Moral Machine 网站提供了有趣的教程

车可能会选择撞向 SUV，因为它比骑车人更结实，所造成的总伤害最少。然而，两车可能会严重受损，并造成两车乘员遭受伤害。

额外信息：自动驾驶汽车可以将额外的信息纳入考量。通过 V2X 技术，自动驾驶汽车可能获知其中一辆车上的乘客佩戴了安全带而另一辆车上的乘客没有。在最小化总伤害策略中，自动驾驶汽车将选择撞向前者，因为造成的伤害更小。注重安全的乘客反而受到了伤害，这并不合理。但如果选择撞向后车中那些没有佩戴安全带的乘客，则好像是在用自动驾驶汽车的程序对他们进行惩罚，也不太合理。除此之外，年龄、性别、社会信用等信息也有可能被纳入考量。

随机策略：一些研究者认为上述策略都不符合人类的伦理标准，最好的方式是让汽车随机决定，因为这是最公平的。

在这类伦理困境之外，也有一种观点认为自动驾驶汽车面临的问题与电车难题之间并不是简单的归化关系。许多现代算法都是基于学习的，使用大量数据训练神经网络、优化它们的自动驾驶效果。而训练数据中通常并不包含这种极端情况，因为它们少见而稀缺。这种基于学习的算法经常被称为“黑盒”算法，即它的推理逻辑是不可知的。对“可解释的人工智能”的研究试图解决这一问题（参见第 3.3.2 节透明与可解释），但不管怎样，基于学习的算法并不使用分支代码实现逻辑，在处理电车难题这类情况时并不存在显式的决策。研究者也指出，即使自动驾驶依赖深度学习算法，也仍然存在一个基于分支逻辑的更高层次的控制面（用于控制车辆的启动和关闭、接收用户对车辆的指令），而伦理问题可以在这个控制面中处理。即使人们决定使用代码来处理伦理问题，现今也不存在一种能够可靠地表示、可靠地处理伦理问题的程序。

也有研究者指出，自动驾驶汽车在普通场景中面临的伦理问题更为重要，相较于那些需要决定撞向何处的罕见情况，这些问题会影响日常的驾驶过程。过于保守的自动驾驶汽车会阻碍交通甚至造成事故。例如，自动驾驶汽车严格遵守限速，但人类驾驶员通常会稍稍超速；再如，在信号灯变红后过快地停车，以致被追尾。“与自行车道或人行道保持多少距离”，则是另一种影响安全的普通场景决策。还有一个更基本的问题，那就是任何传感数据都有内在的不确定性，受到传感器噪声、校准误差、环境影响、探测算法等多方面的影响。例如，一个行人检测算法，在探测躺在地上的人时，给出的置信度或许只有 0.0001。算法使用阈值来滤除置信度过低的结果，如果阈值过低，算法将不再实用，因为它将变得过分地谨慎，甚至在没有障碍物的道路上频繁制动（假正例）。但如果阈值过高，那个躺在地上的人就不会被检测到（或是直到十分接近时才检测到，但为时已晚）。总有一个人要来决定这个阈值，在实用性与安全之间权衡，做出一个富有重量的伦理决定。

如前所述，自动驾驶汽车控制软件开发中的许多部分都涉及伦理决定，那么这些决定应该由谁来做出呢？国际性的标准组织（如 ISO）、行业协会（如世界汽车组织）、整车制造商、车辆的拥有者（如通过设置菜单调节）、汽车保险公司、监管部门，都可能成为这个决定者。

车辆的拥有者可能倾向于保护用车人自己的安全，而社会可能希望减少车内车外整体的伤亡。人们的想法是矛盾的，希望别人的车最小化整体伤害，但希望自己的车尽全力保护自己。如果法律规定自动驾驶汽车必须使用最小化整体伤害策略，又可能会阻碍自动驾驶汽车的推广。这并不是人们乐于见到的情况，毕竟，即使自动驾驶汽车还无法解决本节所述的种种伦理问题，但与人工驾驶相比，它们仍能大幅减少交通事故的发生，每年可使数以万计的人免于受伤或死亡。

除了本节介绍的伦理困境，自动驾驶汽车还面临一些问题。例如，谁应为自动驾驶汽车的事故负责？整车制造商、控制软件的编写者，还是车辆的拥有者？对整车制造商的追责或许可以激励它们将安全性放在首位。再如，职业司机技术性失业可能会造成社会冲击；车辆在对数据的持续收集和存储中可能存在隐私问题。

2. 致命性自主武器

在现代军队中，遥控机器人武器已经具有相当重要的地位。最突出的例子是固定翼无人机，它们最初被用于侦察，随后也被用于投放空对地导弹或炸弹。装备有致命武器的遥控地面机器人也已经投入使用。除了已经投用的机器人武器，还有许多具有未来感的系统，有些处在研究、设计阶段，另一些则已经开始制造原型、进行测试。机器人武器的研发和部署覆盖了各种造型和尺度：地面载具如机器人坦克、机器人货车；从1t重到10kg甚至更轻的移动机器人；飞行机器人如机器人歼击机、全尺寸机器人直升机、可随地放飞的固定翼侦察机、手掌大小的迷你直升机。另外，也存在对各种尺寸的自主化军舰和自主化潜艇的研究。

早期的机器人武器依赖远程控制：一个操作员坐在几公里甚至几千公里之外，向机器人发送指令。载具的自动化和半自主化功能（如路点寻路）能够帮助操作员集中精力于更重要的任务，比如策略指定和目标选择。这意味着机器人可以自主地越过障碍地形、感知并判别周围的环境和目标、和友方单位协作、选择目标并最终对其开火。机器人武器的完全自动化有两个重要的动机：一方面，现代战场上的电子战是非常焦灼的，敌方很有可能屏蔽或干扰机器人武器与操作员之间的通信，遥控载具（如坦克）在这种情况下将完全失能、无法发挥效用；另一方面，可以将战斗策略部署到小机器人集群上（如20只机器狗或200架手掌大小的无人机）。为每个小机器人都配备一个操作员是不现实的，每个集群可能只有一个指挥员，负责整个任务的控制，包括目标区域的设定、抽象指令的下达等。在这种情景中，机器人武器的完全自主化是必要的。

从军事角度出发，能够自主运行的致命武器拥有以下多种优点：

1）机器人可以代替人类士兵上战场，这可以减少己方人员的伤亡。

2）机器人不会劳累，它们可以7×24小时作战。

3）机器人借助先进的传感器，可以对周边360°保持态势感知，并能与战场上的其他机器人即时通信，能够保持全天候警戒。

4）机器人可以遵守命令执行任何危险任务，不会因恐惧而退缩。

5）机器人军队所需要的后勤补给更轻松：它们虽然和传统载具一样需要燃料/电源和弹药，但不需要食品、扎营、医疗，也不需要换班。

6）先进的自主运行武器系统通常被认为具有更高的战斗能力，比如夺取目标的速度、开火精度、与友方单位的战斗协调、整体战术等。

致命性自主武器的决定性特征是在无须人类的操作、决策或确认的前提下，识别并打击目标。这需要使用传感器（雷达、红外相机、可见光相机等）和复杂的计算机视觉算法，识别视野内的物体和目标，对目标的位置和速度进行跟踪和预测，或许还会融合利用友方单位的视角。在这之后，机器人可以决定开火、打伤或打死敌方士兵。

人工智能与机器人领域的国际顶尖研究者呼吁禁止致命性自主武器，并给出了以下理由：

不可预测：机器学习算法之间的联系非常复杂，战场部署又十分混乱，这使得致命性自主武器的行为非常难以预测，况且它们从设计上就要使敌人难以预测它们的行动，从而获得策略上的优势。这可能会使平民或友方单位被误列为攻击目标。

冲突升级：致命性自主武器速度极快，可被大批量部署。联合国裁军研究所认为这类武器的使用极有可能导致无意间的冲突升级、增加危机中的不稳定性，带来重大危险。这种情况可能被各种事件触发，比如对机器或人类信号的误判。自动化的战争在节奏上可能极快，使得可供冲突降级的时间和空间被压缩。例如，爱沙尼亚机器人企业 MILREM Robotics 开发的 The MIS 机器人，重 2t，半自主化，移动速度可达 20km/h，如图 8-9 所示。

易扩散：与核武器、化学武器或生物武器相比，致命性自主武器非常便宜、不依赖难以获取的材料，那些小型化的武器（诸如小型杀人无人机）尤甚。这种无人机在运输上十分方便、难以被发现，一旦被大量生产，它们很有可能出现在黑市上。恐怖分子或军阀将能够获取这些杀人无人机，用于暗杀，或者用于施行包括种族屠杀在内的反人道主义罪行。

降低冲突门槛：传统战争是成本极高的，需要制造传统武器、付出人类性命。致命性自主武器便宜、易于部署、高效，降低了引发冲突的门槛，这会使争议事件中发起军事行动的选项更早、更频繁地出现。

大规模杀伤性：自主机器人集群极易规模化，无人机集群概念图如图 8-10 所示。现代人工智能系统擅长多智能体协调，机器人集群所能造成的杀伤与投入的机器人数量成正比。传统武器系统需要招募、培训士兵，才能利用新购买的武器。现代制造业拥有大批量生产机器人的能力，若集群中的机器人数量达到一定规模、能够造成巨大的伤亡，就会被归类为大规模杀伤性武器。与传统的大规模杀伤性武器相比，机器人集群更容易扩散。

人工智能军备竞赛：致命性自主武器能够提供显著的军事优势，如若不对这类武器颁发国际性的禁令，这一领域内的军备竞赛将不可避免。对速度的追求将压过对安全的要求，进一步加剧不可预测性和冲突升级威胁。

> 有能力和自由裁量权来夺走人类生命的机器在政治上不可接受，在道德上令人厌恶，应该被国际法禁止。
>
> ——安东尼奥·古特雷斯
> 联合国秘书长
> 于 2019 年

图 8-9 The MIS 机器人

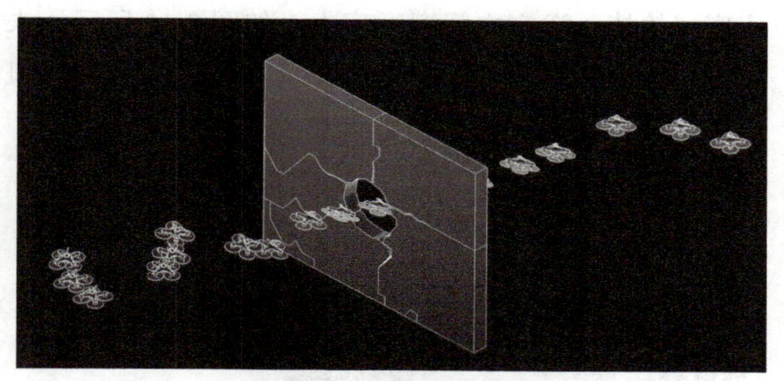
图 8-10 无人机集群概念图（从墙上炸出的小洞进入建筑）

脆弱的网络系统：自主机器人系统的一大特质就是它们之间，以及与指挥者之间，依赖计算机网络进行通信。从计算机科学的角度出发，任何系统都有漏洞，绝对的安全并不存在，无法杜绝未经授权的使用。黑客可能会获得致命性自主武器的控制权，将它们用于邪恶或恐怖活动。

道义上不可接受：算法无法理解或概念化人类生命的价值，所以有的学者认为人工智能不应被赋予决定人类生死的力量。

无法被问责：在传统战争中，指挥者和士兵为他们自己的行为负责，如果他们犯了战争罪，则会被问责。而机器人无法为自己的行为负法律责任。如果机器人无意间违反了国际惯例，对它的操作员进行问责或许也是不公平的。

违反国际人道法：国际人道法指出，战争的参与方应当将军事目标与民用目标加以区分，对平民的攻击（如果造成的平民伤害超过军事效用）是被禁止的。但致命性自主武器无法做出像人类一样的判断，也就无法做出区分，进而造成对国际人道法的违反。

如上所述，致命性自主武器能够在战场上提供极大的军事优势，但它们会对人的生命造成巨大的威胁，其道义上的正当性也值得商榷。如果一方将致命性自主武器加入自己的军火库，其他势力将被迫卷入军备竞赛。那时，对军事优势的追求与对生命、道义的追求将越发撕裂。

3. 老年照护机器人

许多国家和地区正在经历老龄化的过程，越来越多的老年居民需要照料，但劳动人口变少、劳动人口平均年龄变大。这一问题在日本尤为严重，政府与产业界在机器人领域投入大量资源，希望能够辅助甚至替代照护员进行老年人的照料。例如，机器狗或者毛绒机器海豹可以为患者提供娱乐和情绪支持，如图 8-11 所示。另一些研究者则在开发一种机器人，帮助护士在病床、轮椅、浴室之间搬运病人，如图 8-12 所示。未来的研究方向包括可以帮助病人洗浴、喂食、检查身体的人形机器人。

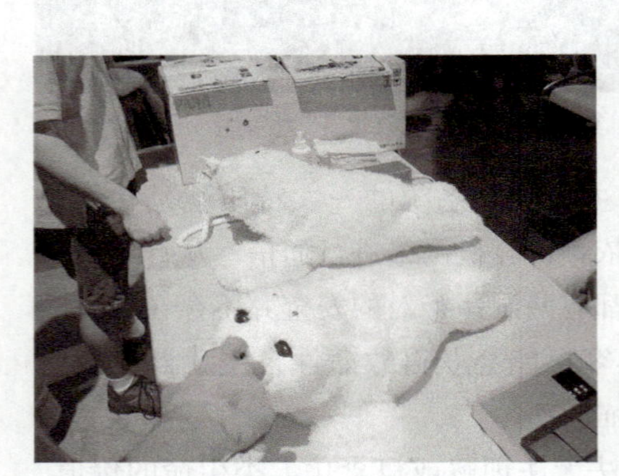

图 8-11　海豹形医疗机器人 Paro 在医院与照护机构中提供情绪支持

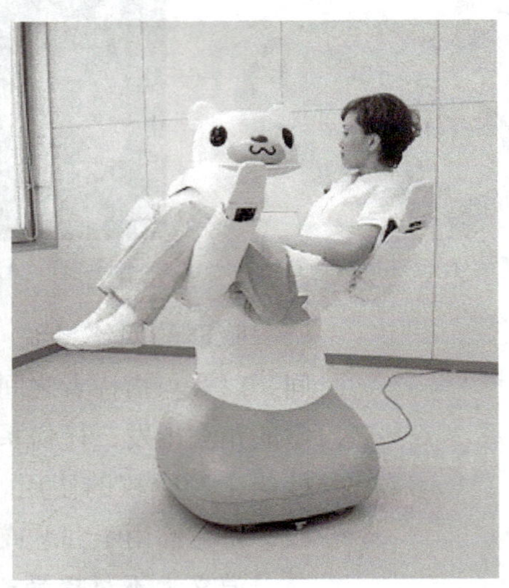

图 8-12　日本理化学研究所研发的 Riba 机器人，用于搬运病人

《老奶奶与机器人：老年照护机器人的伦理问题》（*Granny and the robots*：*Ethical issues in robot care for the elderly*）一篇文章中描述了照护机构中机器人应用的一些伦理问题。机器人的使用可能会减少被照料者获得人际接触的机会，使他们觉得自己被物化，甚至导致情绪失控。机器人的使用还可能会造成病人隐私的泄露，毕竟它们在运行时需要持续感知周围环境。对于机器人收集到的数据，其归属权也有争议。应该归属于被照料的老人，还是他们的家属，又或是医护人员、监管部门、警方？

另外，照护机器人可能会限制患者的行动范围，使患者感受到个人自由的丧失。将老年人置于机器人的控制与照护之下，可能会使他们觉得自己受到了欺骗、觉得自己不被当作成年人看待。至于老年人应该在何种状况下被允许控制机器人，就更是一个难以解决的问题了。特别对于那些患有痴呆或精神疾病的老年人来说，允许他们脱离机器人的控制是有风险的。

包括上面提到的问题在内，照护机器人有许多伦理问题需要深入研究。人们对机器人的观点总是分化的，对于照护机构里的照护机器人也是如此。一些患者可能更愿意接受人类的照护，他们认为机器人只是冰冷无情的机器。另一些患者乐于接受机器人的照护，他们将机器人看作自己实现生活独立的工具。例如，在助浴等私密场景中，他们更愿意接受机器人帮助自己，而不愿意让人类护士参与。

8.2 脑机接口

8.2.1 脑机接口是什么

在科幻电影《黑客帝国》所描绘的未来中，我们看到了在科幻世界里人类大脑与计算机连接的场景：只需在人脑与计算机之间连接一根线缆，人与计算机的交互便能实现。通过这样的交互，人脑可以与计算机进行信息共享、交互训练、解决问题，还可以学习各种知识与技能。人们甚至可以在这样交互的过程中定制和创建属于自己的虚拟世界。

1. 不同形式的脑机接口

脑机接口（Brain Computer Interface）是在人脑与计算机或其他电子设备之间建立的直接的交流和控制通道。通过这种通道，人可以直接通过脑部意念而不是语言或身体动作来表达想法或操纵设备。如图 8-13 所示，根据接口形式的不同，可以将脑机接口分为三类：脑电图（EEG）、脑皮层电图（ECoG）、皮质内微电极。

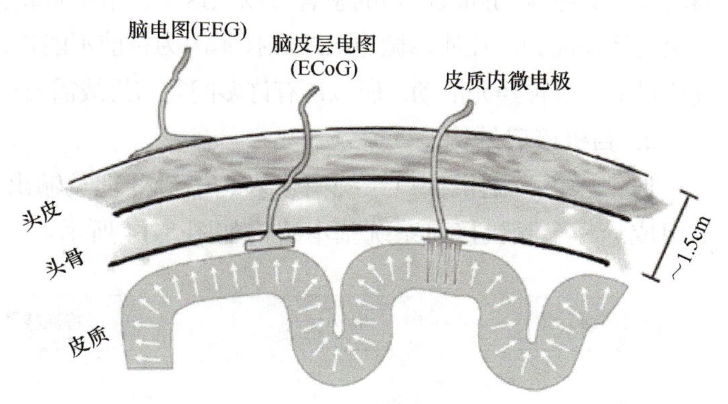

图 8-13 脑机接口分类

脑电图（EEG）是一种通过电极的运用和信息采集，在头皮上记录和测量大脑活动的技术。大脑神经元之间的活动会引起电流流动，而 EEG 技术通过测量大脑皮层中的电位变化来反映神经元的活动，并以图形方式呈现出来。由于脑电图电极放置于头皮外侧，无须侵入人体，因此脑电图是一种非侵入式的脑机接口。然而，由于头骨是不良导体，尽管脑电图依然有着很好的时间分辨率，时间的精确度却模糊了许多。此外，脑电图的空间分辨率也十分有限。

为了解决脑电图运用中的不足，脑皮层电图（ECoG）应运而生。脑皮层电图使用直接放置在大脑皮层裸露表面上的电极记录来自大脑皮层的电活动。由于需要进行开颅手术来植入电极网格，ECoG 是一种侵入性手术。

至于脑电图与脑皮层电图的区别，我们可以想象大脑是一个热闹的球场，它的神经元是人群中的成员，想要收集的信息是当时的声音。在这种情况下，EEG 就像放置在体育场外的一组麦克风，靠在体育场的外墙上。我们能听到人群在欢呼，也许还能预测他们在欢呼什么。我们可以听到激烈的信号，也许这是一场势均力敌的比赛。我们也可能知道什么时候发生了异常，但仅此而已。而 ECoG 就像麦克风在体育场里面，离观众更近一些。因此，这种声音比 EEG 麦克风从体育场外接收到的声音要清晰得多，而 ECoG 麦克风可以更好地区分人群中各个部分的声音，但这是有代价的——需要侵入性手术。

皮质内微电极可以检测单个神经元的活动，以及微电极尖端附近的总电场电位。同样，微电极也可以提供微安级的电刺激。通过初级体感皮层中的微电极阵列（MEA）给神经元施加微刺激，会在与初级体感皮层所控制的身体位置引发感知。手臂或腿部几乎无法运动或没有感觉的四肢瘫痪的患者可以从这项技术中重新获得感知，甚至是运动能力。皮质内微电极这项技术因为目前不能长期、稳定、高质量地记录神经元活动，所以还有许多问题与挑战需要克服。

2. 脑机接口结构

通常来说，脑机接口系统由输入、信号处理及输出这三个环节组成。一个脑机接口系统基本架构如图 8-14 所示。

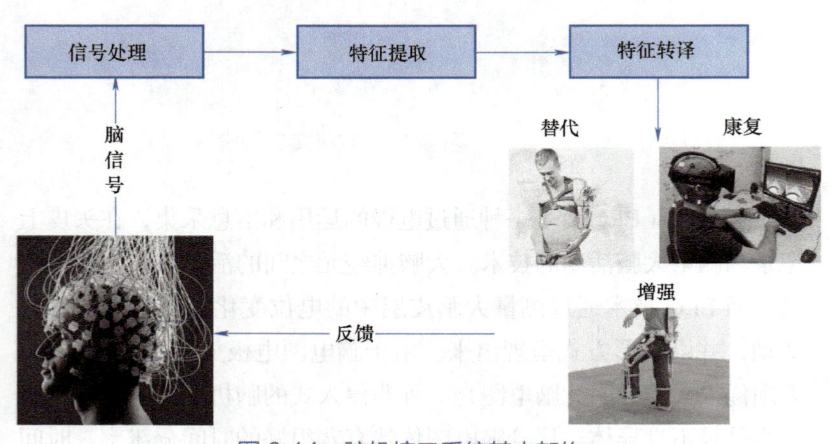

图 8-14　脑机接口系统基本架构

输入环节指的是将脑电信号转换为可被计算机系统理解和处理的输入信号的过程。在这一环节中，脑电接口使用脑电图（EEG）设备或其他脑电测量技术（如 fMRI、ECog 等）记录大脑活动的电信号，并将电信号转换为数字信号输入计算机中。

通过对采集的信号进行滤波、去噪与去伪迹等预处理，时域、频域或时频域上的统计量、波形特征、相干性等信号特征可以被提取，以提高信号的可辨识性和分类准确性。这样的信息处理方式为后续的分类、识别或控制任务提供了优质输入的保障。

随后，借助机器学习、模式识别等算法，脑机接口将经过特征提取的信号解码成可理解的命令或控制信号，并将脑电信号与特定的行动、意图或指令进行关联。最后，系统根据指令进行相应的输出，如控制外部设备（如运动假肢、轮椅或机器人）、执行特定任务（如打字、选择菜单等）或提供反馈（如视觉或听觉反馈）等。

输出装置根据系统处理与特征分析转移的结果，执行相应的动作。根据使用场景的不同，分别在替代人体功能、残障人士康复训练或人体功能增强等领域展开应用。

8.2.2 脑机接口的演进

1924 年，德国精神病学家贝格尔（Berger Hans）首次将人类大脑活动时所产生的电信号记录下来，并将其称为脑电图（EEG），由此证明了大脑活动是可以被观察和记录的。

1969 年，美国华盛顿大学的菲兹博士（Eberhard E.Fetz）等首次证明了猴子可以快速学会通过神经活动来控制生物反馈仪表指针的偏转。1970 年，科学家发现在给予适当奖励的情况下，猴子可以快速学会主动控制初级运动皮层中单个和多个神经元的放电频率。20 世纪 80 年代，研究人员发现，恒河猴运动皮层中单个神经元的放电情况与它们移动手臂的方向存在特定的关系，基于这种发现，人们开始研究通过脑机接口来进行对其他设备的控制。1988 年，科研人员实现了通过脑机接口直接控制机器人进行较为简单的运动；而到 2005 年，由脑机接口控制的智能假肢已经出现在市场上。脑机接口同样可以展现所见所闻，科学家们已经能采集到大脑中的视觉图像，比如 DanYang 等人采集到的猫视觉图像，外侧膝状体核是丘脑的一个感觉中继核团，接受来自双眼的信息并传递到初级视皮层，如图 8-15 所示。

时至今日，脑机接口技术已经可以完成更加复杂的信息处理和展示。2016年，肌萎缩侧索硬化患者仅可以通过脑机接口技术缓慢地进行打字，而四年之后的2020年，科研人员已经可以将脑电波直接还原为一个完整的句子。商用化的脑机接口产品同样已经成熟：2002年，帮助视力受损人士通过脑机接口恢复部分视觉的产品上市，成为最早使用脑机接口技术的商业化产品。

当下最新的脑机接口技术或将可以在下列方面辅助人类的生产生活。

1. 恢复、增强大脑功能和记忆

20世纪80年代末期，法国科学家尝试通过脑机接口技术治疗帕金森病：他们通过在脑中导致颤抖的区域插入电极并施加电流，来抑制该区域的神经活动，如图8-16所示。实践表明这样的做法十分有效，当电极被激活时，剧烈的颤抖通常会消退。在美国食品药品监督管理局批准这一做法后，类似的方法也被推广到了强迫症和癫痫的治疗中，并正在验证其对于抑郁症和神经性厌食症的疗效。目前，已有相关的产品可以通过脑机接口判断癫痫即将发作，从而提示患者采取措施进行预防，或自行产生电信号进行干预和阻断。

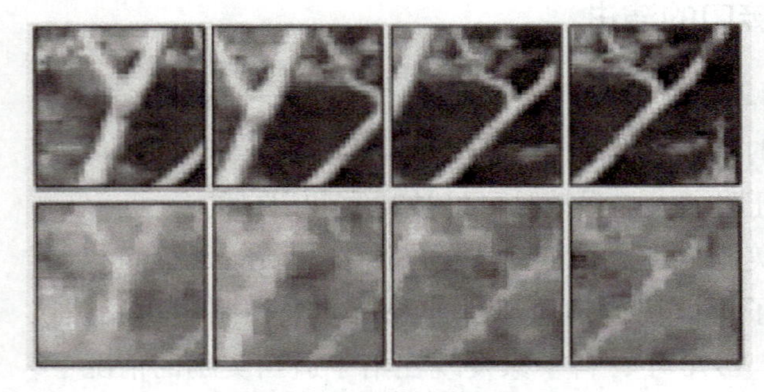

图8-15 猫视觉图像

图8-16 用于癫痫治疗的脑机接口电极

然而，尽管这种治疗相当有效，它也存在一些争议。有部分接受此类疗法的患者表示，自己感到植入的仪器在替代他们的大脑做出决定，自己的思维不完全受自己控制，并因此产生了一定的抑郁情绪。

2. 删除大脑内的记忆

2015年，加拿大阿尔伯塔大学贝里博士（Jacob A.Berry）等在一项有关睡眠的研究中发现，在遗忘的过程中，多巴胺扮演了一个不可或缺的角色。在激活特定的多巴胺能神经元之后的很短一段时间内，果蝇便忘记了此前刚刚训练的技能。

3. 关联大脑思维活动

脑机接口不仅可以将人大脑活动的电信号转变为机械信号，也可以直接将大脑的感觉可视化地还原、展示出来。1999 年，美国加州大学伯克利分校丹扬（Dan Yang）等通过在猫外侧膝状体核中植入设备，通过测量神经元放电，还原出了猫的视觉系统所呈现的画面；2008 年，日本科学家成功实现直接从大脑重建黑白图像，并将其以 10×10 像素的分辨率显示出来；2011 年，研究人员通过功能性磁共振成像（fMRI）技术（见图 8-17），成功复原了实验参与者所观看到的图像，fMRI 是一种非侵入式的神经影像学技术，利用磁振造影来测量神经元活动所引发的血液动力的改变，目前主要被运用于对人及动物的脑或脊髓的研究中。

多巴胺能神经元（Dopaminergic Neuron）是一类含有并释放多巴胺（Dopamine）作为神经递质的神经元。

2018 年，闻海光（Haiguang Wen）等人通过机器学习的方法，利用图像识别驱动的卷积神经网络建立了人脑视觉活动与所观看内容的联系，如图 8-18 所示。他们首先根据对多名志愿者观看短视频时产生的 fMRI 信号测量、建立了大脑的编码模型，然后再使用卷积神经网络学习视频图像和视觉皮层的活动信号之间的关联。随后，这些志愿者被要求观看其他视频，并通过刚刚训练的模型进行视觉皮层活动的预测，结果与实际测量的数值具有高度相关性。这个模型同样可以用于根据大脑活动推测志愿者观看的内容：对于同一名志愿者而言，训练后的模型准确率高达 50%，而即使训练的志愿者和观看视频的不是同一个人，准确率也可达 25%。经过训练的模型亦具备将大脑活动转化为可视化图形的能力。

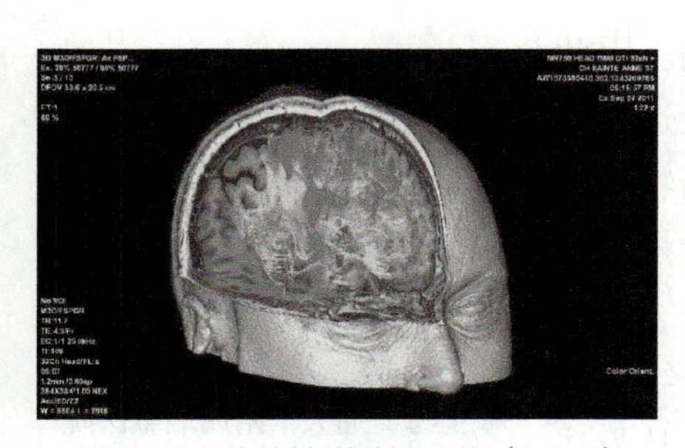

图 8-17 功能性磁共振成像（fMRI）

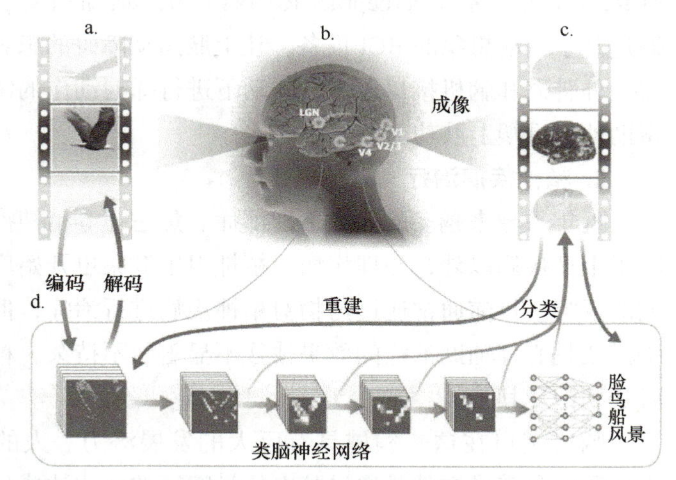

图 8-18 通过图像识别驱动的卷积神经网络寻找人脑视觉活动与观看内容的关联

8.2.3 脑机接口的应用

1. 残障人士复健

2010年，国家统计数据显示，中国患有肢体残疾的人数为2472万，是几大残疾类别中人数最多的一类。由于许多肢体障碍病状是由神经元的损伤或是大脑信号反馈的缺失造成的，以目前的医疗水平来看，通过药物以期对患者大脑直接进行干预依旧还不成熟。因此，脑机接口技术基于其可以直接采集大脑皮层神经系统活动产生的脑电信号实现与大脑的交互，从而能跨越脑神经这一常规通路的限制进行信息输出这两大优点，在肢体障碍的治疗与康复领域有着很大的应用领域。近五年，诸多互联网企业、风投对脑机接口领域的积极关注，也让这一技术被大众所了解，出现了许多前瞻性的应用。

通常，我们可以把脑机接口用以治疗运动障碍类疾病的方式分为两种。

首先是辅助性脑机接口，通过植入式的神经芯片获取并识别运动信号，可以帮助截肢者更好地控制假肢，或是让帕金森人士重新操控四肢。辅助性脑机接口在性能上极为依赖运算，目前研究仍然需要攻克其发热、感染等问题。

相比之下，着重关注外部性诊疗的康复性脑机接口（BCI），其背后的风险问题会更小，但需要更为复杂的方式来实现相同的功能。康复性脑机接口会反复刺激具有可塑性的中枢神经系统，旨在通过刺激建立、强化和修复患者原有的神经联系。意大利PERCRO实验室（Perceptual Robots Lab，感知机器人实验室）通过基于运动想象的BCI设备，让上肢运动障碍的患者在上肢机器人外骨骼和脑机接口设备的联动下进行抓握动作的练习，可以帮助他们重塑上肢功能。

2. 精神疾病治疗

近年来越来越多的人罹患抑郁症、焦虑症等精神疾病。因此除了生理疾病以外，心理疾病与精神卫生健康也开始广泛进入人们的视野。目前通常通过药物对精神疾病进行治疗，但药物治疗手段或是心理辅助治疗的效果往往不显著、不持久，精神疾病患者长期饱受其苦。

> 由于传统药物难以定向作用于相关紊乱的神经环路，因此植入电极芯片是较为有效的方式。
>
> ——孙伯明
>
> 上海交通大学附属瑞金医院脑机接口及神经调控中心主任

脑机接口在这一领域具有巨大的发展潜力。人的情绪的产生、调节和转换本就是通过脑电信号特征的变化达成的。从方法论上看，要更好地治疗精神疾病，基于脑电信号的情感研究可以更好地了解各大精神类疾病的发病机制，脑机接口对患者进行康复训练的技术潜力也优于现有的药物治疗方式。

上海瑞金医院在研究如何使用脑机接口治疗抑郁症上已经积累了一定的技术和经验。在2017年就接受过第一代脑机接口治疗技术的患者曾经表示，通过神经调控，其抑郁症在三年的治疗中得到了显著的缓解，已经可以回归到正常工作生活中，但也需要定期前往医院进行电极芯片的检查。上海瑞金医院于2020年12月正式成立脑机接口及神经调控中心，旨在将第二代脑机接口技术安全应用到患者的诊疗中，同时配合更丰富的配套检测系统、诊断系统的开发，可以获得更多样的神经信号数据、脑电数据、眼动数据等。该项目的临床研究已通过伦理审核，并将招募抑郁症患者作为志愿者参与研究。

3. 大脑意识捕捉

对脑科学和脑机接口技术而言，对神经信号中患者意识的捕捉和加强是更具有挑战性的，脑机接口可以解码患者自身的情感、感知信息，但对患者意识的捕捉仍然较为困难。不过，如果该技术能产生突破，就能与大脑严重受损的意识障碍患者产生交流，实现对患者状态的直观了解，对“植物人”后续诊断方式的确定具有决定性意义。

8.2.4 伦理困境

如前文所述，脑机接口技术的核心在于，将外部的硬件与人脑相连接，共同处理数据、做出决策。接下来，这项技术所涉及的伦理问题也需要进一步讨论。

思考：在脑机接口得到普遍使用后，“人类”的定义是否会发生变化？

1. 人类的自主性

当脑机接口与人脑一同工作时，许多人自然而然会提出这样的问题：“计算机应该对人脑得出的结果造成多大的影响？”首先考虑一种极端的情况：计算机完全掌握了做出决策的权力，也就意味着人将按照计算机的决策行动。在这样的情况下，人脑以外的器官不过是收集信息和执行决策的工具而已，尽管它们是生物形式的。某种意义上，这不过是一个拥有人类肉体的计算机罢了。比起一个传统意义上的“人”，更应当被称为是“机器人”。使用脑机接口的另一方向的极端就是当下的状态，即“完全自然的人”。在这样的情况下，人们的决策完全出于大脑，没有受到计算机的影响。介于两种极端之间的状态，决策是由人脑和计算机共同决定的，这样的状态被称为“人机结合体”。

从“自由”的角度出发，脑机接口的作用显然应当停留在“为人们的大脑提供帮助，增强其功能”的主要任务，而不是成为决策的主导者，使人脑受到机器的控制。但是，在一些情况下，如果由计算机来主导决策，调度身体的工作，也许会有更加积极的意义。

设想一个资历尚浅的校车驾驶员，在平稳地驾驶着一辆载满学生的校车。突然，前方发生了重大交通事故，这需要他最快做出正确的反应，否则会造成严重的人员伤亡。在这种情况下，如果由一个优秀的计算机系统来进行决策，也许结果会更科学、安全。

> 思考：是否应当为脑机接口的使用设立门槛，并获得知情同意？如果当事人无法使用言语表达呢？

又如，一些存在精神障碍的人士没有办法通过药物和一般的心理咨询进行治疗，如果他们的病情突然失控，可能会对他人造成伤害，但他们在没有发病时与普通人没有什么不同。如果他们可以在脑机接口的帮助下，正确处理发病时的情况，那么他们就不必被关在精神病院里，反而获得了更多的行动自由。

事实上，真正需要解决的问题是：当某件事情发生时，如果人脑和计算机会做出不同的决策，那么应当采取谁的决策？要想解决这个问题，还是要回到“使人和人类社会变得更好”这个宗旨上来。

因此，以下三种类型的脑机接口功能在未来会得到更多的认可：

1）授人以鱼：作为人脑的增强性辅助，提高人脑的工作效率。

2）授人以渔：能够训练人脑，帮助人脑学习。

3）防人无鱼：弥补人脑存在的缺陷，帮助人脑解决难以处理的危机。

2. 安全与隐私

针对现在的计算机系统，“黑客技术”已经屡屡得手。散播病毒、盗取隐私数据，甚至进行敲诈勒索的行为，已经成为信息技术领域的犯罪手段之一。手机中的隐私数据被他人盗取、使用，又或是家庭中的摄像头等电子设备被他人操控等，这些情况已经足以给使用者造成巨大的困扰和麻烦。

在脑机接口的研发和使用中，最应该重视的即是安全问题，或者说稳定性。安全问题大致可以分为以下四个方面：

首先，脑机接口作为人体的外接物，其对于人体的损伤应该尽可能小。脑机接口在人脑内工作，给人体带来了不小的能耗负担，其自身也可能因为工作而发热。此外，还会带来大量的辐射。这些问题对于脆弱的人脑而言，都是严重的威胁。

> 思考：使用脑机接口的人类是否拥有选举权、投票权等公民权利？他的决策都能代表他本身的意愿吗？

其次，脑机接口作为计算机能否长久工作，保证所输出结果的准确性。这一部分在“智能决策”一章中已经展开了讨论，此处不再赘述。

再次，作为潜在的互联网单元，脑机接口可能因为更新换代或者工作的需要而接入互联网，这使脑机接口需要足以承受来自外界的攻击。试想，如果有人黑进了某人的脑机接口，那么他就可以直接或间接地对他的大脑决策产生影响，对他形成某种程度的控制。

最后，脑机接口还应该保证用户的隐私。脑机接口相对于其他技术，接触的信息量、信息形式、信息内容都完全不同。从皮肤的感受到脑中的想法，都可能是脑机接口需要处理的数据。如果使用者的隐私不能得到保护，那么使用者的生理状态、日常活动以及知识产出都可能被他人知晓。

因此，脑机接口的研究、实验和使用都应该受到严格的监控和管制。事实上，严格的监控和管制能够保证安全性，是脑机接口中的“长板”，也就是说脑机接口在安全性上的表现要高于其他方面的表现。当然，如何制定衡量安全性的方法，以及如何制定监控和管制的措施，还需要更多的努力。

3. 社会公平

还需要讨论的一点是脑机接口对使用者的社会地位会产生怎样的影响。相比于传统的信息技术，脑机接口具有“直接增强使用者的能力”的特点。这也就意味着，如果某人在思维能力方面的表现不如人意，他完全有可能使用脑机接口来进行增强。

根据需求不同，社会中的不同群体可能会使用功能、指标不同的脑机接口。那么，他们从脑机接口中获得的能力提升就有所不同。拥有更多财富、资源的人显然会得到更强的脑机接口，相比于一般用户，他们从脑机接口的使用中获得的提升也更多。以教育行业作为参考，在国外富人相比穷人拥有更多的教育资源，因此他们获得能力提升的可能性也更大。随着时间的推移，得到更多提升的群体也更容易取得社会资源，形成了正反馈循环。这可能导致贫富差距、能力差距的扩大，违背了教育公平的原则。

脑机接口与教育问题的差别在于以下两点。

一方面，教育是需要投资的，循环周期相对较长，缩小贫富差距的措施容易跟上教育循环的步调，从而防止贫富差距的进一步增大；使用脑机接口可以很快得到能力上的提升，迅速形成优势，这样的快步调的差距拉大，对于人类社会来说是一个巨大的挑战。

另一方面，教育所需要投入的资源的种类更加丰富，要想从教育中获得优势，不仅仅需要物质投入，还需要个人的努力等方面的支持；脑机接口如果自由市场化，那么思维能力的强弱与财富的多寡紧密相关，这使财富的地位大大提高，可能会造成更大的社会问题。

思 考

1. 本章开头提到了《列子·汤问》中偃师制作歌舞人偶的故事。故事中还提到，人偶挑逗妃嫔致使穆王大怒，当即要处死偃师，而偃师随即将人偶心肝拆散，展示它并非真人。穆王理解人偶并非真人后，不仅原谅了它的冒犯行为，甚至还非常高兴。你怎样理解穆王的心境变化？如果你是穆王，你会原谅人偶吗？

2. “最小化整体伤害”与“最大化自身安全”的自动驾驶汽车，你更愿意购买哪一种？监管部门是否应该规定自动驾驶汽车在“电车难题”中的行为？如果公路上的人类驾驶员都在略微超速行驶，是否也应该允许自动驾驶汽车略微超速以保证车流顺畅？你认为谁应当负责制定自动驾驶汽车的伦理规范？不同地区是否可以有不同的伦理规范？

3. 你认为是否应该在国际上禁止致命性自主武器？像 DJI Mini 2 一样的娱乐无人机，经过简单改装就可变为一架杀人无人机，这是否意味着致命性自主武器的面世是无法避免的？

4. 你认为中国的照护机构是否应该引入照护机器人？为了防止痴呆患者意外受伤，照护是否可以使用物理手段限制其行动自由？

5. 脑机接口是否会造成人们过度沉迷于虚拟世界？如何规避侵入式脑机接口可能带来的安全问题？

6. 使用脑机接口向大脑输入信息时，如何确保这些输入至用户大脑的信息，是用户需要且同意的信息？例如，脑机接口应用于教育，可能被扩展到洗脑的目的上。如何保证用户在接受和输出内容上的知情权与选择权？

7. 由于脑机接口错误处理信息，使用户进行了不恰当的操作，造成了不良后果，责任应该是由机械器件厂商还是用户承担？

参考文献

[1] ISAAC A. I, Robot [M]. New York: Random House US, 2004.

[2] JONES D. Black Boxes in Automobiles: European Union Requires Installation of Event Data Recorders [EB/OL].(2021-07-03)[2022-04-01]. https://road-safety. transport. ec. europa. eu/statistics-and-analysis/statistics-and-analysis-archive/esafety/black-boxes-vehicle-data-recorders_en.

[3] EBERHARD E. Fetz, operant conditioning of cortical unit activity [J]. Science, 1969, 163 (3870): 955-958.

[4] STANLEY G B. Reconstruction of natural scenes from ensemble responses in the lateral geniculate nucleus [J]. Journal of Neuroscience, 1999, 19 (18): 8036-8042.

[5] ANTÓNIO G. Secretary-General's message to Meeting of the Group of Governmental Experts on Emerging Technologies in the Area of Lethal Autonomous Weapons Systems [R/OL].(2019-03-25)[2022-04-01]. https://www. un. org/sg/en/content/sg/statement/2019-03-25/secretary-generals-message-meeting-of-the-group-of-governmental-experts-emerging-technologies-the-area-of-lethal-autonomous-weapons-systems.

[6] Wen H G, et al. Neural encoding and decoding with deep learning for dynamic natural vision [J]. Cerebral

Cortex, 2018, 28 (12): 4136-4160.
[7] MOSHE I. Golem: jewish magical and mystical traditions on the artificial anthropoid [M]. New York: State University of New York Press, 1990.
[8] IEEE Robotics and Automation Society. RAS standard receives IEEE-SA emerging technology award [EB/OL].(2021-09-28)[2022-04-01]. https://www. ieee-ras. org/about-ras/latest-news/1857-ras-standard-receives-ieee-sa-emerging-technology-award.
[9] IEEE Robotics and Automation Society. Technical committee for robot ethics [EB/OL].(2021-09-28)[2022-04-01]. http://www. roboethics. org/ieee_ras_tc/.
[10] International Federation of Robotics. World Robotics 2021 [R/OL].(2021-10-08)[2022-04-01]. https://ifr. org/ifr-press-releases/news/robot-sales-rise-again.
[11] International Organization for Standardization. ISO 8373 robots and robotic devices—vocabulary [S/OL].(2012-03-18)[2022-04-01]. https://www. iso. org/standard/55890. html.
[12] BERRY, CERVANTES S, CHAKRABORTY, et al. Sleep Facilitates Memory by Blocking Dopamine Neuron-Mediated Forgetting [J]. Cell, 2015, 161: 1656-1667.
[13] MANYIKA, et al. Jobs lost, jobs gained: Workforce transitions in a time of automation [R/OL].(2017-08-11)[2022-03-31]. https://www. voced. edu. au/content/ngv%3A78297.
[14] GRAVITZ L. The importance of forgetting [J]. Nature, 2019, 571 (7766): S12.
[15] DREW L. Agency and the algorithm [J]. Nature, 2019, 571 (7766): S19-S21.
[16] PATRICK L. The ethical dilemma of self-driving cars [Z/OL].(2015-12-09)[2022-04-01]. https://ed. ted. com/lessons/the-ethical-dilemma-of-self-driving-cars-patrick-lin.
[17] MASOUMEH M. Against robot dystopias [Z/OL].(2022-06-04)[2022-04-01]. https://against-20. github. io/.
[18] SAVAGE N. Marriage of mind and machine [J]. Nature, 2019, 571 (7766): S15.
[19] STUART R, DANIEL D, MAX T. Research priorities for robust and beneficial Artificial Intelligence [J]. The AI magazine, 2015, 36 (4): 105.
[20] AMANDA S, NOEL S. Granny and the robots: Ethical issues in robot care for the elderly [J]. Ethics and Information Technology, 2010 (14): 27-40.
[21] UNIDIR. SAFETY, Unintentional Risk and Accidents in the Weaponization of Increasingly Autonomous Technologies [R/OL].(2016-06-15)[2022-04-01]. https://unidir. org/publication/safety-unintentional-risk-and-accidents-weaponization-increasingly-autonomous.
[22] JONES. Slaughterbots are here [R/OL].(2021-12-13)[2022-04-01]. https://futureoflife. org/2021/12/13/special-newsletter-slaughterbots-sequel/.
[23] Responsible Autonomy and Intelligent Systems Ethics Lab. The Roboethics Competition [Z/OL].(2022-03-15)[2022-04-01]. https://github. com/RAISE-Lab/roboethics-competition-ICRA-2022.
[24] JUDITH T J. Killing, letting die, and the trolley problem [J]. The Monist, 1976, 59 (2): 204-217.
[25] 杨立才，李佰敏，李光林，等. 脑 - 机接口技术综述 [J]. 电子学报，2005（7）：1234-1241.
[26] ZHENG N N, et al. Hybrid-augmented intelligence: collaboration and cognition [J]. Frontiers of Information Technology & Electronic Engineering, 2017 (18): 153-179.

Chapter 9

第 9 章 人类工作的未来

随着信息技术的日新月异，一方面，人们开始畅想美好的未来，比如《头号玩家》里描绘的全沉浸式元宇宙，或是一睁眼就有机器人帮自己完成洗漱、化妆、穿衣、早饭一条龙的“躺平”生活。另一方面，人们也对这样的未来充满了担忧。“赛博朋克”（Cyberpunk）一词很好地反映了这种状况，该词一般用于描述一种先进技术与低端生活相结合的未来世界即《头号玩家》里描绘的现实世界，如图 9-1 所示。人们开始担心，自己的工作会不会被人工智能或者机器人替代？资源会不会集中到少数企业手中，从而导致普通民众只能勉强维持生计？对此，麻省理工学院著名经济学家戴维·奥托尔（David Autor）评论道：“比太多低工资的职位更糟糕的是，连低工资的职位都很少。”李开复在他的书《AI·未来》也提到：“基于当前技术的发展程度与合理推测，我认为在十五年内，人工智能和自动化将具备取代 40%~50% 岗位的技术能力。”

图 9-1 《头号玩家》里平民生活区的简陋的现实世界

本章的标题为“人类工作的未来”，首先需要指出，预测未来是一件极其困难的事，人类科技进步的速度往往超乎想象。二十年前，中国还没有普及计算机，人们怎么会想到现在手中那台小小的手机会如此深刻地改变人们生活的方方面面。再如，微软创始人比尔·盖茨在1981年曾说过“640K应该对所有人都够用了”，从“后视镜”的视角来看这句话当然错得离谱，这也说明即使作为行业顶流，也很难对未来进行精准预测。即使预测未来如此困难，也不妨碍开展一场头脑风暴，以现有的知识体系畅想人类未来的工作会走向何方，以及在未来可能遇到的各种问题。

本章的目的主要是提供一个框架，以思考目前可预见的技术进步（主要指人工智能）会以什么方式来影响人类未来的工作。本章讨论的主题是人工智能，但不严格区分机器/计算机/机器人/自动化/人工智能。在实操中，它们毫无疑问是有差异的，但对于本章而言它们的相似性要大于差异性。它们既可以辅助人类提高生产率，又可能在某些领域替代一部分人的工作，造成社会问题。

本章主要由四节构成，前三节分别从历史、企业家、员工的视角，看待技术进步将如何改变人类的工作。第一节以史为鉴，从工业革命机器逐渐替代工人的过程中，总结经验教训。第二节站在企业家的视角，通过分析AI与人类的比较优势，使用经济学中常用的成本-收益分析框架，探讨“如果你是一位企业家，什么情况下会用AI替换工人”。这一视角是很有意义的，最前沿的科学技术往往关心的是“能做什么”，但只有当一种技术成本降到足够低，性价比足以支撑大规模的普及与应用时，这项技术才能深刻地改变每个人的生活。例如，世界上第一台计算机ENIAC于1946年2月14日在美国宾夕法尼亚大学诞生，当时的目的是供美国国防部进行弹道计算。但直到三十多年后伴随着便携式计算机的产生，计算机才开始逐步走进民众的视野。同理，如果一项人工智能技术只是停留在实验室，人们没有理由认为这项技术足以影响未来的工作。所以从企业家的视角出发，探讨运用AI的性价比，能帮助人们更深刻地理解未来的工作会走向何方。第三节站在员工的视角，首先对工作的不同维度进行分类，进而分析不同类型的工作在未来的演变。俗话说，“三百六十行，行行出状元”，但现实中的职业类型远远大于三百六十行（2015年版的《中华人民共和国职业分类大典》中有1481个职业）。显然不可能对每个职业进行单独讨论，所以我们试图抽象出不同职业所具有的某些共性，并根据这些共性，来分析其未来受人工智能影响的可能性。第四节讨论对未来工作变化的应对方法，这里的“应对”既包括个人维度的决策，也包括政府维度的政策。对个人而言，人们是选择对抗？躺平？还是去积极地顺应新的时代潮流？对政府而言，是积极鼓励新技术的研发？还是推出一系列的监管措施？如果选择监管，那么监管的边界在哪里？

9.1 历史的视角：我们从工业革命中学到了什么？

我们先回顾一下本章开头提出的问题：人类的工作会不会被 AI 替代？在资本主义国家，AI 的运用会不会加剧垄断并深化资本家对无产阶级的压榨？如果穿越到 18 世纪，并且把上述问题中的 AI 替换为机器，你会发现当时的人们也在思考相同的问题。事实上，世界经济论坛的倡议者克劳斯·施瓦布（Klaus Schwab）将人工智能形容为“第四次工业革命”，作为后来者的我们已经或多或少知道了“第一次工业革命”的答案，那么不妨重温这段历史，从而思考技术进步和人类工作的关系。

9.1.1 工业革命时期工作的变化

工业革命开始于 18 世纪 60 年代，通常认为它发源于英格兰中部地区，是指资本主义革命的早期历程，即资本主义生产完成了从工厂手工业向机器大工业过渡的阶段。工业革命是以机器取代人力，以大规模工厂化生产取代个体工场手工生产的一场生产与科技革命。在进行系统性分析之前，我们选择四个行业进行案例分析：纺织、煤炭开采、公路旅馆、铁路。这四个行业是有针对性的，因为它们正好对应新技术对人们的工作可能产生的四种影响：有些工作衰退了（纺织）、有些工作进一步繁荣了（煤炭开采）、有些工作消失了（公路旅馆）、有些新的工作出现了（铁路）。

1. 纺织

纺织在早期往往是小农经济的分支，不再耕种的农民往往选择将原本为副业的纺织作为主业，开办手工作坊。限于技术原因，起初英国的纺织业以羊毛为主要原料，一件羊毛制品往往包含梳毛工、纺纱工、织布工、缩绒工、修整工以及剪切工六个工种的参与，工人们全部都在自己家的小作坊进行生产和制造。纺纱首先出现变革，珍妮纺织机的出现使妇女纺线的生产力提高了八倍，因此原有的陈旧的梳理方法（梳毛工）再也无法提供足量的材料来满足纺纱工的需求。后来阿克莱特（Arkwright）发明了一种借助气缸来梳理的方法，由于需要借助机器的力量，纺纱和梳毛改到了工厂里同时进行。原料的充分供应带来了“织布工的黄金时代”，然而这种繁荣显然是不能维持的，降低成本的需求使得发明家随后发明了动力织机。其后随着阿克莱特对滚筒纺纱的大规模推广，一个以棉花为基础的工业逐渐被创造出来，原有的梳理、纺纱、织布技术被直接应用到棉纺工业上，几乎在同一时间，靠动力运转的大型旋转圆筒被发明出来，完美地解决了产出大量增长的棉布印花问题。

随后的染色和漂白技术的革新则与英格兰的化学家对新试剂的发现息息相关，当氯气通过熟石灰能产生漂白粉被发现之后，这种更易存储与运输且对健康危害更小的固体则迅速成为主流的漂白剂。

骡机的发明为这个本来在不断增长的分工市场画上了句号，骡机能同时纺 2000 个纱锭，纺出来的纱又结实又精细，集珍妮纺织机与水纺机的优点于一体，质量远远超过手工纺织的产品。由于骡机生产的纺织品质量更好、价格更低，工厂纺织的产品迅速占据了主流，家庭手工作坊的市场份额不断缩小，工厂开到哪里，哪里的手工作坊主就会失业。但这个过程并不是顺利达成的，家庭手工作坊的倒闭使得大批手工业者失去生计。在一些地方，愤怒的作坊主向工厂发泄其怒火，砸毁工厂里的机器，烧毁整个工厂，但这些都不能改变既定的进程，历史并不会倒退，过不了多久，在原来工厂的旧址上，新的工厂就会被建造。作坊的工人甚至联合起来向法院上诉，要求判决工厂倒闭，但法院最后判决工厂无罪。当然，在大部分地区，手工作坊的工人只是平静地接受了这个事实：手工作坊正在逐渐消亡，想留在纺织业只能加入大工厂。

2. 煤炭开采

煤炭开采的主要技术问题一直是由在矿坑中出现的气和水造成的。易燃的瓦斯导致不能采取明火照明，泉水则会透过湿层往下渗。人们排水的方法则是依靠手泵或者依靠需要人、驴子或水车的循环链的装置，排水费用对煤炭业来说是一笔沉重的负担。钢轮机（类似于燧石打火，使人们能够将危险的气体排出来）和蒸汽发动机（节省了大量的人力）的发明则解决了以上两个问题。

煤炭被开采出来以后，运输是另一个难题。显然，煤炭如果无法被运送出去，那它将毫无价值，因此产量的极限取决于运输的能力。大量铁路的修建使得煤炭矿主能够以更低廉的价格和更快的速度将煤炭运输到内地，因此煤炭的产量进一步上升，而价格则不断下降。当价格降低到一定程度甚至低过木炭的价格时，煤炭取代了木炭成为家庭供暖的主要材料，而其他重工业的扩张也增加了对煤炭的需求，因此市场对于煤炭行业的需求不断增加。面对需求的上涨，煤炭行业也通过不断提高人力的投入和新技术的应用来提升产量，总产量从 1750 年的 475 万 t 上升到了 1829 年的 1600 万 t，但与接下来的年份对比，这个数字仍显得太小，到 19 世纪中叶，英国的煤炭开采量占世界的 2/3。

生产力的跃升并没有使英国的煤炭行业减少雇工，相反，由于行业规模的不断扩张，即使技术进步使得单位产量煤炭所需要的劳工数量下降，但劳工总数仍然在不断地增加，且行业规模扩张所带来的用工需求上升的作用一直超过新技术对劳动力节省的作用，最终使煤炭行业的劳动力规模持续不断地上涨。

3. 公路旅馆

当工业革命所造成的技术变革使某一行业所生产的产品不再有相应的市场时，与之对应的行业也将会消散。工业革命时期公路旅馆行业（服务于通过马车进行长途旅行的旅客，为其提供道路途中的住宿）的消亡，就是一个很好的例子。

在火车尚未被发明以前，人们进行陆上长途旅行往往是通过马车进行的，马车所行进的道路两侧有着众多旅馆，当至夜晚时，如果未到达城镇，旅客往往就会选择此类旅馆住宿，待第二日再上路。而诞生于第一次工业革命的蒸汽火车则彻底改变了这种情况，四通八达的交通网络使人们在进行长途旅行时往往首选蒸汽火车，火车上的旅客并不需要这项服务，而采取马车进行短途旅行的乘客往往也不需要在道路旁住宿，待第二日继续上路才能到达。总之，由于新技术的出现，这项古老的行业面临着缺乏市场的局面，几乎没有消费者对此有需求，自此公路旅馆行业逐渐消失（直到第二次工业革命汽车的出现才使得这一行业重获新生）。

4. 铁路

1825 年，第一条蒸汽火车线路落成，随后蒸汽火车行业不断扩张，一条一条铁路干线被修建，从大西洋东岸的英国到大西洋西岸的美国，乃至1855年的中国北京，火车行业扩张的脚步几乎走遍了全球各地。到了近代，仅仅一家印度铁路公司便有140万名员工，全球总规模可想而知。该行业在工业革命时对劳工的需求从无到有，并在诞生之初即开始一路扩张，雇用了大量的劳动力。

上述四个案例诠释了技术进步如何影响人类工作的一般路径。新技术的影响包含了两种效应：市场扩张效应和人力替代效应。市场需求决定一个行业是否得以存在，以及其行业规模的上限。一方面，新技术可能使一些原先人类无法做到的事情现在能够做到了，从而产生了全新的市场需求（如铁路铺设）；另一方面，对于已经存在的市场，新技术能够大大降低生产成本。经济学中的需求定理表明，当其他要素不变时，价格下降导致需求量上升，进而使整个市场规模得以扩张。但市场的扩张不必然意味着工作人数的提升，因为新技术还有人力替代效应，即原先需要人力的工作现在能够由机器来完成。新技术将如何影响工作岗位的变动由市场扩张效应和人力替代效应的相对大小来决定。纺织业和煤矿开采业的对比很好地说明了这一点。当新技术应用的人力替代效应超过市场扩张带来的劳动力需求扩张的效应时，就会带来行业人力需求的降低，纺织工业便是一个例子。煤炭行业的情况更加复杂，市场对煤炭行业的需求在不断增长，煤炭行业中既有以节省人力为目的的新技术应用，又有使人类能做到原本做不到的事情的新技术应用。这些效应在煤炭业彼此作用，最终使煤炭行业的规模不断扩大，尽管单位产量的煤炭所对应劳工数目下降，但劳工的绝对数目却出现了大幅度的上涨。

综上所述，回顾工业革命的进程，不难得出如下几条一般性的观察。

首先，新技术本身不意味着工作总数的增加或缩小。通过工业革命时期的四个案例可以发现，新技术在消灭一些岗位（公路旅馆）的同时，也会创造一些岗位（铁路）；在削弱一些岗位（纺织）的同时，也会增强一些岗位（煤炭开采）。新技术对于职位总数的影响并不是一件显而易见的事。

其次，新技术导致工作结构的变化几乎是必然的。即使新技术对于岗位总数的影响往往并不清晰，但它对岗位结构的影响是明确的：符合技术前进方向的岗位将获得发展，而背离时代发展的岗位会衰退甚至消失。

最后，新技术对单个行业的影响往往要大于对整个社会的影响。当人们把目光转向具体的某个行业时，值得注意的是处于工业革命背景下的行业相对于前工业革命时期，面临的技术变革更加剧烈，相应的行业变化也会更加剧烈，极限情况下是行业消失或者行业诞生。大部分情况下，技术变革要么在行业中主要起替代人力的作用，使全行业雇员减少，要么技术变革促进行业发展进而规模扩张。即使新技术中包括了节省人力的技术，但整体来看还是规模扩张的效应更强，最终导致雇员规模的上涨。工业革命中受到影响的各行各业大抵皆如此。

9.1.2　历史不会简单地重复——机器与 AI 相比

毫无疑问，历史上发生的事情对当下的人们有重要的借鉴意义，但历史的经验也不能简单地线性外推。工业革命和正在发生的人工智能革命在很多方面具有惊人的相似性。如果说工业革命是机器替代部分人类体力劳动的过程（尤其是简单的重复性强的体力劳动），那么人工智能革命就是 AI 进一步替代一些更高技能的体力劳动的过程，以及替代部分人类脑力劳动的过程。

首先，原来的一些职位虽然以体力劳动为主，具有一定的重复性，但这些职位有一定的技能要求，涉及部分脑力劳动。对于这些职位而言，单纯的机器或许无法替代。但当更新的技术对这些机器进行赋能后，改变就成了可能。以富士康为例，富士康是全球最大的电子产品代工厂，电子代工在传统上是典型的劳动密集型行业，因为尽管工作具有高度重复性，但代工工序复杂，对操作精细度要求高，所以长久以来富士康的生产主要以工人为主，因此富士康也是全球雇员数量前十的企业之一。但一切在悄悄发生改变，富士康在 2019 年部署了超过 4 万台机器人取代人力，与之对应的是，富士康江苏昆山工厂已裁员 6 万人。目前，富士康机器人已在其郑州工厂、成都平板工厂、昆山和嘉善的计算机 / 外设工厂投入使用。2018 年富士康总裁郭台铭表示，将在十年内，用机器人取代 80% 的人工。近年来，富士康一直保持着 100 万左右的雇员规模，这意味着 80 万人面临失业。同样作为苹果代工厂的和硕，紧跟富士康，在生产线引入机器人和自动化进行升级，减少用人数量。据统计，在江苏昆山有大约 600 家企业希望用机器人来替代人工生产。

与电子代工类似的是物流业。智能分拣设备、无人送货机、配送机器人也在物流业的应用日益广泛，自动导引车（Automated

Guided Vehicle，AGV）、自主移动机器人（Autonomous Mobile Robot，AMR）等智能分拣机器人逐渐走入公众视野，并凭借灵活、易操作、易部署等特点，收获市场认可。近年来顺丰、京东、“三通一达”等快递企业都开始花费重金布局智能分拣领域，以降低传统人工分拣的人力成本，提升服务质量，提高企业竞争力。值得一提的是，在分拣领域，在一些大型的快递配送中心已经很少能看到快递分拣员，但在投递端，快递小哥依然是不可替代的存在。那么为什么同样在物流业，分拣会先于投递被人工智能替代呢？

除了体力劳动外，人工智能也在不断替代脑力劳动。例如，在翻译行业，图像识别软件和语音识别软件让语言翻译技术大幅发展，Word Lens 等翻译软件可以实时翻译标志和文档中的文字，机器同传也在越来越多的高端商业会议提供翻译服务。北京冬奥会投入使用了具有冬奥特征的多语种智能语音及语言服务平台——“小牛”，据了解，该套系统可同时支持 60 个语种的语音合成、69 个语种的语音识别、168 个语种的机器翻译和 3 个语种的交互理解，汉语与英 / 俄 / 法 / 西 / 日 / 韩等重点语种的翻译准确率不低于 95%，平均每句翻译响应时间不超过 0.5s，可高效完成冬奥期间多语种的翻译工作。

9.2 企业家的视角：选择人工智能还是人类？

假设你是一位创业者，你开了一家面馆，并雇用了 10 位员工，他们分别是：5 位服务员，负责传菜；4 位普通厨师，负责做一些大众面食（如兰州拉面）；1 位大厨，负责管理，偶尔做一些高端菜肴（如三虾面）。现在市面上出现了三种机器人：机器人 A 能够自助上菜，机器人 B 能够做一些基本的面食，机器人 C 能够做高端面食。那么你作为老板，是否会选择用机器人替换你的员工呢？如果是，并且你手头的资金有限，那么你会以什么样的顺序进行替换？你会发现，思考“要不要替换”和“如何替换”的难度，甚至大于“能不能替换”。如果说“能不能”是一个技术问题，那么“要不要”就是一个经济问题，不难想出下列几个因素会影响你“要不要替换”的决定：单个机器人的价格、单个机器人能替代员工的数量、单个员工的工资。但要回答“如何替换”，你还需比较不同方案的性价比。用投资的语言来比喻，“要不要替换”取决于投资机器人是否会取得正收益，“如何替换”则还要对不同机器人投资的回报率进行比较。从功利的视角来看，一份工作是否会被人工智能替代，终究取决于使用人工智能的成本与收益，本节接下来将沿着这一视角展开讨论。

9.2.1　人工智能的优势与劣势

从公司的视角来看，是否用人工智能来替代人类显然取决于使用人工智能的性价比。不妨假设，在人工智能擅长并具有优势的领域，用人工智能替代人工的成本更低。换一种说法，在某些人工智能不擅长的领域，即使技术的进步使替代成为可能，人们也有理由相信这项技术的成本相对而言是比较高的。如果一项技术的成本高到难以推广，那么它对现实世界的影响也是有限的。举例而言，早在 1997 年，一个名叫“深蓝”的计算机在国际象棋上战胜了当时世界排名第一的棋手加里·卡斯帕罗夫。但显然，当时人工智能对现实世界的影响可以说微乎其微。

1. 人工智能的优势

人工智能主要有以下优势（一些在计算机时代已经实现的优势不再赘述，比如记忆能力与运算能力）：

（1）可以 7×24 全天候工作

图 9-2　天猫无人超市

机器与人类不同，人类需要充足的休息来提高工作效率，而机器可持续不断地工作且不会感到劳累，可广泛运用于需要 24 小时持续工作的 ETC 收费、便利店自助收银等，如图 9-2 所示。不考虑加班的话，一个普通人一天工作 8 小时，考虑到双休日，一周工作时间为 40 小时，而机器一周可以 7×24 小时不间断工作，相当于 4.2 个普通员工的工作时长。

（2）可以减少人为错误，以更高的精度达到工作要求

即使是最优秀的人，也不可避免地出错，可能的原因包括但不限于：身体抱恙、注意力不集中、情绪波动。在心理学里，有一个词叫“决策疲劳”（Decision Fatigue），用来表示当一个人进行了长时间的连续决策后，他的决策质量会持续下降。而为执行特定任务构建的人工智能机器并没有表现出这些特点，它们没有感情、不会生病、不知疲倦。例如，在初级医疗诊断领域，基于从 RGB 图像到 CT 扫描、ECG 信号、乳腺造影和病理切片等

众多数据源，可加速和改善各种疾病的检测和分诊的精确性。再如，人脸识别访客登记系统通过连接公安部系统，运用光学字符识别（OCR）技术对身份证上的信息和图片进行验证，来确认身份证信息的真实性，可避免购买虚假身份证进入等漏洞。

（3）可更快速做出最优决策，提高效率

除了决策精度，在决策速度上人工智能也有天然的优势。人工智能以庞大的数据为基础，可准确、快速地处理这些数据，以获得实时结果。

在物流业，随着电商的高速发展，物流订单增长极为迅速，这给物流系统的配送带来了沉重的负荷，传统的人工分拣已无法应付这样的配送负荷。智能分拣机器人具备更快速、准确的分拣能力。据介绍，针对小件包裹，在 2000m^2 大小的中转站里，只需 300 台机器人便可在 1 小时内完成 2 万单货物的分拣，分拣员只需将传送带上的快件放置于机器人的托盘中，机器人便可自主完成称重，并且扫码识别快递信息，每次读码时间可控制在 1s 以内，大大提升了分拣的效率。另外一则有趣的新闻，一位名叫“崔筱盼”的员工获得了 2021 年万科总部优秀新人奖，她催办的预付应收 / 逾期单据核销率达到 91.44%。但这位员工并不是人类，而是一位“数字化”员工，如图 9-3 所示。在系统算法的加持下，她很快学会了人们在流程和数据中发现问题的方法，以远高于人类千百倍的效率在各种应收 / 逾期提醒及工作异常侦测中大显身手。

图 9-3　2021 年万科总部优秀新人奖获奖者“崔筱盼”其实是一位数字化员工

（4）可为人类规避潜在风险

人工智能不但能够“替代”人工，在一些领域，AI 可以做一些人类原本无法或者不适合进行的工作。对于一些危害人类健康和人身安全的工作，人工智能优势明显，比如可运用于探索外太空、探索海床、海上钻油平台作业、军事研究、高空作业等高风险环境中。例如，波士顿动力公司（Boston Dynamics）的机器狗Spot在2020年成功“入职”挪威石油公司Aker BP，它前往挪威海域的工作平台，进行空中及水下工作检查，对泄漏点做出处理，并为岸上操作人员提供海上装备现场图像等，Aker BP首席执行官卡尔·约翰尼·赫斯维克（Karl Johnny Hersvik）表示，这能够帮助公司降低成本和碳排放，更好地保障员工的人身安全，这也将是Aker BP与其他石油公司相比的一大优势。再如，智能服务机器人充当送餐服务员，避免人与人的接触，为避免传染病、保障安全起了重要作用。

（5）无须长时间的训练即可开展工作

人们担忧人工智能会替代人类的工作，这里其实有一个隐含条件：人们担忧的这类工作是相对富足的。设想如果有一种职业，社会对其服务需求很旺盛，但该职业需要长时间的培训，导致供给不足，如果此时AI能够在一定程度上分担这些工作，那么对社会而言无疑是好事。

医生就是这类职业的典型代表。以放射科为例，目前中国医学影像数据的年增长率约为30%，而放射科医师数量的年增长率只有4.1%，放射科医师数量的增长远不及影像数据的增长。面对繁重的工作负担，人工分析若只能通过医生的经验去进行判断，误诊和漏诊率较高。AI的数据处理和影像识别技术均可应用到医疗诊断上，提高医生诊断的准确率和工作效率，则能大大缓解中国医疗行业人才供应不足的压力。

2. 人工智能的劣势

人工智能并非只有优势，以下是人工智能的劣势：

（1）高成本

作为一项还在快速发展中的新技术，人工智能的使用成本还是非常高的。最明显的成本包括高配置的硬件、最新的软件、开发人员的报酬等。此外，使用数据的成本也超过很多人的预想。数据在人工智能时代的重要性如同石油对于能源时代一样，《经济学人》杂志在2017年的一篇文章中提出，“世界上最宝贵的资源不再是石油，而是数据”。人工智能性能的提高，需要有海量的数字化素材供它学习，有些素材本身就是数字化的，但有些素材需要人工进行数字转化，如对书籍、文献、图片等的数字化加工，需要对某些素材由人工进行标注，这个过程中数据量往往十分庞杂，需耗费大量的人力成本。此外，使用期间的维修和保养也需耗费大量费用。

（2）缺乏创造性

如果回顾一下之前谈到的人工智能的“优势”，不难发现，这些优势都是有先决条件的——需要人类明确告诉AI（或者示范给AI看）怎么做。从这个意义上说，创造性就是AI的劣势，当面对一个全新的领域，仅凭AI自身是不知道如何进行运作的。人工智能的基础是算法，算法是固定的，只能完成设定的工作，无法执行算法或程序之外的其他操作。因此，人工智能不具有创造力，即便是处于人工智能创新前沿的IBM，也将创造力视为技术上的“终极登月计划”。IBM曾提出，“虽然人工智能的进步意味着计算机可以在一系列有关创新的参数得到提升，但专家们仍然质疑人工智能的创造力。人工智能是否能够在没有指导的情况下学会自主创新？”答案只是“有可能”。虽然人工智能已完成许多创造，包括创作歌曲和绘画作品等，但这些壮举是在程序员指导下才得以实现的。因此，至少就目前而言，真正自发的创造力仍是人类独有的能力。

随着技术进步，AI会“看似”越来越有创造性。例如，在与围棋顶级大师李世石一战中，一战成名的人工智能机器人AlphaGo，它的工作原理是结合了数百万人类围棋专家的棋谱，通过神经网络、深度学习、蒙特卡罗树搜索等算法，来强化学习并自我训练。因此，在AlphaGo的阶段，AI还是在模仿人类的既有行为。但到了更新版本的AlphaGo Zero，AI已经可以从空白状态学起，在无任何棋谱输入的条件下，能够迅速自学围棋。经过短短三天的自我训练，AlphaGo Zero就强势打败了此前战胜李世石的旧版AlphaGo，战绩是100 : 0。但需要注意的是，对于AlphaGo Zero，尽管没有人类棋手的棋谱输入，但还是需要人类明确告诉它游戏规则和所要达成的目标（胜利规则），因此还不能说它真正意义上摆脱了人类的“输入”。

（3）缺乏泛用性

当下的人工智能技术主要针对单一目标，比如AlphaGo只能用在围棋领域，AlphaStar（一款用于《星际争霸》游戏的AI）只能用于《星际争霸》。所谓术业有专攻，AlphaGo和AlphaStar目前无法互换角色。一般AI缺乏泛用性的原因也不难理解，因为人工智能目前还非常依赖人类的输入，就像AlphaGo Zero，即使已经摆脱了棋谱的输入，它依然需要人类明确告诉它规则和目标。对于人类而言，不同场景下目标是不同的，考场上的目标是获取高分，球场上的目标是赢得比赛，玩游戏时的目标也许是胜利也许只是快乐，或者说探索目标本身也是一种思考。值得一提的是，通用人工智能（Artificial General Intelligence，AGI）追求的就是打破上述局限，使机器能像人一样思考、像人一样进行多种行为。

（4）缺乏同理心

毫无疑问，机器在简单重复的工作方面优势明显，但它们尚未具备为他人设身处地考虑的思维模式，沟通交流等能力有限，无法与人建立正常的人际关系，难以从事需要共情关怀的工作，如心理医生、小学教师、高级谈判官、养老院护理员、理疗师等，现如今的聊天机器人和虚拟助理的工作基本上全靠冷冰冰的数字来完成，正如伯格森（Bergson）所说，“它们只是分析某些图像和识别某些重复的几何模型而已”。

（5）“不是人”

说人工智能“不是人”，这句话看似有点拗口，但事实上，不是作为人而存在本身可能就是 AI 的一个劣势，因为这会造成一些人们事先没有预想到的法律与伦理问题。例如，美国东部时间 2018 年 3 月 19 日晚间 10 时左右，一辆搭载 Uber 自动驾驶系统的沃尔沃 XC90 汽车，以每小时 40 英里（1 英里 =1.60934 公里）的速度，行驶在亚利桑那州的坦佩市的城市道路上，与正在骑自行车计划穿越马路的行人不幸发生碰撞。由于事发当时街道灯光昏暗，行人以及车辆自身安全系统监测反应都受到了不同程度的影响。搭载自动驾驶系统的汽车在城市道路中行驶时需随时准备接管车辆的控制，但事发当时 Uber 的驾驶员正在低头看手机，未及时有效地阻止车祸的发生。2019 年 11 月，美国国家运输安全委员会（NTSB）正式对外公布此起车祸的调查结果，认定为人为失误导致，但建议 Uber 公司和驾驶员共同承担事故善后责任，并建议联邦政府加强自动驾驶汽车路试安全评估。

为什么这个案件会受到如此多的关注？因为这个案件提出了很多未来人工智能运用时可能碰到的法律与伦理上的问题。该案件其实还不是最复杂的情况，因为当时车里有驾驶员，并且 AI 的作用是“辅助”驾驶。设想未来彻底的自动驾驶得以实现，车里已经没有了方向盘，那么谁应该负责？再复杂一些，如果桥上突然窜出来一个人，此时 AI 面临选择，是笔直撞过去（死亡的是行人），还是急转方向导致车辆坠河（死亡的是驾驶员）？如果窜出来的是一群人呢？AI将面临类似“火车难题”的情况。注意AI的决策方式可以溯源到一开始编程的程序员，那么这位程序员有没有权利决定未来一场事故中谁生谁死呢？简而言之，恰恰因为人工智能“不是人”，当它们越来越深入这个社会时，会出现一系列未曾设想的法律、道德、伦理问题。

最后需要指出的是，人工智能的优势和劣势是动态的，在未来可以改变。可以预见，随着AI技术的不断进步，人工智能的优势项目将不断增加，而劣势不断减少。例如，人工智能的使用成本在未来会不断降低，当这种成本降低到一定程度时，成本将从一项劣势变成优势。此外，一些传统上被认为是人类优势的项目，也将逐步被AI替代。近年来，深度学习取得重要突破，标志着人工智能在人类最本质的智慧能力方面获得巨大成功，在语音识别能力、图像识别能力、自然语言理解能力、用户画像能力等方面均大大超过人类，并应用于智慧城市、智慧家居、工业制造等领域。Google、Amazon、Facebook、Microsoft、IBM等各大技术巨头已在不遗余力地推进深度学习的研发和落地，更有大量优秀的初创公司崭露头角。例如，在曾经认为人类占据绝对优势的辩论领域，早在2018年就已出现AI战胜人类顶级选手的案例。当时由IBM人工智能辩论系统IBM Project Debater对决以色列国家辩论冠军Noa Ovadia，在辩论过程中，Project Debater展现出比人类辩手更丰富的知识面且游说能力强，甚至还表现出一定的幽默，如图9-4所示。作为第一个战胜人类辩论的人工智能系统，Project Debater由IBM以色列海法实验室研发团队历经六年研发而成，高约1.8m，宽约1m，长着蓝色的动画嘴巴，看似一块造型前卫的广告屏。研发团队赋予其三大核心能力，包括

图9-4 IBM Project Debater战胜以色列国家辩论冠军Noa Ovadia

基于数据基础的演讲稿撰写与表达能力、听力理解能力（能够在长段连续口语中识别出隐含的重要概念和观点）以及模拟人类困境和争议性场景并提出有原则的论点的能力。随着技术的不断发展，我们有理由相信 Project Debater 的辩论能力还将不断提升。

9.2.2 你会用 AI 替代工人吗?

设想有一位企业家，现在他手里有一笔费用可以用以购买人工智能设备，那么他会选择用 AI 替代工人吗？假设他是自私自利的人，目标只有利润最大化，那么需要考虑的因素只有两个：使用 AI 的成本和收益。下面分别从成本和收益的视角来进行分析。

1. 使用 AI 的成本

AI 的成本和人工成本具有很大的差别。人工的前置成本（招聘 / 培训）相对较低，成本的大部分在后续使用（报酬）；而 AI 后续的使用成本较低（电费 / 维护成本），主要成本集中在最初的研发或购买上。那么哪些要素会影响人工智能的开发成本呢？

如果一项任务能较好地发挥 AI 的优势，并且避开 AI 的劣势，那么研发成本将会降低。比如用途比较明确、目标比较单一、没有新场景、不和人类产生复杂的互动，这就解释了为何几次人工智能里程碑式的进展发生在棋盘上（深蓝和 AlphaGo）：用途明确（下棋）、目标单一（获胜）、没有新场景（一直用同一个棋盘）、不与人类产生真正意义上的互动（人类棋手换成 AI 没有影响）。

另外一个影响因素，就是结构化数据的可得性，注意此时数据前有定语“结构化”。研发人工智能，除了程序员写程序这一环节外，训练也是很重要的，而训练 AI 最重要的就是结构化的数据。在现实生活中，有的数据是高度结构化的，直接输到程序里就能够使用，如金融交易数据（股价、成交量、市值、利润、市盈率等），每个变量都是现成的数字并且定义明确。与金融数据形成鲜明对比的是文字、图片、视频数据，这些数据的一个显著特点是非结构化，只看单个文字或者单个像素点的话是毫无意义的，而将这类数据结构化需要巨大的人力成本，因为目前主流的结构化方法还比较“笨拙”——靠人力，因此也诞生了一个新行业，AI 标注。而这种通过海量人力将数据结构化需要巨大的成本，阿里巴巴人工智能实验室负责人陈丽娟曾表示：“人工智能产业是一个新兴的朝阳产业，2019 年 1 月到 5 月，整个产业投资金额达到了 150 亿元。这 150 亿元基本上都是投入研发里面的，研发中的30%都是投入我们的AI标注产业。”有人也将数据标记称为“AI时代的富士康”。

2. 使用AI的收益

如果在某一领域AI研发成本较高，并不意味着人们不会在这个领域发力，自动驾驶就是一个很好的例子。自动驾驶其实并不属于AI非常擅长的领域，和下棋有固定的棋盘不同，自动驾驶面临着纷繁复杂的使用场景。使用场景可能包括高速公路、拥堵路段、狭窄的内部道路、泥泞的乡间小路、刮风下雨、大雾、下雪结冰等。道路情况也千变万化，前面突然检测到某件物品，要考虑直接开过（如塑料袋），还是必须快速制动躲避（如行人）。即便如此，也不妨碍自动驾驶成为当下人类投入最大的人工智能系统之一，究其原因，无外乎市场空间广大。根据麦肯锡的测算，即使自动驾驶技术目前还停留在辅助驾驶阶段，2021年高级驾驶辅助系统（Advanced Driver-Assistance System）的市场营收已经达到了350亿美元，当自动驾驶真正实现时，其市场价值完全可以用难以估量来形容。

使用AI的另一个收益来自能够节省人力成本，也就是说原先员工的用工成本越高，使用AI的收益也越大。例如，很多金融行业的从业者（尤其是基层行业）很担心自己被AI替代，而在传统认知里，金融行业给人以精英、高学历的印象，为什么会担心被替代？一方面，金融行业本身有大量的已经被结构化的数据，适合研发AI；另一方面，正是因为金融行业普遍薪资水平较高，用AI能节省下的用人成本很可观。与之相反，传统上被认为是低端的行业也不见得会迅速被AI替代，因为用工单位可能发现，费心费力重金研发或购买一款人工智能可能还不如人工便宜，这也就是所谓的“太便宜了以至于无法被替代”（Too cheap To Be Replaced）。在这个意义上，我们不能简单地认为技能水平与被AI替代风险是简单的线性关系，即技能水平越低被替代的风险越高，这种风险在根本上还是取决于应用AI的性价比。

回到本节开头的例子，如果你是一个企业家，雇用了大厨、普通厨师、服务员，你选择用人工智能替换谁？当然，精准的答案一定要结合精确的数据才能得出。但不妨猜想，大厨暂时是比较安全的，因为普通厨师和服务员的工作相对而言行为方式比较容易复制，用以替换他们的AI研发成本也比较低。事实上，北京冬奥村里的智慧餐厅说明目前技术已经可行了，冬奥村里有能

图 9-5　北京冬奥会餐厅里能够调制鸡尾酒的机器人

够煮咖啡、泡茶，甚至调制鸡尾酒的机器人，如图 9-5 所示。这说明一名普通厨师如果只是重复地做一些相对固定的菜肴，还是很容易被替代的。服务员更是如此，冬奥餐厅的吊顶系统能够实现无人送餐。至于清扫方面，目前市面上的扫地机器人足以说明这方面的人工智能技术已经相对成熟。至于服务员和普通厨师谁更危险则不好说，自动做菜的人工智能系统或许更昂贵，但厨师的成本也不低。

9.3 员工的视角：未来的工作会走向何方？

上一节站在雇主的视角，探索了对于不同的职位，如何在人工智能和工人之间进行选择。这一节将站在员工的视角，当知道雇主针对不同岗位的不同策略后，可以首先将各种岗位的特色进行归纳总结，进而思考这些岗位未来会发生什么变化。根据上一节的分析，不难得出两个最基本的规律：第一，那些 AI 更能发挥比较优势的岗位，人类将会被逐渐替代；而那些 AI 没有优势的岗位，人类被替代的进程会慢很多，甚至完全无法被替代。第二，在被替代难度相同的情况下，自身薪资越高，被 AI 替代的风险越大。

9.3.1 分解工作的维度

凯文·凯利（Kevin Kelly）在《必然》一书中写道：“当我们发明了更多种类的人工智能后，会在‘什么是人类独有的’这一问题上做出更大让步。我们将在未来 30 年陷入一种旷日持久的身份危机，不断自问人类的意义。”显而易见，共情力、独特性、创造性是人类较人工智能更具优势的特征，反之则人工智能更易占据优势，从共情力、独特性、创造性三个维度来分解工作，可以更好地为人类工作的未来提供建议。

1. 共情力

从狭义上来说，共情力也叫“同理心”，或者通俗意义上的“换位思考”，指站在他人的立场，设身处地地去理解他人的情绪感受、想法，并且能对他人的感受产生共鸣的能力。由于人工智能没有情感、没有属于自己的喜怒哀乐，因此也就没有与人共情的能力。以快递业为例，中端的快递分拣，由于只需按一定规则进行分类放置，不涉及与用户之间的交互，因此很容易被工作起来更高效、更精准的智能分拣机器人所替代，并且 AI 往往比人工在效率、精确度、成本上更占优势。但是在终端的快递派送，由于需要与用户进行交流，互动交流能力显得尤为重要，并且派送过程中可能会遇到难以预料的突发状况，因此快递派送员目前还难以被人工智能所取代。此外，在各种“未来最难被AI替代的职业”榜单中，名列前茅的健身私教和心理咨询师最大的特点也是“共情”。在当代社会，人们不难从各种渠道获得系统性的健身知识，但私教为何收费如此高（一线城市目前的价格约为400元每小时）而需求依然旺盛？除了私人化定制健身计划与针对性的动作指导外，陪伴与督促也是重要原因。正如上一节所分析的那样，或许人工智能最大的劣势就是“不是人”。设想当你心情抑郁想要寻求心理咨询时，当你向对方倾诉自己的苦闷时，你不希望对面是一台冷冰冰的机器，即便机器在外貌和功能上已经很接近人类。总而言之，越是一些要求与人类深度沟通，并具有“共情”要求的岗位，越不容易被AI替代。

2. 独特性

所谓独特性，是指区别于重复性，是人类对于复杂系统的综合分析、决策能力。毫无疑问，AI在重复性的工作上相对于人类具有决定性的优势。其实早在工业革命时期，最早的机器的出现就是用来替代一些简单的重复性劳动。如果说早期的机器只能重复简单的、完全预设好的工序，那么人工智能通过机器学习、深度学习等方法，不断自我积累经验，能够执行的重复性工作的边界将不断拓宽，如万科数字员工“崔筱盼”，“她”已经能够进行发邮件做应收/逾期提醒这类标准化、重复性较高的工作。

3. 创造性

创造性是指个体产生新思想，发现和创造新事物的能力，是人类特有的一种本领，能够跳出固有思维，提出新的思想和概念。而人工智能的本质是基于数据，不断积累过去的经验，以在程序设定下完成专业化的任务为目标导向，优势在于其海量的数据处理能力和卓越的数据处理速度。因此，真正自发的创造力是由人类独有的，艺术家、科学家、音乐家等对创造性有较高要求的职业，人工智能目前难以胜任。

需要指出的是，这里讨论的是“相对”可替代性。或许未来某一天，人工智能会发展到有能力替代人类全部的工作，但即便如此，不同岗位受到的冲击依然是不同的。例如，随着外卖的兴起，料理包和预制菜越来越受欢迎，当顾客下单后，只需要加热或者做一些简单的处理就能完成一道菜。那么做一般菜品的普通厨师和做高端菜肴的大厨，谁更容易被这种更自动化的烹饪方式替代呢？显然是普通厨师。高端厨师往往拥有精湛的技术，需要精准把握特色菜肴烹饪的每一道工序，考验的是厨师综合分析和判断能力，难以被简单的料理包替代。这也给人们一个启示：即使同一个职业内部，未来受到人工智能冲击的程度也是不同的。

9.3.2　展望未来的工作

那么在人工智能技术高度发达的未来，人类的工作机会将走向何方呢？牛津大学教授丹尼尔·苏斯金德（Daniel Susskind）在《没有工作的世界：如何应对科技性失业与财富不平等》（*A world without work*：*technology*，*automation*，*and how we should respond*）一书中指出，“工作的未来取决于两种力量：一种是有害的替代力量，另一种是有益的互补力量。许多故事往往有一个英雄和一个反派在互相争夺主导权，但在技术的故事中，技术同时扮演这两种角色，在取代工人的同时，也提高了其他经济领域对人类工作的需求”。可见，在人工智能时代，人们在享受技术进步带来的各种便利的同时，有部分工作会被替代，造成结构性失业，这是难以避免的。但另一方面，新技术也会带来很多机会，创造出一些新的工作岗位，并逐渐改变国与国之间、地区与地区之间的优势，对人类社会就业产生深远影响。我们总结了人工智能对未来人类的工作可能产生的三类影响：替代一些旧工作、赋能一些旧工作、创造一些新工作。

1. 替代一些旧工作

未来，伴随着全球生育率的不断下降和生活水平的稳步上升，人工成本势必会不断攀升；而伴随着技术进步，AI 的能力和工作范围提升的同时，成本也会下降。因此，AI 在一些工作上替代人类可以说是不可逆转的趋势。麦肯锡研究指出，到 2030 年将有 8 亿人的工作被机器取代；波士顿大学的一项研究表明，每增加 1 名机器人，最多可以造成 6 名工人失去工作，工资下降到 1/4；布鲁金斯学会一项调查显示，在调查对象中，有高达 52% 的人相信在 30 年内机器人可以完成目前人类大部分工作。

李开复在提出“15 年内，人工智能和自动化将具备取代 40%~50% 岗位的技术能力”后，他进一步明确这些被替代的工作将主要集中在以下工作和任务场景：

1）重复性劳动，特别是在相同或非常相似的地方完成的工作（如洗碗、装配线检查、缝纫、收银）。

2）有固定台本和对白内容的各种互动（如客户服务、电话营销）。

3）相对简单的数据分类或思考不到一分钟就可以完成识别的工作（如文件归档、作业打分、名片筛选）。

4）在某公司一个非常狭小的领域工作（如银行理财产品的电话推销员、某部门的会计）。

5）不需要与人进行大量面对面交流的工作（如分拣、装配、数据输入）。

6）高危行业：主要涉及对人身安全会造成威胁的工作，如矿洞和高空作业。

不难看出，以上工作有一个共同特点：充分发挥了人工智能的优势，而避开了人工智能的劣势。例如，重复性劳动就充分发挥了AI无须休息，可以7×24小时不间断工作的优势；相对固定台本的互动，就意味着过去发生的互动会反复出现，照本宣科即可，这也避免了AI缺乏主动创新能力的缺点，因为在此类互动中很少会出现新场景；而公司内狭小领域的工作，工作内容和目标都非常明确，这样就避开了人工智能缺乏泛用性这一缺点。

这里需要说明的是，担忧人工智能替代人类工作其实有一个隐含假设：劳动力相对工作岗位而言是充足的。只有在这种情况下，人工智能才会对人类的工作形成整体上的“挤出效应”。但是，中国生育率在持续下降，未来老龄化加剧是不可避免的。据国家统计局最新数据，截至2021年年底中国60周岁及以上人口超2.67亿人，占总人口的18.9%，其中65周岁及以上人口2.01亿人，占总人口的14.2%。中国社会老龄化程度不断加深，而人工智能可以作为新的生产要素，弥补劳动力的不足。

2. 赋能一些旧工作

对于已经存在的工作，替代并不是人工智能唯一可以做的。在一些行业，AI和人类可能是竞争关系，但在另一些行业可能是伙伴关系。如煤炭行业的例子，钢轮机和蒸汽发动机的发明极大地促进了煤炭工人的生产效率，从而使煤炭采掘业快速发展，在这一过程中，对工人的需求反而是上升的。可以预见，未来人工智能也能够赋能一些旧行业。例如，在医药研发领域，AI能够大幅加速新药小分子研发，使药物发现阶段的研发速度提升5倍，研发费用大大降低。再如，在律师行业里，传统上涉及大量文本查阅的工作，这些文本不但包含了各种法律法规，也包括海量的既有判例。那么如果 AI 能够学会从海量的文本中快速找到有用的内容，这无疑将大大提高律师的工作效率。多伦多、硅谷共同孵化的 Ross Intelligence 就很好地为法律文件检索提供了一个快捷免费的方案。AI 在律师行业的运用可能渐渐降低提供法律服务的成本，使其能够面向大众。当然，原先负责简单重复地搜集资料的律师助理有可能被 AI 替代，这也回应了之前的观点，同一行业内部受 AI 冲击也是不同的，相对高级的职位受冲击的程度较小，甚至有被加强的可能，律师就是一个例子。

3. 创造一些新工作

人们恐怕很难描绘人工智能会创造哪些具体的工作，但历史经验说明，重大的技术进步势必会催生出大量新的工作机会，人工智能技术革命也是如此。2017 年 7 月由国务院印发的《新一代人工智能发展规划》提出，到 2025 年，人工智能核心产业规模超过 4000 亿元，带动相关产业规模超过 5 万亿元；到 2030 年，人工智能核心产业规模超过 1 万亿元，带动相关产业规模超过 10 万亿元。显而易见，新增岗位来自人工智能的产业链，这既包括上游数据搜集端，也包括中游技术开发与维护端，还包括下游应用端。

值得一提的是，很多人认为人工智能相关产业都是高新岗位，吸纳不了多少就业人员，其实并非如此。人工智能需要大量的数据输入，并不断“学习”人类的行为。那么最初的数据从何而来？有的可能是现成的，有的则需要靠海量的人力来生成，数据标注员就是一种应运而生的职业，如图 9-6 所示。以自动驾驶为例，在各式各样的场景中找出斑马线、红绿灯、人脸并不是一件容易的事，但这件事对正常人都很简单，于是一种方法就是找大量的人在不同场景下进行标注，进而成为人工智能学习的素材。虽然人工智能时代下的劳动密集型行业看似有些残酷，但这不全是一件坏事，毕竟社会上始终有一批人因为各种原因无法获取和掌握高端技术，那么新时代这些岗位或许能成为一条后备的出路吧。

图 9-6　数据标记——人工智能时代的劳动密集型工作

除了会出现一些全新的岗位外，另一个可以预见的变化是，一些需要共情力、独特性、创造性的工作将变得更有价值，薪水也会更高。李开复列举了一些人工智能难以取代（至少在当前阶段）的工作类型，主要有以下几个方面：

1）创意性工作。例如，医学研究员、人工智能科学家、剧本作家、公关专家、企业家。人工智能不擅长提出新概念。

2）复杂性、战略性工作。例如，首席执行官、谈判专家、并购专家——需要了解多个领域并需要进行战略决策的工作。对于人工智能来说，即使是理解常识也很困难。

3）灵敏性工作。例如，口腔外科医生、飞机机械师、脊椎按摩师。实际上在机器人和机械学方面取得的进展要比人工智能软件慢。

4）需适应全新、未知的各类环境的工作。例如，地质调查、集会后的清洁工作。机器人在特定环境（如装配线）中运行良好，但不易适应新环境（如每天在不同的房间里工作）。

5）需要同理心、人性化的工作。例如，社工、特殊教师、婚姻顾问。人工智能没有人类的情商，人们也不愿“信任”机器，让机器来处理人性化的任务。

上述工作是人工智能不擅长的领域，每天的工作内容都可能不同、经常会遇到全新的机遇与挑战、需要与人进行多方面的深入互动、往往需要提出目标，而不是给定目标后负责执行。但必须指出，尽管这些岗位不会或者较少受到AI的直接冲击，但也可能以间接的方式受到冲击，显而易见的方式是，会有更多的人涌入这些“安全”岗位，从而加剧竞争，这在经济学上叫作“一般均衡效应”。

从整体来说，展望人工智能和人类共生的未来蓝图，越是不需要与人共情、重复性高、不需要创造性的工作，越容易被人工智能替代。反之，则不会被替代，甚至被加强，并衍生出大量相关工作。这时可能会有人担心，如果在那些人类相对擅长的岗位上，人工智能最终也超过了人类，那怎么办？如果这个时刻真的到来，人们或许可以乐观地期待。也许在未来，随着人工智能的发展，人类的工作时间将大大压缩，一个星期工作三天，另外四天和家人或者朋友去享受生活，这何尝不是一种值得向往的美好图景呢？

9.4 应对未来工作的变化

9.4.1 对抗还是适应

事实上，从机械织布机到内燃机，再到第一台计算机，新技术出现总是引起人们对于被机器取代的恐惧。那么在人工智能时代，面对变化，人们应该如何应对？从本质上看，任何变化都有两种应对策略：一种是对抗变化，另一种是顺应变化。

图 9-7　“卢德运动”中，工人砸毁自动化纺织机图片

在工业革命期间也产生过各种对抗，如工业革命初期，由于工业化生产的大规模发展直接冲击了工人的利益，工厂可以用廉价无技术的劳动力来操作机器，不再需要技术娴熟的工人，大批传统手工业者被工业机器及工厂代替而失业，当时工人把机器视为贫困的根源。1811 年，在诺丁汉首先爆发了反对机械化的“卢德运动（Luddite Movement）”，以砸毁机器为主要表现，如图 9-7 所示。那些担心科技进步、反对机械化和自动化的人也因此被称作“卢德主义者”或“卢德分子”，该运动从 1811 年到 1812 年在整个英格兰境内迅速蔓延，许多工厂和机器被手摇纺织织工焚毁，最终在 1813 年的大规模逮捕、背叛与威胁中得以平定。另外一个例子，1907 年纽约市有 600 个点灯人，在每个黄昏，他们都要爬上路灯柱去点燃瓦斯路灯，但 1880 年诞生的电灯专利即将取代这些人的工作，当年 4 月爆发了一场点灯人的示威活动。

媒体宣传人类会被机器替代也有悠久的历史。1928 年，《纽约时报》撰文《进击的机器让双手空空》（*March of the Machine Makes Idle Hands*）。无独有偶，1961 年《时代周刊》也谈及《自动化下的失业》（*The Automation Jobless*）。但历史上没有一次大规模的失业是由机器或者自动化带来的。历史进程中生产力进步的大势难以阻挡，最终更多的人会选择适应这种变化。“卢德运动”造成大量机器被捣毁后，工人们最终通过机器带来的变革获得了更多的就业机会，他们的利益并没有受到严重的剥削，反而获得了更好的工作和生存环境，使宏观就业总量保持不断增长的态势，实现了增长与就业的双赢。再如，1910 年，在美国有多达 50 万的女性洗衣工人，她们的人数之后因电气革命而骤降，20 世纪 90 年代趋零。但这极大地减轻了女性的家务负担，她们转而投身职场，在社会上拥有了更大的话语权，也拉开了 20 世纪 60 年代美国男女平权的序幕。

综上所述，与其因为担心人工智能会替代人类的工作而选择以各种方式阻碍 AI 技术的进步，倒不如思考在人工智能持续发展这一大前提下，如何让社会或者自己更好。

此外，种种迹象表明，尽管人工智能技术在飞速进步，但其替代人类工作的进程可能没有大家预想得那么快。自动驾驶就是一个很好的例子，谷歌早在2010年就研发出了一款无人驾驶汽车，但在经过全世界巨头十多年不计成本的投入后，现在市场上的自动驾驶系统还没有达到L3级别（自动驾驶按照人类参与度从高到无分为L0~L5六类，现在普遍认为当前的技术处于L2——部分自动驾驶和L3——条件自动驾驶之间）。未来每突破一个层级的困难可能呈指数级上升，目前还没有明确的到达完全自动驾驶的时间表，司机短时间内还不需要担心自己的失业问题。

尽管人们对新技术对人类社会的整体影响持乐观态度，但不可否认的是，对于个体或者社会上的一些群体而言，新技术的挑战依然是巨大的。麦肯锡的估算表明，在2030年以前，自动化进程将替换4~8亿人的工作，在这些被替换的人中，0.75~3.75亿人需要转换职业类型并学习新技能。面对如此巨大的结构性转换，不论是对于政府还是身处其中的个人都是巨大的挑战。下面将分别从个人的视角和政府的视角，谈一下如何应对未来工作的变化。

9.4.2 个人的应对

面对人工智能的挑战，作为个人首先能够做的就是扬长避短，有意识地培养那些AI不擅长的方面（当然，这句话说起来容易做起来难），训练自己的共情力、独特性和创造性。共情力是指基于人类自身情感（爱、恨、热情、冷漠等）与他人互动的能力，情感是人类相比于AI独特的东西，人类有社交的需求而AI没有。丹尼尔·平克（Daniel H. Pink）在《全新思维：决胜未来的6大能力》一书就提到过为了应对这种人工智能的趋势，未来人才需要共情力。独特性是指人类对于复杂系统的综合分析、决策能力，复杂系统的独特性在于没有确定的因果链条，需要面对风险进行决策，这考验的是人的综合分析和判断能力，这也是AI短期无法掌握的能力。未来，需要的不再是单纯的技术型人才，而是跨学科视野下的复合型人才。创造性是指对艺术和文化的创造性思维，是需要基于已有的东西创造出来本来不存在的形式，这个能力也是AI无法快速掌握的能力，未来我们应进一步培养自身的创造力。

其次，比较直观的策略就是主动拥抱与AI相关的行业。这里的相关行业不但包括人工智能这一产业本身，也包括未来会受益于 AI 技术的行业，新技术能让这些行业打开更大的市场。以 4G 技术为例，受益的除了技术设备厂商以外，更是催生了一批全新的商业模式和细分行业，如电子商务、网约车、网络直播、移动支付等。人工智能在未来也一定会孕育出全新的市场机会，当下已经可以预见的新行业至少包括大数据、云计算、3D 打印、VR 行业等。此外，在人工智能时代，数据的重要性将被无限放大，因此，我们也可以提升自己相关的数据思维的能力。

最后，我们需要意识到，面对不断变化的社会，最通用的解决方法其实是终身学习。在人工智能时代所需要的技能与知识可能完全不同于学生时代所学到的，因此即使在离开学校后，也要保持一颗年轻进取的心，积极学习，主动拥抱新时代。

9.4.3　政府的应对

人类开发人工智能的最初目的就是为人服务，减少人类劳动的时间。所以，在相同的劳动时间下，因为人工智能的存在，人类理应获得更多的产品和服务。人工智能提高的社会生产力、增加的社会财富应该在公众当中进行更加均衡的分配。要实现这一目的，政府需要改革现存的福利体系，调整各个产业的税收政策，同时为社会弱势群体提供更多社会保障。该政策的实施可以改善贫困和极端不平等，提高消费和商业活力，减少因为人工智能发展导致的社会不稳定因素。具体而言，政府为了应对未来工作的变化，能做的事大致分为四类：未雨绸缪、提供保障、收入调节、政策制定。

1. 未雨绸缪

人类未来工作的变化一定是结构性的，并且这种结构性的变化在很大程度上是可以被预见的（哪些职业会被 AI 替代，哪些职业反而会被加强）。那么为了减少当结构性变化发生时所产生的结构性失业，政府可以提前做一些准备。例如，政府可以提供就业预警，在人才培养时就应该考虑到未来人工智能可能的发展，及时调整各专业的招生计划，避免人与人工智能过度正面竞争。对于已经工作的人群，政府可以有针对性地增强他们的学习能力，提高就业的灵活性。

政府还可以准备加强成人教育方面的投入。上文提到，终身学习是面对各种技术变革的通解，但终身学习这件事不能仅仅停留在个人意愿上，如果市场上没有合适的机构提供相应的指导，个人仅凭借自学恐怕难以达到良好的效果。简而言之，个人需要培养终身学习的意识，政府也要提供有利于终身学习的环境。

2. 提供保障

无论政府在事前做了多么完善的准备，可以预见的是，当技术变革真正发生时，结构性的失业是不可避免的，那么此时政府的职责就变成了提供保障。保障主要分为两部分：一是失业期间的收入保障（失业保险、最低收入保障），二是为失业者寻找下一份工作提供帮助以及必要的培训。

3. 收入调节

人们对人工智能的担忧，归根结底是担心自己的收入可能出现下降。首先，AI 作为一种新兴的能够提高生产效率的技术，毫无疑问能够做大“经济蛋糕”。假设每个个体分到的蛋糕都变大了，那么新技术带来的社会问题将会小很多。但如果没有政府干预，每个人的蛋糕真的都会变大吗？答案是否定的，因为人工智能天然具有垄断属性。前文介绍过，不同于人工成本，人工智能的成本高度集中在一开始的研发环节，而一旦研发完成，使用的边际成本要低得多。研发环节的高资金要求和高技术要求都形成了天然的壁垒，大型企业在这方面有着绝对优势。此外，AI 的开发还高度依赖数据，而大型企业在获取信息的能力方面有着无可比拟的优势，如阿里巴巴掌握着全国的电商交易数据，腾讯掌握着全国的社交数据，目前舆论讨论颇多的“大数据杀熟”也是一个例证。这种数据优势对于小公司而言可以说是降维打击。正是因为 AI 技术天然具有垄断属性，在没有政府干预的前提下，大公司更有可能从技术进步中受益，进而加强其行业垄断地位，恶化蛋糕分配的方式。

为了使每个人都能够享受科技进步的成果，政府在收入分配上的作用必不可少。上述提到的政府其他应对手段（失业保险、就业保障、再培训等）都需要资金，那么这些资金从何而来？不少经济学家建议向机器人征税（taxing the robot）。对机器人征税的法理基础在于，虽然机器人从伦理角度不能算是人类，但是从经济学角度，机器人和人类几乎没有区别，在企业生产中机器人作为一个生产要素是可以像人一样进行工作的。随着机器资本的成本逐渐降低，它在生产中将替代人类劳动力，这是自动化或者人工智能影响就业和薪资的主要渠道。通过对机器人征税，一方面，可以降低自动化的采纳进程，给劳动者时间去适应其他职业；另一方面，这部分收入也可以用来补贴劳动者，作为劳动力培训的资金来源。当然，在征税的过程中，政府也将面临效率与公平的权衡取舍。设想一下，如果将这种机器人税定得过高，使研发机器人或人工智能完全无利可图，那么这将不利于推进科技进步。整个经济蛋糕无法做大的话，自然也不会有人从中受益。

4. 政策制定

原则上，人工智能替代的是工作量而不是工作者，人们所担心的失业问题其实是由替代工作者带来的。设想一种情形，在未来人工智能的帮助下，人类需要的总工作时长减半，此时如果单人的工作时长不变，就会有一半人失去工作。如果此时政府能出台一些法律法规，减少法定工作时长，从而达到单人的工作时长减半，那么社会上没有人会丢掉工作。一个比较理想的情况是，未来随着人类所需要的工作量越来越少，每个人能有更多的时间用来休闲娱乐和享受生活，而失业人口并没有增加。当然，这种理想情况需要个人、企业、政府乃至整个社会的共同努力。

此外，前文谈到的 Uber 司机撞死行人这一案例说明，未来人工智能的技术进步会对当下的法律和伦理提出全新的挑战。因此，政府也需要制定政策来构建机器人伦理道德规范。未来，人工智能发展到一定阶段，不断地向人类生产生活逼近，会涉及更多的伦理道德问题。例如，机器人要不要遵守人类的法律法规、机器人应不应该享受人类的权利、人类与人工智能如何和谐相处，都是国际社会和各国政府要应对的事情。因此，制定相关规范人工智能发展的指导意见是十分迫切的事情。在这方面中国走在了世界前列，2018 年 5 月 7 日，《中国机器人伦理标准化白皮书》评审会议召开。此次白皮书具有里程碑意义，因为它首次提出了针对机器人伦理问题的解决办法——中国优化共生设计方案。这一清晰的框架为进一步完善机器人道德伦理规范奠定了基础。只要人工智能的发展在一定约束条件下进行，风险就是可控的。

思 考

1. 如果人工智能代表第四次工业革命，那么第三次工业革命的代表是计算机。在第三次工业革命中，哪些工作消失了？哪些工作被强化了？新出现了哪些工作？请各举若干例子。

2. 你认为教师这一职业在未来会被人工智能替代吗？你的答案针对幼儿园、小学、中学、大学老师是否有所不同？

3. 诺贝尔经济学奖得主托马斯・萨金特（Thomas J. Sargent）在一次演讲中提出，“人工智能的本质就是统计学”。你是否认同他的话？

4. 在未来的老龄化时代，人工智能和人类工作的关系可能产生什么变化？

5. 全球的新冠疫情会在哪些方面影响人工智能替代人类的进程？

参考文献

[1] 平克 . 全新思维 : 决胜未来的 6 大能力 [M]. 高芳 , 译 . 浙江 : 浙江人民出版社 , 2013.
[2] 凯利 . 必然 [M]. 周峰 , 董理 , 金阳 , 译 . 北京 : 电子工业出版社 , 2016.
[3] 李开复 . AI・未来 [M]. 浙江 : 浙江人民出版社 , 2018.
[4] MANYIKA, et al. Jobs lost, jobs gained: Workforce transitions in a time of automation [R/OL].(2017-08-11) [2022-03-31]. https://www. voced. edu. au/content/ngv%3A78297.
[5] SCHWAB K. The fourth industrial revolution. Currency [M]. UK: Portfolio Penguin, 2017.
[6] SUSSKIND D. A world without work: Technology, automation and how we should respond [M]. UK: Penguin, 2020.

Chapter 10

第10章 人文关怀

君子不器。

——《论语·为政》，孔子

当今世界，发展信息技术尤其是算法研发必须具有全球视野，把握时代脉搏。特别是要坚持“以人为本”的信仰与理念，推动人文关怀视角下的信息科技的不断创新及其成果转化，培育和谐社会发展的新动力，塑造“科技向善”理念，完善科技治理，更好地提升人类福祉。

人文关怀蕴含了巨大的分析性、批判性的精神力量，其核心就是“以人为本”，即要求关注每个人的生命意义和精神生活。历史发展的经验和教训反复说明：科学技术尤其是信息技术的发展是一把“双刃剑”，若是不看重人文关怀、“以人为本”，则会导致科技越发达，人类前途越渺茫，甚至造成地球文明由碳基文明转向硅基文明的不可逆迁移，极端情况下还有可能导致人类文明的消亡。因此，要想让科学技术持续稳健地向前发展，人文关怀是科技发展中不可忽视的重要部分。所以在信息技术研发特别是算法研发中融入人文关怀因素，做到科学与人文合作共生至关重要。下面将从三个方面来具体阐述，即科技人文主义与科技向善、人类自主性与技术依赖性、数字时代弱势群体关怀。

10.1 科技人文主义与科技向善

10.1.1 科技人文主义

科学技术是人类社会的第一生产力，人类文明的发展史就是科技的进步史。历史上，古代中国四大发明之一的活字印刷推动了文艺复兴和宗教改革，促进了思想解放和社会进步；工业革命使得机器生产代替了手工劳动，促进了工业文明的迅速繁荣；信息技术革命尤其是人工智能技术，进一步改变了人类的生产生活方式，引起社会的深刻变革。由此可见，科技发明和创新在推动人类社会不断向前发展。但是我们也应该看到，科技本身也是一把“双刃剑”，滥用科技会祸害人类。例如，声呐可以被航海家用于探测礁石，保证航行安全，也可以被非法分子用来捕鲸；摄像机可以用来监测周围环境，为打击犯罪提供证据，同样也可以被犯罪分子用于偷拍隐私和机密信息；核子技术的发明在给人们带来清洁能源的同时，也制造了大规模的军事武器；手机在给人们带来随时随地接入网络的便利的同时，也成为电话诈骗和网络诈骗的载体……

科技是客观存在的，而人是主观能动的，因此科技力量终究还是人掌控客观事物的力量。那么对人类社会而言，科技发展的终极目的究竟是什么？是提升人类福祉，改善人类生活吗？或者是用于改变人类自身，创造出超级人类？还是说用来创造出完全不同的实体从而取代人类？科技人文主义就是在一定价值观取向的前提下对前述问题做出的科技发展选择。

> 作为整体，科技不是由线路和金属构成的一团乱麻，而是有生命力的自然形成的系统，它的起源完全可以回溯到生命的初始时期。所以我的观点是：科技是生命的延伸，它不是独立于生命之外的东西。
>
> ——《科技想要什么》
> 凯文·凯利

关于科技人文主义的定义有很多，目前影响力最大同时也是争议性最大的一个版本来自尤瓦尔·赫拉利（Yuval Harari）所著的《未来简史：从智人到智神》（*Homo Deus*：*A Brief History of Tomorrow*）：“科技人文主义仍然认为人类是造物的巅峰之作，也坚守许多传统的人文主义价值观。科技人文主义，同意我们所知的智能已经成为历史，以后不再那么重要。因此，我们应该运用科技创造出智神，一种更优秀的人类形式。智神仍会保有一些基本的人类特征，但同时拥有升级后的身体和心理能力，并且能够对抗最复杂和无意识算法。”换句话说，赫拉利认为科技的终极目的是用于改变人类自身，创造出超级人类。

超级人类目前还没有严格定义，但是一种可能的雏形可以在各类关于赛博朋克（Cyberpunk，是 Cybernetics 与 Punk 的结合词）的科幻小说或者电影中看到，即超级人类为一个拥有电子脑（Cyberbrain），网络接口和由义体技术（Cyborg Technology）制造出各类人造器官的人机混合终端。在这种情况下，将引发人类认知的深刻问题：超级人类可否认为是人类进化的终极形态？这将涉及科技、哲学、人文、社会等诸多方面，不在本章的探讨范围之内。

因此，在本章中，科技人文主义的定义遵循以人为本、科技向善的原则，认为科技发展的终极目的是提升人类福祉，改善人类生活。在此过程中，不要把人异化为工具或者工具人。

10.1.2 人人受益的科技

人工智能、大数据、云计算、物联网、5G、虚拟现实、区块链等一系列信息技术正在逐渐改变我们的生活。小到个人生活方式（如以微信和支付宝等为代表的移动支付技术），大到整个社会产业的经济运转（如以共享经济和虚拟货币等为代表的“互联网+”数字经济），无一不在享受着科技进步的果实，可谓是人人受益。对应的绝大部分示例在本书前述各章中均有详细阐述，因此下面将聚焦于在几个特殊场景下，现代信息科技是如何做到人人受益的。

超越人类智能的计算机将在50年之内问世，这次变化与200万年以前人类的出现同等重要。
——《技术奇点》
弗诺·文奇

1. 科技奥运：以北京冬奥会科技保障为例

（1）智慧场馆

以国家速滑馆（又名“冰丝带”）为例，该场馆拥有一个“超级大脑”：在先进硬件设施基础上运用现代信息科技打造出的数字孪生中控系统。

从服务奥运管理者的角度出发，这个“超级大脑”可以融合已有的以“一网统管”精细化治理为核心的经验成果，满足北京冬奥会保障的三大条件：任务场景可视化感知，保障要素一张图定位，以及应急处置精准化布控。例如，“超级大脑”可以通过“冰丝带”的天地空一体化二氧化碳监测系统实现碳排放精准核算与智能化控制。此外，管理者还可以通过“超级大脑”实现业务区域的模拟规划与部署。

从服务体育运动员的角度出发，这个“超级大脑”可以在智能传感器实时检测场地的湿度、温度、风速，以及在视频监测系统测算的观众席各区域人员数量等数据基础上做出智能化最优决策，即智能动态调控座椅送风系统、场地除湿系统、制冰系统等，让冰面始终保持最佳状态，使运动员能够有机会创造新的世界纪录。

从服务观众的角度出发，开启智能手机上的场馆App与手机摄像头，就可以与“超级大脑”互动，实现多项有趣的功能。首先，通过AI+AR拍照导航系统就可以提供立体实景导航，为观众找到目的地。其次，通过App上的8K+VR功能，以及“超级大脑”的360°低时延定制化视角观赛功能，无论观众坐在哪里，都可以拥有全景视角，即可以欣赏到场馆内任意位置的600ms内延时的“准实时”画面，不会错过每一个精彩瞬间。此外，场馆内还提供了三维AI滑冰互动游戏，通过大屏幕上摄像头进行动作捕捉即可开启，既提升了趣味性，也很好地普及了冰雪运动的基本知识。

（2）赛事转播

例如，北京冬奥会冰壶、速度滑冰这两项赛事的转播采用了自由视角技术，还配有“时间凝结”的特效，让观众不再局限于一个视角观看比赛，还能多角度细看精彩瞬间的定格画面。其背后的核心支撑技术是基于神经网络渲染（Neural Radiance Fields）的自由试点视频生成技术，让计算机系统根据转播画面自动生成虚拟画面，与真实场景无缝衔接。此外，通过三维计算机图像重构技术实现的“时间凝结”特效，包括对观众感兴趣领域的放大缩小，改变聚焦点以适应不同运动区域、虚拟视角生成等功能。

（3）跟踪拍摄

无论是室内的花样滑冰、短道速滑、钢架雪车，还是室外的高山滑雪、单板滑雪、自由式滑雪，都需要精准跟踪与捕捉运动员或者运动物体的高速运动轨迹。通过在比赛场地部署多路高清摄像头以及各类智能化运动目标跟踪拍摄系统，充分利用视觉AI感知、深度学习、三维建模和空间定位等技术，实现对比赛场馆真实场景的数字化映射以及对冰雪运动各类特征的结构化提取，可以在各类空间范围内实现检测跟踪和轨迹捕捉，然后通过实时渲染、虚实同步等技术将运动轨迹进行精准还原，呈现智能化的视觉效果。

> 技术力量正以指数规律迅速发展。
>
> ——库兹韦尔定律

一方面，教练员与运动员可以通过这些视觉画面进行实时判断与赛后分析，进一步提升运动水平；另一方面，观众能够大饱眼福，欣赏到各类精彩的运动瞬间，即使不在场也能够有身临其境的感觉，激发运动热情，非常有利于冰雪运动的国民化普及与推广。

（4）机器人总动员

北京冬奥会大量使用了各种服务类机器人，包括炒菜机器人、送餐机器人、调酒机器人、清洁机器人、咖啡机器人、远程超声机器人、火炬机器人、冰壶机器人、啦啦队机器人、安防机器人、引导机器人、递送机器人、物流机器人、防疫机器人等。例如，咖啡机器人具有仿生双臂，在其胸部配备高清摄像头，通过有效机器视觉算法能够识别操作台全部细节、识别多种茶品，满足运动员和观众的多种需求。另一个例子则是安防机器人，为国际赛事提供安全防护工作。一方面，在室内场馆如“冰丝带”和“冰立方”中，安防机器人可以在比赛场馆内提供不间断的室内巡逻安防服务，实时监测和管理场馆情况，在遇到行人或障碍物时会动态感知场景、提前语音示警或者主动避让。另一方面，冬奥会的一些室外比赛场地位于燕山山脉中，地形错综复杂，气候环境严苛，夜晚温度可达零下40℃。冬奥会配备了数十台安防机器人以及全天候无人智能巡检系统，通过软硬件协同及先进算法，以光谱传感器为核心，即使在复杂的雪场环境下也可以进行目标识别、异物检测等工作。其还具备自动报警记录、信息上传等辅助功能，在不间断的日常监测中能够自动精准判断数十公里之内的入侵者的类别，并将监测到的情况或者入侵者的行踪轨迹上传到后台指挥中心。即使在没有电力覆盖的区域，也可以实现自主续航、联网通信等，有效提高了安保工作人员的效率，确保冬奥会的赛场安全。

> 人之初，性本善。性相近，习相远。
> ——《三字经》

2. 应急防控：以河南特大暴雨灾害救援为例

（1）灾情监控

特大暴雨成灾后的天气发展状况对后续救灾工作至关重要。国家卫星气象中心和航天科技集团紧急开启“星地合作”，利用多个气象监测卫星特别是具有高分辨图像拍摄能力的卫星，如高分三号、高分六号等，开启快速成像观测模式，在确保卫星安全在轨的前提下，对准河南上空，监测雨势、雨情变化。此外，通过信息处理技术，快速获取灾区有效数据，继续为洪涝监测和灾后评估提供强有力的支持。

（2）网络架设

在暴雨引发的自然灾害冲垮通信网络基础设施之后，受灾群众无法及时联系相关部门，耽误各类救灾进程。国家应急管理部紧急调配加载有移动基站的翼龙超大型无人机飞赴灾区，定向恢复50公里之内的移动公网通信，解决了通信中断的问题，为当地居民紧急恢复通信、联络应急及报平安等提供了生命线保障。

（3）地图标注

各类互联网地图供应商均在对应的App程序上及时增加了一个叫“积水”的图标，河南当地的用户在地图上点击积水图标，就可以进入互助通道，查询救援电话，查询附近的避难场所，或者发布求助信息。

（4）在线文档

在河南暴雨灾害当晚，一份名为“待救援人员信息”的共享文档被创立出来。不到 24 小时，该文档被访问了 250 多万次。各类求助信息与救援力量在信息科技的助力下一起涌入这份救命文档，实现了求助需求与救援力量的动态实时匹配，也出现了许许多多暖人心的爱心接力故事。

3. 卫生健康：以在线问诊为例

（1）AI+ 云平台

基于医疗行业专业术语知识资料及医疗专业词汇，人工智能云医疗平台系统可以让虚拟医生在多种场景下与远程用户互动，通过语音输入病历，减少病历录入的时间。此外，当用户输入症状后，系统将识别用户输入的文本，最终在病例知识库中进行检索，把类似信息推给用户，完成精准的信息匹配。整个过程背后涉及的自然语言处理的关键技术包括分词、句法解析、信息抽取、词性标注、指代消解、词义消歧、机器翻译、自动文摘、问答系统、信息检索、知识图谱、结果归并等。

（2）病例知识库

首先通过自然语言处理技术将积累多年的临床病例自动批量转化为结构化数据库。在此基础上，再通过机器学习和深度学习技术自动抓取病历中的临床变量，挖掘变量之间的相关性及因果性，进而提供专业统计分析支持，构建完整的病例知识库，供在线问诊使用。

> 智能化技术背后有三大原则：隐私，责任和道德。
>
> ——萨提亚·纳德拉（Satya Nadella）

10.1.3 科技向善与技术监管

尤瓦尔·赫拉利（Yuval Noah Harari）在《人类简史三部曲》中通过对前三次技术革命（蒸汽机、电力、计算机）的归纳总结，发现人类通过这三次技术革命，生产力得到提升，生产关系得到改善，从而提出一个重要的观点：“科技具有向善性”。这显然是把时间尺度，拉长到一个更宏大的历史长河之中，才得出的结论。将时间尺度缩短来看，科技是一种能力，向善是一种选择，科技是否向善最终取决于人。因为人是科技的尺度，人的价值观与责任感决定了科技的未来。前三次技术革命，是人的向善性，是绝大多数人对美好生活的向往，使得科技有了向善性的色彩。

社会学家威廉·奥格本（William Ogburn）用一个词“文化滞后”（Culture Lag）来描述科技改变社会的本质规律，即科技进步尤其是具有颠覆性、创新性的科技发展，给人类社会的发展带来的是一个缓慢的过程：从简单地使用工具，到科技改变人的行为习惯、科技改变社会，再到科技改变人的思想观念。在此过程中，由于科技发展得快，社会文化发展得慢，从而导致了新旧观念冲突、新旧文化矛盾等社会阻力。特别是近年来，随着信息科技尤其是人工智能技术和算法开发技术的飞跃发展，出现了越来越多的科技发展与社会、伦理、道德和法制之间的矛盾。那如何去化解这些矛盾呢？

一方面，要大力提倡“科技向善”的价值观。已经有不少科技企业开始强调“不作恶”“技术温度”等理念。这是很好的开始，因为比起科技的高速发展，人文精神的提升明显迟缓太多。无论知识、技巧还是系统、硬件，并不一定能给人们的生活带来真正的幸福和尊严，反而可能带来困扰和噩梦。所以科技企业在向善之路上，责无旁贷。事实上，不少编写算法的团队，如果只有信息吞吐量、流量和利润这几个指标，那么他们所开发的产品必然是利用人性的弱点，将所谓的注意力经济发挥到极致。因此，技术和算法必须有正确的价值观，产品和企业才能真正服务人类。换句话说，技术是一种规则的体系，必须纳入法律和伦理所构建的社会体系中，才能真正发挥技术的正向价值，才能真正“科技向善”。否则，科技不仅不会推动人类社会的进步，反而会毁灭人类。信息技术领域本身就存在网络谣言、网络诈骗、伤人机器人、恶意篡改人脸视频等负面案例，而这些都将彻底消解科技所带来的正面价值。

> 人类太轻易地让自己陷入这样一种对机器强烈依赖的境地，以至于到了最后，他们没有别的选择，只能完全听从机器的决定。
>
> ——《工业社会及其未来》
> 希尔多·卡辛斯基

另一方面，必须开展算法和人工智能的全方位数字治理。从研究层面而言，开展个人隐私安全保护、算法公平性研究、人工智能可解释性研究、负责任的人工智能研究、人工智能的伦理原则研究等；从国家社会监管层面而言，则是出台一系列法规，确保算法开发与人工智能技术发展可知、可控、可用、可靠。

国际上有些国家正在逐步制定相关法规。2019 年 3 月，美国国会推出《2019 年商业人脸识别隐私法案》（*Commercial Facial Recognition Privacy Act of 2019*），这是美国关于人脸识别隐私保护的第一部法案，明确要求商业公司在使用人脸识别技术以及向第三方转移用户人脸数据时都需要得到用户的明确授权。同年 4 月，美国国会推出《隐私权利法案》（*the Privacy Bill of Rights Act*），旨在从立法层面全面保护个人数据。最新的立法进展是在 2022 年 2 月初发布的美国《2022 年算法责任法案》（*Support for the Algorithmic Accountability Act of 2022*），其致力于对软件、算法和其他自动化系统带来更有力的监管以及更多的透明度。希望在此法案监管下，不利于少数人群或者边缘化人群的偏见将最大程度被消除，并且无良行为算法开发者将被追责。

国内在数字治理方面的规范立法也非常及时到位。在人工智能伦理规范方面，国家新一代人工智能治理专业委员会在2021年9月发布了《新一代人工智能伦理规范》，旨在将伦理融入人工智能全生命周期，为从事人工智能相关活动的自然人、法人和其他相关机构等提供伦理指引，促进人工智能健康发展。在算法治理方面，2021年9月，国家互联网信息办公室等九部委制定发布了《关于加强互联网信息服务算法综合治理的指导意见》。紧接着在2021年11月，上海市市场监管局也发布了《上海市网络交易平台网络营销活动算法应用指引（试行）》。最新的强有力的监管措施则是从2022年3月1日起，正式实施由国家四部门（国家互联网信息办公室、工业和信息化部、公安部、国家市场监督管理总局）联合发布的《互联网信息服务算法推荐管理规定》。在这个最新的规定中，应用算法推荐技术有了一个明确清晰的定义："应用算法推荐技术是指利用生成合成类、个性化推送类、排序精选类、检索过滤类、调度决策类等算法技术向用户提供信息。"与此同时，该规定的第三章（第十六条到第二十二条）厘定了用户权益保护的各方面内容。接下来将从六个方面来简要阐述该规定第三章的相关内容。

1）该规定的第十六条要求"算法透明度"，即"算法推荐服务提供者应当以显著方式告知用户其提供算法推荐服务的情况，并以适当方式公示算法推荐服务的基本原理、目的意图和主要运行机制等"。这就要求算法提供者逐步摆脱基于初级神经网络应用的传统黑盒式算法，而转向有明确性能保证和可解释、可预测、可控制、可管理的现代透明化算法。

2）该规定的第十七条要求"用户隐私保护选项"，即"算法推荐服务提供者应当向用户提供不针对其个人特征的选项，或者向用户提供便捷的关闭算法推荐服务的选项。用户选择关闭算法推荐服务的，算法推荐服务提供者应当立即停止提供相关服务。算法推荐服务提供者应当向用户提供选择或者删除用于算法推荐服务的针对其个人特征的用户标签的功能。算法推荐服务提供者应用算法对用户权益造成重大影响的，应当依法予以说明并承担相应责任。"换句话说，用户可以有选择性地关闭涉及个人特征的多项用户标签，拒绝 IT 企业通过 App 为自己进行用户画像，从而掌控自己的隐私信息流向，做到对于个人隐私信息的多层级保护。

3）该规定的第十八条要求“保护未成年人”，即“算法推荐服务提供者向未成年人提供服务的，应当依法履行未成年人网络保护义务，并通过开发适合未成年人使用的模式、提供适合未成年人特点的服务等方式，便利未成年人获取有益身心健康的信息。算法推荐服务提供者不得向未成年人推送可能引发未成年人模仿不安全行为和违反社会公德行为、诱导未成年人不良嗜好等可能影响未成年人身心健康的信息，不得利用算法推荐服务诱导未成年人沉迷网络”。相信在这条规定的监管下，面向未成年人的类似“网络游戏防沉迷系统”的技术举措将不断涌现。

4）该规定的第十九条则要求“保护老年人”，即“算法推荐服务提供者向老年人提供服务的，应当保障老年人依法享有的权益，充分考虑老年人出行、就医、消费、办事等需求，按照国家有关规定提供智能化适老服务，依法开展涉电信网络诈骗信息的监测、识别和处置，便利老年人安全使用算法推荐服务。”的确，在“科技向善”的各类举措中，智能化适老和老年人防诈骗是目前工作的重点。

高于道德的东西必须基于公正，包含公正，并通过公正的途径去获取。

——亨·乔治

5）该规定的第二十条则要求“算法的人性化考量”，即“算法推荐服务提供者向劳动者提供工作调度服务的，应当保护劳动者取得劳动报酬、休息休假等合法权益，建立完善平台订单分配、报酬构成及支付、工作时间、奖惩等相关算法。”这条规定将有力保障劳动者的合法权益，避免了把劳动者异化为工具人的悲剧。

6）该规定的第二十一条要求“算法的公平性”，即“算法推荐服务提供者向消费者销售商品或者提供服务的，应当保护消费者公平交易的权利，不得根据消费者的偏好、交易习惯等特征，利用算法在交易价格等交易条件上实施不合理的差别待遇等违法行为”。这将有力地遏制被消费者诟病多时的“大数据杀熟”问题。

相信在社会各方的共同努力和监管下，有法可依、多元协同、多方参与的现代算法治理机制将逐步成熟，随之而来的是一个规范的算法生态：导向正确、公平公正、公开透明、完全可控。

10.2 人类自主性与技术依赖性

技术是一把“双刃剑”，既可以做到人人受益，又可能给人类带来各种负面影响。一方面，人类依靠技术取得了社会的飞跃发展，也让人类的生活更为舒适；另一方面，人类对技术的过分依赖以及技术对人类生活方式的反作用也可能让人类处于危险之中。事实上，技术的发展使人类归属感缺失和生活程序化，人类的情感也变得越来越脆弱。极端情况下过分依赖技术不仅可以让人失去自主性，成为机器的奴隶，而且长远来看会迷失进化的方向。下面将从三个方面来阐述人类过分依赖技术后的负面影响。

10.2.1 滥用

技术被滥用一节将介绍一个典型示例：AI 伪造技术。具体而言，AI 伪造技术是指相关软件通过 AI 换脸、语音模拟、视频生成等方式，对既有图像、声音、视频进行篡改、伪造，自动生成音视频产品。更一般更抽象的定义目前没有统一定义，其中一个较普遍采用的版本来自美国发布的《2018 年恶意伪造禁令法案》：“以某种方式使合理的观察者错误地将其视为个人真实言语或行为的真实记录的方式创建或更改的视听记录”。

> 安全性：人工智能系统在它们整个运行过程中应该是安全和可靠的，而且其可应用性和可行性应当接受验证。
>
> 人类价值观：人工智能系统应该被设计和操作，以使其和人类尊严、权力、自由和文化多样性的理想相一致。
>
> ——阿西洛马人工智能原则

从技术层面而言，视频伪造是 AI 伪造技术中最具代表性的技术，所对应制作假视频的技术也被业界称为人工智能换脸技术（AI Face Swap）。其整个技术流程分为三步：一是提取数据，二是训练，三是转换。其中第一步和第三步都需要用到数据预处理，另外第三步还用到了图片融合技术。其核心原则是利用生成对抗网络（Generative Adversarial Network，GAN）将目标对象的面部“嫁接”到被模仿对象上。在生成对抗网络（GAN）算法中，有两个神经网络：生成器和识别器。其中生成器的作用是基于一个数据库自动生成模拟该数据库中数据的样本；而识别器的作用则是评估生成器生成数据的真伪。两者在互相博弈学习中产生大规模和高精确度的输出。随着 GAN 算法的不断成熟，无论是图像还是声音、视频都可以被伪造或自动合成，并可达到几乎不能辨别真伪的程度。

AI 伪造技术当然有其科技向善的应用场景。在教育方面，深度伪造技术可以以更具创造力、想象力及吸引力的方式来传播知识。例如，合成的历史人物视频可以以极高的精度和准确度再现真实的历史场景，让学生更具代入感与沉浸式体验。在生活中的医疗、零售、娱乐等领域，AI 伪造技术则可以提供更具亲和力的虚拟问诊指引前台服务者、虚拟客服、虚拟偶像等。特别是电影领域，可以突破时空限制及替身演员的物理限制，做出更具艺术表现力和真实性的镜头效果。例如，电影《阿甘正传》中阿甘和肯尼迪总统见面的蒙太奇视频效果就不是很好。受当时的技术所限，出现了不少技术故障。首先，阿甘和肯尼迪眼神不是对视的。其次，两个人身体接触只有握手这个部分，而且做得特别模糊。如果放在今天，这样的合成视频可以通过 AI 伪造技术做出特别清晰和逼真的效果，艺术感染力会更强。

然而，正是因为 AI 伪造技术的强大与简单应用，使其被滥用的风险极大，尤其是经过 AI 伪造技术精心打造的虚假信息通过互联网迅速传播，会给个人、企业及社会带来各种安全隐患。

一方面，滥用 AI 伪造技术可以破解人脸识别等验证系统，让伪造者轻而易举地换成受害人的身份，达到以假乱真的效果，从而能成功实施污蔑报复、商业诋毁、敲诈勒索、网络犯罪等非法行为。与此同时，AI 伪造技术也可以给公安法律系统鉴别声音、图像、视频等证据材料的真伪带来极大挑战，眼见为实这一传统鉴别伦理被颠覆。

另一方面，滥用 AI 伪造技术使不法分子能够制作并在互联网和社交媒体上散布各类真伪难辨的虚假视频，激发社会矛盾，煽动暴力和恐怖行动，将给地区安全治理以及恐怖主义防控带来极大挑战。在国际关系方面，敌对国家可以通过投放 AI 伪造内容来误导目标国家在军事部署、科技战略、经济布局等方面做出错误的战略决策，从而导致局势动荡，严重威胁世界和平。

因此，近年来世界各国纷纷立法来管制 AI 伪造技术的使用。以美国为例，美国国会等在 2018 年 12 月提出《2018 年恶意伪造禁令法案》（*Malicious Deep Fake Prohibition Act of 2018*），该法案规范了两类主体，即制作 AI 伪造内容引发犯罪和侵权行为的个人，及明知不法内容为 AI 伪造还继续分发的网络社交平台；在 2019 年 6 月中旬提出《深度伪造责任法案》（*Deepfakes Accountability Act*），该法案要求任何创建 AI 伪造视频媒体文件的人，必须用“不可删除的数字水印以及文本描述”来说明该媒体文件是篡改或生成的，否则将属于犯罪行为；紧接着在 2019 年 6 月下旬提出《2019 年深度伪造报告法案》（*Deepfakes Report Act of 2019*），该法案明确规定利用 AI 伪造技术实施数字冒名顶替行为也被视为假冒身份行为，并要求政府成立技术特别小组，负责对各类图像、音视频的AI伪造技术进行检测识别和反制。

欧盟方面则在2018年9月发布其历史上首份《反虚假信息行为准则》（*Code of Practice on Disinformation*），旨在从源头打击网络谣言和虚假内容，包括针对AI伪造技术创造的虚假音视频内容进行管控。

与此同时，国内也及时启动了针对AI伪造技术的立法，制定规范，防止AI伪造技术被滥用。2019年4月，全国人大常委会审议了民法典人格权编草案。草案对AI伪造技术导致的各类肖像权侵犯问题做了明确规范。2019年11月，国家互联网信息办公室等三部门联合印发《网络音视频信息服务管理规定》，明确规定："网络音视频信息服务提供者和网络音视频信息服务使用者利用基于深度学习、虚拟现实等的新技术新应用制作、发布、传播非真实音视频信息的，应当以显著方式予以标识"。同时规定中还明确不得利用包括AI伪造技术在内的新技术新应用来制作、发布、传播谣言，并要求建立健全的辟谣制度。

人们会渐渐爱上压迫，崇拜那些使他们丧失思考能力的工业技术。

——《美丽新世界》奥尔德斯·赫胥黎

10.2.2 沉溺

"由俭入奢易，由奢入俭难"，人类不断在享受现代高速发展的科学技术所带来的生活便利与福利的同时，也因此越来越依赖、沉溺于现代科技。例如，汽车导航技术在一般情况下便于司机出行，但有时错误和过时的导航信息也会误导司机进入危险地带。又如现代网络通信技术，一方面能够使人们及时、方便地获取信息，但另一方面又造成时间碎片化及信息爆炸，使人们辨识准确、关键信息的能力下降，工作效率反而降低。美国作家尼古拉斯·卡尔（Nicholas Carr）在2010年出版的《浅薄：互联网如何毒化了我们的大脑》（*The Shallows: What the Internet Is Doing to Our Brains*）一书中指出人们在享受互联网所带来便利的同时正在牺牲深度阅读和深度思考的能力："我们对浏览和略读越来越得心应手，但是，我们正在丧失的却是专注能力、沉思能力和反省能力。"此外，游戏在丰富娱乐生活的同时，又增加了无自制力用户沉迷游戏的时间，可谓是"游戏两分钟，人间三小时"；后续可能引发视力下降、颈椎劳损等多种身体问题。下面以短视频推送系统为例来详细阐述技术沉溺的严重后果。

短视频推送系统本质上是一种信息过滤系统，通过用户历史观看视频记录来对用户画像，预测用户对各类短视频内容的“偏好”，在此基础上做相关的短视频推送。系统设计中最重要的指标就是用户留存和用户使用时长，也就是让人每天花更长的时间停留在这个系统里。

从用户角度来看，短视频推送系统要做的事情就是在信息爆炸时代，让用户尽快找到有效信息。但这个系统会很容易让用户沉迷其中，因为短视频推送系统会基于用户的个人兴趣、社交关系等数据，推荐与用户偏好高度匹配的个性化内容。换句话说，这是一个不受控制的正反馈循环系统。无论初始点如何，最终都会导致兴趣单一化与观点片面化、偏激化，进而引发“信息茧房”，改变人的思考模式，破坏多元审美标准，撕裂社会共识与基本价值观，造成人与人之间更深的割裂和隔阂。更严重的是用户刷短视频成瘾而不能自拔，会导致个人专注力透支、情感脆弱和脑力受损。正如尼尔·波兹曼（Neil Postman）在《娱乐至死》（*Amusing Ourselves to Death*）这本书中所说的：“毁掉我们的不是我们所憎恨的东西，而恰恰是我们所热爱的东西”。

从短视频内容提供者角度来看，短视频推送系统算法机制设定里非常重视信息的娱乐效用而不是传递信息的效率。因此，直接一步到位提供娱乐的信息，会更有效地增加被系统大范围推送的概率。这将直接导致大批名义上是信息产品，实质上是娱乐产品的视频内容被生产出来。随着时间的推移，独立、有深度、引人思考的视频越来越少，而泛娱乐化、同质化的视频越来越多。1992年尼尔·波兹曼在《技术垄断：文化向技术投降》一书中发出警告：“现实威胁是：信息的失控、泛滥、萎缩化和泡沫化使世界难以把握。人可能沦为信息的奴隶，可能会被无序信息的汪洋大海淹死。”他还认为，一旦抵御信息泛滥的多重堤坝和闸口土崩瓦解，世界就难以和平发展。算法推荐时代的到来，可能让尼尔·波兹曼的警告成为现实。

此外，研究和实践表明，负面情绪的激发将有利于用户的系统沉迷，这直接导致负面信息和虚假信息等视频内容在传统短视频系统推送分发上被给予了远超其在传统媒体中推送分发的权重，使有害信息在这个智能化时代被赋予了远超以往的生命力和影响力，对普通大众用户的危害性也在逐渐增加。久而久之，用户会沉迷在短视频推送系统中不能自拔，丧失自主寻找和辨别信息的能力，也就丧失了信息的多样性和寻找信息的主动性，容易沦为同质化严重的毫无思想的复读机。众所周知，生物失去了多样性和主动性，就意味着脆弱和灭绝的危险！幸运的是中国和世界多国政府都已经意识到问题的严重性，开始立法规范包括短视频推送系统在内的各类推荐算法。正如本章所详细介绍的，算法推荐行业会进入巨变期和调整期，算法推荐控制权也将逐步交还给用户。算法推荐行业的不少企业也在“科技向善”的价值共识驱动下开始采取一系列措施，包括提供“不看推荐”和“清除历史观看数据”的选项，招聘资深的人工编辑进行人工推荐，对儿童相关内容进行纯人工筛选等。有理由相信，整个算法推荐行业将在规范化、合理化、透明化、公正化的道路上走得更远，最终达到多方博弈与多方共赢的平衡稳定状态。

10.2.3 伦理困境

科学技术的发展的确可以解决不少已有的社会问题，但是技术本身不是万能的，深度依赖技术不是解决方案。一方面，技术发展本身就会带来各类新的社会伦理问题，如基因编辑技术；另一方面，许多传统的社会伦理问题目前并没有好的解决方案，即使融入现代科技也无法解决，反而会带来各种算法伦理困境。下面通过“有轨电车难题”（The Trolley Problem）的案例来具体阐述。

> 有两种东西，我对它们的思考越是深沉和持久，它们在我心灵中唤起的惊奇和敬畏就会日新月异，不断增长，这就是我头顶的灿烂星空和心中崇高的道德法则。
>
> ——《纯粹理性批判》康德

有轨电车难题是当代伦理学领域最为著名的思想实验之一，最早由英国哲学家菲利帕·福特（Philippa Foot）在1967年发表的名为《堕胎问题和教条双重影响》（*The Problem of Abortion and the Doctrine of the Double Effect*）的论文中提出。而后由美国哲学家朱迪斯·汤姆森（Judith Thomson）在1976年改编，从而被广泛传播，被社会大众所熟知。哈佛大学教授迈克尔·桑德尔（Michael Sandel）在著名的公开课“公正”（Justice）中也给出了有轨电车难题的精彩陈述，其具体内容如下：“假设你可以控制电车轨道的切换闸。某一时刻你突然发现远处铁轨上驶来一辆失控的高速电车。如果你什么也不做，高速电车就会直行，撞死轨道上的五个人。如果你切换了轨道闸，高速电车就会转换轨道，只撞死另一轨道上的一个人。千钧一发之际，你将如何做出选择？”究竟如何做选择就涉及功利主义、绝对道德主义、义务伦理学等多个哲学和心理上的思想流派。这些不在本章探讨范围之内，因此不再具体展开。

随着科技的发展，原有的有轨电车难题所带来的伦理困境与争议并没有得到解决，随之而来的是自动驾驶场景下的新科技伦理难题（Moral Dilemma of New Technology），唯一不同的地方在于切换轨道的决策者由人变成了自动驾驶软件中的决策算法。为了全面探索自动驾驶软件中决策算法所面临的道德困境，由麻省理工学院牵头，联合世界多家知名大学，创建了一个名为"道德机器（Moral Machine）"的多语言在线虚拟实验平台。公众用户可以扮演决策算法的角色，对有轨电车问题的各种变种问题场景做出各自道德偏好下的决策。

在道德机器的主界面上，用户可以看到不可避免的自动驾驶事故场景。具体而言，用户有两种决策选择：让自动驾驶汽车继续高速行驶撞向人行道上的行人，导致行人死亡；还是选择快速变道撞向路边坚硬石头从而导致汽车内乘客死亡。事故场景是由道德机器产生的，遵循的探索策略被多个因素影响：性别、年龄、体格、社会地位、行人数目、乘客数目、行人是否违规以及是否携带宠物等。在各方努力下，世界各地超过二百万的志愿者共同演绎了四千多万种决策。数据分析的结果最终以 *The Moral Machine Experiment* 的标题发表在 2018 年 10 月的《自然》杂志上。通过对道德机器收集的数据进行分析表明，无论是哪一个国家或者地区，明显被偏好拯救的群体都包括婴儿、幼童和孕妇。当然，不同国家和地区之间的相对偏好存在很大差异，这也是与当地传统文化以及社会形态特征高度相关的。因此，自动驾驶软件的编制者应当了解其潜在应用场景所在的国家和地区的人群的道德偏好是什么。但无论未来自动驾驶技术如何发展，有轨电车难题带来的道德困境始终是一个很大的挑战。

> 生存还是毁灭，这是个问题。
>
> ——《哈姆雷特》
> 莎士比亚

综上，上述三个方面（滥用、沉溺和伦理困境）的负面示例也再次印证了美国历史学家刘易斯·芒福德（Lewis Mumford）在其巨著《技术与文明》中的论断："人不应做机器的奴仆和不过分迷信技术，否则人的福祉就不是因机器和技术而扩大，相反会因机器受到限制，甚至走到反面。"

回顾历史，自从技术发展出工业机器与人工智能之后，对其接纳与否就行成了两大思想流派：功利主义与浪漫主义。功利主义者崇拜技术进步，认为技术发展可以解决社会一切问题。这种想法的最好体现，就是一种顽强乐观的"进步"信念，认为人类可以无限地自我改善。对机器和大工业生产的憧憬使人们相信：有生命力的机器比无生命力的有机体更好。于是人们用技术和机器的力量来榨取大自然。与之相对，浪漫主义者反对功利主义对机器和技术的极端崇拜。他们认为非工业化的生产才能展现出人的创造性、想象力，而这正是技术和机器产品所缺乏的。当然，这两种思想流派都较偏颇，应结合在一起客观公正地看待。我们应当肯定技术发展给人类社会带来的各种进步，让机器文明“客观、冷静、中性”的特性成为丰富人性的一部分。但是我们也要清醒地认识到无目的的机器至上主义使我们陷入了追求更高、更快、更强的单向技术目标的误区，也使科技开始变成与人对立的异化力量，而且妄想用技术手段解决技术问题只能陷入恶性循环。所以，我们要时刻注意抑制技术膨胀，把技术摆放在其应有的位置上，并让其不断适配人类经济社会制度的缓慢变化，最终达到社会结构的动态平衡。事实上，只要人能驾驭技术和控制机器，让机器和技术为人类合理地使用，则人的创造力和智慧将永远有用武之地。

10.3 数字时代弱势群体关怀

> 大道之行也，天下为公。选贤与能，讲信修睦，故人不独亲其亲，不独子其子，使老有所终，壮有所用，幼有所长，矜寡孤独废疾者，皆有所养。
>
> ——《礼记·礼运》

近年来，随着社会的不断发展，“以人为本”“科技向善”的价值观不断传播，已经逐步成为社会大众的共识。而与之配套的各类行动也充满了人文关怀，其中最突出的就是数字时代的弱势群体关怀。

传统意义上的弱势群体比较容易理解，包括社会上生活困难的弱势群体、残障人士、老年人等。什么是数字时代的弱势群体呢？对此目前尚无公认的统一定义，但是基本共识是应该包括无法接入、接纳和适应数字时代飞速发展的科技应用产品的人士。由此也产生了数字鸿沟（Digital Divide or Digital Gap）的概念。其雏形概念最早由美国著名未来学家阿尔文·托夫勒（Alvin Toffler）在《权力的转移》（*Powershift：Knowledge，Wealth，and Power at the Edge of the 21st Century*）一书中提出。严格的定义则由美国商务部下属的国家远程通信和信息管理局（National Telecommunications and Information Administration）在1999年名为《在网络中落伍：定义数字鸿沟》（*Falling Through the Net：Defining the Digital Divide*）的报告中提出：“数字鸿沟是信息富有者与信息贫困者之间的鸿沟。”一般而言，数字鸿沟的表现可以概括为以下三个方面。

一是接入鸿沟（Access Gap）：信息富有者与信息贫困者在接入信息基础设施（计算机、手机、网络等）时，在可达性以及可行性等多方面的差距。随着信息科技的飞速发展，移动设备的兴起，以及信息基础设施建设的全面展开，接入鸿沟在显著缩小。就国内而言，中国互联网络信息中心发布第48次《中国互联网络发展状况统计报告》显示，截至2021年6月，中国互联网普及率达到71.6%，网民数目达到10.11亿。然而放眼国际，全球仍然有1/4左右的人口无法访问互联网，其中多数来自较贫穷的国家，世界范围内消除接入鸿沟任重而道远。

二是使用鸿沟（Operation Gap）：信息富有者与信息贫困者在使用信息基础设施方面的差异，主要取决于人机交互或者更一般技术界面的友好便利性，以及使用者本身的数字化技能。消除使用鸿沟是目前填平数字鸿沟的主要关注点。

三是知识鸿沟（Knowledge Gap）：信息富有者与信息贫困者在使用信息基础设施获取知识、改变现实生活方面的差异。即使接触到同样的信息，使用者本身的能力差距导致改变的效率也会大相径庭。

> 君子以仁存心，以礼存心。仁者爱人，有礼者敬人。爱人者人恒爱之，敬人者人恒敬之。
>
> ——《孟子·离娄章句下》孟子

消除数字鸿沟，创建一个充满人性光辉的数字文明需要“科技向善”，灵活创新地使用现代科学技术尤其是人工智能等信息技术来关怀数字时代的弱势群体。下面将介绍近年来社会各界为数字时代的弱势群体所推出的各类温情举措。

10.3.1 信息无障碍设计

全面消除数字鸿沟需要全面的信息无障碍设计。所谓信息无障碍，是指通过信息化手段弥补年龄、性别、身体机能、生活环境、文化背景等可能存在的差异，使任何人（无论是健全人还是残疾人，无论是年轻人还是老年人）都能平等、方便、无障碍地接入信息基础设施与服务，进行交互获取信息并使用信息。

目前，包括中国在内的世界各主要国家都在积极推进信息无障碍工作。以国内为例，首先在2020年9月，国家工业和信息化部以及残疾人联合会发布《关于推进信息无障碍的指导意见》。意见明确表示，要聚焦老年人、残疾人、偏远地区居民、文化差异人群等信息无障碍重点受益群体，着重消除信息消费资费、终端设备、服务与应用等三方面障碍。意见中还希望通过加强信息无障碍法规制度建设，加快推广便利普惠的电信服务，扩大信息无障碍终端产品供给，加快推动互联网无障碍化普及，提升信息技术无障碍服务水平，完善信息无障碍规范与标准体系建设，营造良好信息无障碍发展环境等举措，最终实现到2025年年底建立起较为完善的信息无障碍产品服务体系和标准体系这一目标。其次，在2021年7月，国务院发布《关于印发“十四五”残疾人保障和发展规划的通知》，将信息无障碍作为重点建设项目，要求：①将信息无障碍作为数字社会、数字政府、智慧城市建设的重要组成部分，纳入文明城市测评指标；②推广便利普惠的电信服务，加快政府政务、公共服务、电子商务、电子导航等信息无障碍建设，加快普及互联网网站、移动互联网应用程序和自助公共服务设备无障碍；③推进智能化服务要适应残疾人需求，智能工具应当便于残疾人日常生活使用；④促进信息无障碍国家标准推广应用，加强对互联网内容可访问性的测试、认证能力建设，开展互联网和移动互联网无障碍化评级评价；⑤支持研发生产科技水平高、性价比优的信息无障碍终端产品。紧接着在2021年10月，中国残疾人联合会联合国家多个部门发布《无障碍环境建设“十四五”实施方案》，方案具体细化了包括信息无障碍在内的无障碍环境建设的主要指标。

与世界各国趋势一致，无论是在“十四五”规划还是2035远景计划里，以“助残”“适老”为两大目标的信息无障碍建设是核心重点之一，其目标就是让信息基础设施与服务惠及每一个人，尤其是要着重保护数字时代的弱势群体，保障他们接入和使用信息服务的基本权利。“科技向善”的温度就在于此，不让每一个人掉队。

10.3.2 助残设计

面向残障人士的信息无障碍设计，包括人工智能、5G、物联网、大数据、边缘计算、区块链等关键技术，涉及的应用包括导盲、声控、肢体控制、图文识别、语音识别、语音合成等。本节聚焦于其中的三类关键技术：①计算机视觉，包含图像分类、目标检测、语义分割、超分辨率、底层视觉和视频理解等多项技术，通过计算机视觉搭建起图像和自然语言之间的桥梁，方便信息无障碍设计；②智能物联网技术，通过各类传感器与设备之间的万物智联，实现信息无障碍设计的很多功能性服务；③人机共生，实现人类和电子设备之间密切的耦合，如脑机接口技术等。尽管目前由于医疗技术和控制驱动系统的限制，很多信息无障碍辅助设备仍处于原型或概念性阶段，但前景是乐观的。

残障人士群体主要分为视觉障碍、听觉障碍和肢体（运动）障碍这三种类型。

视觉障碍人士主要包括全盲、低视力、色盲、色弱等人士，也包括近视、老花眼、视力弱化等视力发生弱化、病变的人士。由于视觉缺陷造成的信息获取障碍非常严重，所以视障人士也是互联网中最大的信息无障碍呼吁群体。因此，如何在移动互联网的接入端口设置好，帮助视障人士无障碍使用手机的接口，是目前人工智能无障碍技术开发的优先目标。截至目前其进展良好，这里举两个例子来说明。

示例一：手机操作系统已经推出了自带的屏幕阅读器来帮助视障人士更方便地使用手机，包括安卓系统的 TalkBack 以及 iOS 系统的 VoiceOver。视障人士可以通过手势满足基本需求，其基本工作原理是系统会跟踪和感知用户的触感滑动区域，将传感信息输入屏幕阅读器，启动播报功能，就会开始播报相应的文字内容或功能描述。更进一步，无论是 Web 应用、Android 应用，还是 iOS 应用，目前都有一套标准的无障碍开发指南，帮助信息无障碍设计者延伸出更多更好的应用程序产品，方便视障群体。

示例二：方便视障人士出行的可穿戴智能导盲设备。其主要工作流程是通过眼睛上的 ToF（Time of Flight）深度摄像头和 RGB 摄像头，在视障人士行走的过程中捕捉图像数据、深度数据与方位信息，以此来识别道路上的各种信息。之后再由人工智能算法根据距离、位置、物体属性等信息进行过滤与危险性评估，向视障人士进行实时语言播报。设备的核心关键技术之一是近五年来才逐步被应用到手机和可穿戴设备上的三维成像技术 ToF。其通过向目标发射红外光线脉冲，再由特定传感器接收待测物体传回的光信号，来计算光线往返的飞行时间或相位差，从而获取目标物体的深度信息。一般而言，其识别距离范围为 0.4~5m，具备抗干扰性强、刷新率高、深度信息计算量小、计算复杂度低的特点，因此在动态场景中能有较好的表现。

> 人类精神必须凌驾于技术之上。
> ——阿尔伯特·爱因斯坦

听觉障碍人士主要包括全聋、重听、听力弱化以及听力损伤人士。对于听障人士而言，解决听力障碍的主要手段包括智能助听器和智能人工耳蜗，涉及的相关信息技术包括语音识别、自然语言处理等技术。近期的一个亮点是 AI 新闻主播：通过手语翻译引擎和自然动作引擎，让虚拟的数字播报员具备高可懂度的手语表达能力和精确连贯的呈现效果，实现面向听障人士的新闻信息无障碍。

肢体（运动）障碍人士主要是指肢体不灵活，需要使用辅助设施的人士。肢体障碍的 AI 无障碍解决方案有很多。因为在医疗技术和控制系统的技术限制下，用户的差异性很大，几乎每位肢体障碍人士的可运动部分都不相同。极端情况下完全瘫痪者只能通过眼动系统来辅助表达信息。现在部分脑瘫人士可以通过脑机接口实现对话。

此外，面向认知障碍人士（包括学习障碍、记忆障碍、读写障碍等）的信息无障碍技术也在蓬勃发展中，包括智能轮椅、智能导盲设备、文字语音转换、康复机器人等各类智能终端的设计开发，以及虚拟现实、头控、眼控、声控、盲用、带字幕等智能硬件配套产品。总而言之，信息无障碍对于残障人群来说是不可或缺的设置和功能，他们通过它了解世界、拓展生活。对于企业尤其是 IT 企业来说，信息无障碍设计则代表着产品和服务的通用性、便利性以及人性化。

10.3.3 适老化设计

无论是在传统时代，还是在数字时代，老年人都是人数最多的弱势群体。第七次全国人口普查结果显示，2020 年中国 60 岁及以上人口为 2.64 亿人，占总人口的 18.7%。老龄化浪潮兴起的同时，信息技术的飞速发展也促成了智能化与数字化转型浪潮的兴起。生活在智能信息时代的老人，本来对新事物的接受度就比年轻人低一些，更何况随着年龄的增长，老人的记忆力、视力、认知能力都在衰退。“不能用、不会用、不敢用、不想用……”，面对日新月异的新科技，很多老年人从手足无措到心生恐惧，一些有关老年人在数字生活中遇到障碍的新闻报道令人揪心，如网上挂号、网上就医、网上购物障碍重重，只接受二维码支付而不接受现金支付无法乘坐出租车等。于是大力推动适老化设计（Elderly-Oriented Design），消除老年人的数字鸿沟也迅速成为社会各界的共识。

> 老吾老以及人之老。
> ——《孟子·梁惠王上》

2020 年以来，国家大力推动适老化设计以及信息无障碍技术研发。2020 年 11 月，国务院办公厅印发了《关于切实解决老年人运用智能技术困难的实施方案》。该方案指出，要在政策引导和全社会共同努力下，加快建立解决老年人面临数字鸿沟问题的长效解决机制，有效解决老年人在运用智能技术方面遇到的困难，让广大老年人更好地适应并融入智慧社会。此外，方案还具体指出了各类适老化设计的重点任务，比如推动手机等智能终端产品适老化改造，使其具备大屏幕、大字体、大音量、大电池容量、操作简单等更多方便老年人使用的特点；简化网上预约挂号、网上问诊等智能技术，强化互联网网上服务和医院智能终端的连接，提供语音咨询、引导等服务。2020 年 12 月，工业和信息化部印发《互联网应用适老化及无障碍改造专项行动方案》，提出优先推动115家网站、43个App进行适老化改造，覆盖新闻资信、交通出行、金融服务、社交通信、生活购物、医疗健康等领域，着力解决老年人在智能技术面前遇到的各类困难。2021年4月，工业和信息化部印发《关于进一步抓好互联网应用适老化及无障碍改造专项行动实施工作的通知》，制定了互联网网站适老化通用设计规范，移动互联网应用（App）适老化通用设计规范以及互联网应用适老化及无障碍水平评测体系等条例使适老化设计规范化、制度化。

适老化设计也得到了科技行业的积极响应。科技和互联网企业在地图、新闻等应用中开通针对老年人群的无障碍功能；65岁以上老年人拨打三大电信运营商的客服电话，可以直接享用人工咨询服务，无须经过复杂的语音提示和数字选择等操作环节；不少手机制造商已经在手机上部署“老人模式”“长辈模式”功能，推出大字体、大音量播放以及屏幕共享、远程协助等服务，不断降低老年人使用智能终端的学习门槛……

> 科学本身就有诗意。
> ——赫伯特·斯宾塞

未来的适老化设计重点之一是面向智能居家养老模式的适老化设计。以智能机器人团队养老为例，适老化设计包括以下三个方面：①身体健康：配备智能传感以及应急救援的机器人看护可以24小时无间断、高质量地呵护老年人；②精神健康：机器人看护，根据老年人的兴趣爱好定制机器看护的功能，通过人工智能技术与老年人亲密互动；③人文关怀设计：机器人团队成员的外貌与语音可以适配老年人的家人与亲朋好友等。

上述针对数字时代的弱势群体的温情关怀非常好，但不止于此，还有很多方向值得努力。例如，通过人工智能技术，为不熟悉法律条文的弱势群体提供快速准确有效的法律意见咨询；通过虚拟现实和元宇宙技术提供更生动多元的非物质文化遗产保护以及传统民间文化保护等，包括濒于失传的中国传统文化艺术皮影戏及小众地方戏曲等；通过人脸识别技术以及计算机安全监控系统，迅速解救有关人员。此外，算法智能决策的普及、算法公平性研究和应用的铺开，让以往人工专家经验中的歧视无所遁形，也让公平性变得可监测和可改进，进一步保证弱势群体的权益。

10.4 科技与人文不可分割

以人工智能为代表的新一轮信息化技术革命影响是双重的：

一方面，给人类生活带来前所未有的便利与快捷，创新经济模式，缩短科技研发迭代周期，提升社会运行效率；另一方面，冲击社会传统规则与秩序，给个体和社会带来诸多难题乃至复杂的伦理困境。究其本质原因，就是科技与人文之间的割离。

纵观历史长河，科学技术与人文关怀之间是一种合久必分、分久必合的发展轨迹。麻省理工学院的计算机科学大师，同时也是科技人文主义的知名推动者，迈克尔·德托罗斯（Michael L.Dertouzos）教授在 1997 年接受科学美国人杂志社采访时，发表了一个著名的观点："人类在 300 年以前的文艺复兴时期犯了一个错误，让科学与人文分道扬镳。这个错误是非常严重的，如果不改正的话我们就没有办法面对新世纪的挑战"。的确，文艺复兴以前，科学与人文是密不可分的，自然哲学（Nature Philosophy）是当时科学唯一的名字，也是现在所有科技类博士都统称为哲学博士（Doctor of Philosophy，Ph.D.）的渊源所在。由英国科学家伊萨克·牛顿（Issac Newton）撰写，吹响工业革命号角的鸿篇巨制《自然哲学的数学原理》就是一个明证。这也是人类科学史以及整个人类文明史中的不朽篇章。

> 没有科学和艺术，就没有人和人的生活。
>
> ——列夫·托尔斯泰

然而，自从文艺复兴以后科技与人文就分道扬镳了，而且越分越细，尤其致命的是明确区分科学和人文。而一旦科学和人文分开，科学便容易彷徨无依，出现了科技越进步，滥用科技的负面例子就越多的怪圈，给人类社会造成严重威胁。所以从现在开始就必须回到科学与人文结合的正确轨道上来。人文关怀就像汪洋大海中发出万丈光芒的灯塔一样，可以引领并照亮在重重迷雾中不断前行的科学技术之船。人文关怀下的科技人性化是科技发展的重要补充，它不仅是一种美，也是一种智慧和态度。而人的全面自由发展也离不开越来越人性化的科技。因此在信息科技特别是算法与人工智能等领域，更要大力提倡融入人文关怀的科学研究与开发。惟其如此，在信息化与数字化的技术更新浪潮中，我们才能尽最大努力去引导和约束科学技术的发展，释放"科技向善"的潜力与影响力，同时消解科技作恶的可能性及其严重后果。从而构建出现代数字社会的普适价值、新型文明与有机制度，保证科学技术的发展能够真正带来人类社会的福祉与美好未来，推动人类文明不断向前健康发展。

以人为本，科技向善，祸已远离，福必从之！

思 考

1. 你身边有具体的科技向善的事例吗？如果有的话，应该如何进一步完善该事例呢？

2. 公元1世纪哲学家普鲁塔克（Plutarch）提出著名的忒修斯之船（The Ship of Theseus）问题，即如果忒修斯的船上的木头被逐渐替换，直到所有的木头都不是原来的木头，那么这艘船还是原来的那艘船吗？结合此问题，从多个维度探讨一下超级人类与人类的关系。

3. 算法透明化的法规在实施过程中，应如何兼顾用户的知情权以及企业的商业机密与商业伦理？

4. 算法透明化的法规将在哪些层面促进可解释且负责任的人工智能技术的发展？

5. 2020年9月，《人物》杂志一篇《外卖骑手，困在系统里》的深度报道引发社会热议。请仔细阅读该报道，从多个角度阐述算法治理的必要性，以及应采取哪些措施才能做到企业、员工和顾客的三方共赢。

6. 音乐人因创造严肃音乐作品被智能算法限流不予推荐。其原因是算法通过大数据分析，推荐音乐人创作大众喜闻乐见、包含某些关键词且朗朗上口的歌曲。请阐述如何通过算法治理来做到音乐人、听众、算法平台的三方共赢。

7. 已经有一些中学和小学引入智慧课堂管理系统，对学生课堂行为和听课表情进行分析，引发社会争议。请从多个角度阐述智慧课堂管理系统的利弊。

8. 推荐系统与推荐算法的大规模使用是否会削弱人的自由意志？

9. 如果你是一位自动驾驶软件设计者，将如何设计决策算法来应对有轨电车难题？

10. 你身边的助残设计有哪些？应该如何进一步完善和提高呢？

11. 目前的适老化设计还有哪些提高的空间？

12. 畅想一下，人工智能与区块链等信息技术将如何构建智慧法院，引领数字法治未来？

13. 你的家乡有哪些非物质文化遗产或地方戏曲？阐述一下信息化技术将如何辅助文化传承。

14. 人工智能技术在打击犯罪方面将发挥怎样的作用？

15. 技术便利与隐私保护之间应做到怎样的平衡？

16. 艾萨克·阿西莫夫（Isaac Asimov）尝试为人工智能设计伦理，曾提出著名的机器人三定律（Three Laws of Robotics）：第一，机器人不得伤害人类，或者袖手旁观罔顾人类受到伤害；第二，除非违背第一定律，机器人必须服从人类的命令；第三，除非违背第一及第二定律，机器人必须保护自己。假定你现在是一位机器人设计者，你认同这样的定律吗？定律的优点与缺点分别是什么？应如何改进完善这三条定律呢？

参考文献

[1] Standford University the One Hundred Year Study on Artificial Intelligence (AI100)[R/OL].(2021-09-22)[2022-03-31]. https://ai100. stanford. edu/gathering-strength-gathering-storms-one-hundred-year-study-artificial-intelligence-ai100-2021-study.

[2] 中共中央国务院 . 关于加强新时代老龄工作的意见 [A/OL].(2021-11-18)[2022-03-31]. http://www. gov. cn/xinwen/2021-11/24/content_5653181. htm.

[3] 中华人民共和国中央人民政府 . 关于进一步抓好互联网应用适老化及无障碍改造专项行动实施工作的通知 [A/OL]. (2021-04-06)[2022-03-31]. http://www. gov. cn/zhengce/zhengceku/2021-04/13/content_5599225. htm.

[4] 中华人民共和国中央人民政府 . 关于切实解决老年人运用智能技术困难实施方案的通知 [A/OL].(2020-11-15). [2022-03-31]. http://www. gov. cn/zhengce/content/2020-11/24/content_5563804. htm.

[5] 国家互联网信息办公室 . 关于印发《网络音视频信息服务管理规定》的通知 [A/OL].(2019-11-18)[2022-03-31]. http://www. cac. gov. cn/2019-11/29/c_1576561820967678. htm.

[6] 工业和信息化部 . 关于推进信息无障碍的指导意见 [A/OL].(2020-09-23)[2022-03-31]. http://www. scio. gov. cn/xwfbh/xwbfbh/wqfbh/42311/44021/xgzc44027/Document/1690214/1690214. htm.

[7] 国务院 . “十四五”残疾人保障和发展规划 [A/OL].(2021-07-08)[2022-03-31]. http://www. gov. cn/zhengce/content/2021-07/21/content_5626391. htm.

[8] 国家互联网信息办公室 . 互联网信息服务算法推荐管理规定 [EB/OL]. (2022-01-04)[2022-03-31]. http://www. cac. gov. cn/2022-01/04/c_1642894606364259. htm.

[9] 工业和信息化部 . 互联网应用适老化及无障碍改造专项行动方案 [A/OL]. (2020-12-24)[2022-03-31]. http://www. gov. cn/zhengce/zhengceku/2020-12/26/content_5573472. htm.

[10] Apple Inc Accessibility Programming Guide for ios [EB/OL]. (2022-03-31)[2022-03-31]. https://developer. apple. com/library/archive/documentation/UserExperience/Conceptual/iPhoneAccessibility/Introduction/Introduction. html.

[11] 凯利 . 科技想要什么 [M]. 熊详，译 . 北京：中信出版社，2011.

[12] 凯利 . 失控：全人类的最终命运和结局 [M]. 东西文库，译 . 北京：新星出版社，2010.

[13] 凯利 . 必然 [M]. 周峰，董理，金阳，等译 . 北京：电子工业出版社，2016.

[14] 芒福德 . 技术与文明 [M]. 陈允明，王克仁，李华山，等译 . 北京：中国建筑工业出版社，2009.

[15] Moral Machine [Z/OL]. (2022-03-31)[2022-03-31]. https://www. moralmachine. net.

[16] WYDEN. 美国 2019 年算法责任法案 [R/OL]. (2019)[2022-03-31]. https://www. wyden. senate. gov/download/algorithmic-accountability-act-of-2019-bill-text.

[17] WYDEN. 美国 2022 年算法责任法案 [R/OL].(2022)[2022-03-31]. https://www. wyden. senate. gov/download/algorithmic-accountability-act-of-2022-bill-text.

[18] W3C. Web 内容无障碍指南 [EB/OL].(2022-03-31)[2022-03-31]. https://www. w3. org/Translations/WCAG20-zh.

[19] 赫胥黎 . 美丽新世界 [M]. 陈超，译 . 上海：上海译文出版社，2017.

[20] 赫胥黎 . 重返美丽新世界 [M]. 庄蝶庵，译 . 北京：北京时代华文书局出版社，2020.

[21] 赫拉利 . 未来简史 [M]. 林俊宏，译 . 北京：中信出版社，2017.

[22] 赫拉利 . 人类简史：从动物到上帝 [M]. 林俊宏，译 . 北京：中信出版社，2017.

[23] 赫拉利 . 今日简史：人类命运大议题 [M]. 林俊宏，译 . 北京：中信出版社，2018.

[24] Wikipedia. 有轨电车难题 [EB/OL].(2022-03-31)[2022-03-31]. https://en. wikipedia. org/wiki/Trolley_problem.

[25] 国家新一代人工智能治理专业委员会 . 新一代人工智能伦理规范 [R/OL].(2021-09-26)[2022-03-31]. http://www. most. gov. cn/kjbgz/202109/t20210926_177063. html.

[26] 国家电信与信息管理局 . 在网络中落伍 : 定义数字鸿沟 [EB/OL].(1999-07-08)[2022-03-31]. https://www.ntia. doc. gov/report/1999/falling-through-net-defining-digital-divide.
[27] 中国互联网信息中心 . 中国互联网络发展状况统计报告 [R/OL].(2021-09-15)[2022-03-31]. http://www.cnnic. net. cn/hlwfzyj/hlwxzbg/hlwtjbg/202109/t20210915_71543. htm.